Georges Glaeser

Mathematatik für Lehrer in Ausbildung und Praxis

Aus dem Programm Didaktik der Mathematik

Grundfragen des Mathematikunterrichts,
von E. Wittmann

Der Mathematikunterricht in der Primarstufe,
von G. Müller und E. Wittmann

Didaktik der Mathematik,
von J. van Dormolen

Didaktik mathematischer Probleme und Aufgaben,
von G. Glaeser (Hrsg.)

Mathematik für Lehrer in Ausbildung und Praxis
von G. Glaeser

Fehleranalysen im Mathematikunterricht,
von H. Radatz

Insel der Zahlen,
von D. E. Knuth

Beweise und Widerlegungen,
von I. Lakatos

Georges Glaeser

Mathematik für Lehrer in Ausbildung und Praxis

Mit 34 Abbildungen

Übersetzt von Ursula Drouillon, Ste. Marie-aux-Mines

Illustriert von J.-P. Descloseaux

Friedr. Vieweg & Sohn Braunschweig / Wiesbaden

Georges Glaeser, geb. 1918 in Paris, ist heute Professor am Mathematischen Institut der Universität Strasbourg. Sein Spezialgebiet sind stetig differenzierbare Funktionen mehrerer Veränderlichen. Er war von 1971 bis 1975 Direktor des Strasburger „Institut de Recherches sur l'Enseignement des Mathématiques" (I.R.E.M.; Forschungsinstitut für die Didaktik der Mathematik) und ist heute dort noch Mitarbeiter.

Die Übersetzerin *Ursula Drouillon,* geb. 1940 in Darmstadt, studierte Mathematik in Erlangen, Paris und Strasbourg. Sie ist heute Mathematiklehrerin in Ste. Marie-aux-Mines (Elsaß) und Mitarbeiterin am oben genannten I.R.E.M.

CIP-Kurztitelaufnahme der Deutschen Bibliothek

Glaeser, Georges:
Mathematik für Lehrer in Ausbildung und Praxis /
Georges Glaeser. Übers. von Ursula Drouillon.
Ill. von J.-P. Descloseaux. – Braunschweig; Wiesbaden:
Vieweg, 1981.
Einheitssacht.: Mathématiques pour l'élève
professeur ⟨dt.⟩
ISBN-13: 978-3-528-08420-2 e-ISBN-13: 978-3-322-84236-7
DOI: 10.1007/978-3-322-84236-7

Titel der französischen Originalausgabe
Georges Glaeser: Mathématiques pour l'éleve professcur,
erschienen bei Hermann, Paris 1971.
Aus dem Französischen übersetzt von
Ursula Drouillon, Ste. Marie-aux-Vines

1981

Satz: Vieweg, Braunschweig

Umschlaggestaltung: Peter Morys, Salzhemmendorf

ISBN-13: 978-3-528-08420-2

Inhaltsverzeichnis

Vorwort

Für eine aktive und kommunikative Pädagogik VII

0 Die mathematische Tätigkeit 1

I Verschiedene Gesichtspunkte des Mathematiker-Berufes 1
II Was ist ein Problem? 1
III Sich selbst Probleme stellen 4
IV Die Heuristik 6
V Mathematische Techniken 14
VI Der Mathematik-Unterricht 19
VII Lesen und Verfassen mathematischer Texte 23
VIII Die Theorie und die Praxis 31

1 Die mathematische Sprache 39

I Die Funktionen der Sprache 39
II Motivationen für das Studium der Sprachen 40
III Algorithmische Rolle der Sprache 41
IV Übersicht über die Beschreibung der Sprachen 42
V Übliche Grammatik und mathematische Sprache 46
VI Formalisierte Sprachen 48
VII Abkürzungen 50
VIII Das Paradoxon von Richard 54
IX Substitution 55
X Über einige Inkohärenzen von Bezeichnungen 56
XI „Stumme“ Variable 58

2 Logik 61

I Die Wahrheit 61
II Mathematische Theorien 64
III Die Aussagenlogik 66

IV Andere Beispiele mathematischer Theorien . . . 69
V Quantoren . . . 72
VI Übliche Logik . . . 75
VII Der Syllogismus . . . 82
VIII Das Gegenbeispiel . . . 84

3 Mengenlehre 89

I Der naive Standpunkt und seine Nachteile . . . 89
II Die Sprache der Mengenlehre . . . 89
III Die ersten Axiome und deren Konsequenzen . . . 91
IV Bestimmung einer Menge durch eine mengentheoretische Relation . . . 92
V Andere Konstruktionen von Mengen . . . 93
VI Geordnete Paare . . . 95
VII Quotientenmenge . . . 98
VIII Geordnete Mengen . . . 99
IX Das Auswahlaxiom . . . 104
X Kardinalzahlen . . . 106
XI Endliche Mengen . . . 107
XII Das Peanosche Axiomensystem . . . 108
XIII Das Unendliche und die Beweisführung durch vollständige Induktion . . . 112
XIV Vergleich von beliebigen Mengen . . . 115
XV Abzählbarkeit . . . 117

4 Metrische und Topologische Fragen 121

I Topologie für den angehenden Lehrer . . . 121
II Motivation für die Einführung der metrischen Räume . . . 123
III Beispiele von Metriken . . . 125
IV Stetige Abbildungen . . . 130
V Homöomorphie . . . 135
VI Orientierung . . . 136
VII Der reelle projektive Raum . . . 141
VIII Unendlich ferne Punkte . . . 145
IX Verschiedene Konzeptionen des Kurven-Begriffs . . . 149
X Einige singuläre Kurven . . . 151
XI Längen und Flächeninhalte . . . 156
XII Einige didaktische Geometrien . . . 157

Literaturverzeichnis . . . 162

Vorwort

Für eine aktive und kommunikative Pädagogik

Dieses Werk ist für die Ausbildung des künftigen Mathematiklehrers an den Höheren Schulen bestimmt; das Ziel ist es, ihn dazu anzuregen, sich über die verschiedenen Aspekte seines zukünftigen Berufes bewußt zu werden.

Nach kybernetischer Auffassung kann die menschliche Tätigkeit wie ein fortwährender Informationsaustausch, das Lehren wie eine Weitergabe von Kenntnissen beschrieben werden, was den Akzent nicht nur auf die Mitteilungen setzt, sondern auch auf die Sender und Empfänger. So gesehen erscheinen letztere wie tatsächliche *Maschinen zur Informationsverarbeitung*, welche die neue Information mit den im Gedächtnis gespeicherten Kenntnissen kombinieren. Die Antwort stellt ihrerseits eine neue Nachricht dar, welche auf den Sender einwirkt: es kommt zum sogenannten *feed-back*.

Dieses Buch legt die Mathematik nicht um ihrer selbst willen dar, sondern im Hinblick auf den Lehramtsanwärter und seine künftige Klasse an Ober- oder Mittelschule. Die pädagogischen Qualitäten des Lehrers zeigen sich in seiner Fähigkeit, sich seinem Zuhörerkreis anzupassen, die Reaktionen seiner Schüler wieder aufzunehmen, die dynamische Initiative seiner Klasse zu wecken und sich selbst dank dieses Wechselspiels aus- und weiterzubilden. Das Erwerben von Kenntnissen löst ein aktives Verhalten bei Lehrer und Lernendem aus (A 1).

Die herkömmlichen Lehrbücher der Mathematik haben keine derartige Absicht. Gemäß dem Ziel der *Pädagogik im Vorlesungsstil* streben sie nach einem logischen Aufbau des Inhalts und nach der Schärfe der Beweise. Sie bemühen sich, kurze klare Sätze zu formulieren, ohne Zweideutigkeit, und überlassen es dann dem Leser, den Text zu verstehen.

Die aktive und kommunikative Pädagogik (abgekürzt: dynamische Pädagogik) beschäftigt sich hauptsächlich mit der Art und Weise des Verstehens und Aneignens des Gedankengutes. Sie regt den Leser dazu an, seine bereits erworbenen Kenntnisse aktiv und wirksam zu gebrauchen.

Der Unterschied zwischen beiden Standpunkten wird an einem Beispiel noch deutlicher: der Definition des Differentialquotienten.

Definition: der Differentialquotient der Funktion f im Punkte x_0 ist der Grenzwert (wenn er existiert), nach welchem der Quotient $\frac{f(x_0+h)-f(x_0)}{h}$ strebt, wenn h nach 0 strebt.

Diese Aussage befriedigt den Berufsmathematiker vollauf. Aber ein unerfahrener Leser ist nicht in der Lage, alle Feinheiten der Formulierung zu begreifen, ebensowenig wie die Kraft des dahinterstehenden Begriffes.

a) Das Begreifen dieser Definition erfordert zunächst die Beherrschung eines gewissen Wortschatzes. Das Wort „Grenzwert" zum Beispiel sollte nicht nur eine präzise Definition wachrufen, sondern sich auf ein solides Können stützen, Ergebnis vieler Übungsaufgaben und Berechnungen. Die pädagogische Situation erscheint in einem völlig anderen Licht, je nachdem ob diese Basis auf festem Grund steht oder erst flüchtig hingeworfen wird, und zwar gerade erst dann, wenn man sie anderweitig benötigt.

b) Zahlreich sind die Oberschüler, die es fertigbringen, diese Definition auswendig zu lernen und in einfachen Fällen anzuwenden. Aber der Begriff der Ableitung erscheint ihnen künstlich. Sie erkennen keinen Sinn darin, einen Quotienten ins Auge zu fassen, dessen Herkunft ihnen entgeht; die Gründe für das Streben nach dem Grenzwert bleiben ihnen geheimnisvoll. Kurz, es ist unerläßlich, die Einführung des Differentialquotienten zu *motivieren* und ihre Bedeutung auf zahlreichen wissenschaftlichen Gebieten erahnen zu lassen. Man muß bewußt machen, daß eine Geschwindigkeit, ein Richtungskoeffizient, eine Durchflußmenge, eine Geburtenrate besondere Differentialquotienten sind. Kenntnisse aus der Geschichte der Infinitesimalrechnung sind nicht überflüssig,

c) Die Einschränkung „wenn er existiert", die in der Definition in Klammern steht, erzeugt normalerweise Unbehagen bei einem unvorbereiteten Leser. Denn man beherrscht den Begriff des Differentialquotienten nicht, solange man nicht festgestellt hat, daß ein solcher Grenzwert nicht existieren könnte, und wenn man sich nicht mit Gegenbeispielen nicht differenzierbarer Funktionen vertraut gemacht hat (wie z. B. $t \mapsto |t|$ oder $t \mapsto t \sin 1/t$).

d) Es reicht nicht aus, den Lehrstoff der Differentialrechnung gelernt zu haben, um ihn wirksam zu gebrauchen. Ist es wirklich nützlich, einen Beweis für den Mittelwertsatz zu kennen, wenn man nicht begriffen hat, daß es sich um eine Abschätzungsformel handelt? Jede mathematische Darstellung sollte zugleich mit einer kritischen Überprüfung der Anwendung und Fruchtbarkeit der dargestellten Begriffe einhergehen. Die Theorie muß durch eine *Methodik* vervollständigt werden.

Der Unterricht muß wie ein Informationsaustausch zwischen Lehrern und Schülern angesehen werden.

So muß der Lehrer, um zu lehren, imstande sein, solide wisssenschaftliche Darstellungen zu geben. Außerdem verlangt die Ausbildung der Lehrer ein fortwährendes Nachdenken über die kommunikative Pädagogik und die Entwicklung geistiger Fähigkeiten. Unser Ziel ist es, das Gewicht auf diesen zweiten Gesichtspunkt zu legen, der im allgemeinen in der Literatur vernachlässigt wird.

Man darf diese methodische Bemühung nicht mit einem dritten Teil der Ausbildung verwechseln: der Referendarzeit. Ein Universitätsprofessor, der nicht eine lange und erst kurze Zeit zurückliegende Erfahrung im Unterricht einer Klasse einer Oberschule hat, ist wenig geeignet, diese praktische Ausbildung zu leiten; andererseits reicht es nicht aus, Mathematik gelernt zu haben, bevor man unterrichtet, um das kritische Nachdenken der Lehramtsanwärter über die Schwierigkeiten, welche das Begreifen der Grundbegriffe mit sich bringt, in die richtigen Bahnen zu lenken. Im Gegenteil muß man Übung darin haben, fortwährend die Basis der Wissenschaft wieder in Frage zu stellen, und man muß eine praktische Erfahrung in der Forschung und in der Leitung von Forschungsarbeiten haben.

Das Kapitel 0 legt die Hauptthemen dar, zu deren Studium eine Beschreibung der mathematischen Aktivität anregt. In ihm werden die verschiedenen Fähigkeiten untersucht, deren Entwicklung der Mathematik-Unterricht zur Aufgabe hat. Ich habe nicht gezögert, darin persönliche Meinungen zu äußern, die zum Teil umstritten sind; der Leser soll sich keineswegs genötigt fühlen, alle meine Schlußfolgerungen nachzuvollziehen. Meine Absicht ist es, *Diskussionen zu eröffnen* und *Fragen zu stellen* in der Hoffnung, den Leser dahin zu bringen, die Grundlagen der Unterrichtsfunktion neu zu überdenken. Indem er endgültige Dogmen verwirft, verlangt unser Beruf stetige Forschungsarbeit.

Im Rest des Buches versuchen wir einen Mathematikunterricht zu entwerfen, der ganz speziell auf die Bedürfnisse des zukünftigen Lehrers zugeschnitten ist. Sein kulturelles Niveau muß anspruchsvoll sein; jede angeschnittene Frage muß gründlich behandelt werden. Der zukünftige Lehrer wird die Fragen zu beantworten haben, die er herbeiführt, er muß also das, was er unterrichten wird, aus den verschiedensten Blickwinkeln heraus untersuchen.

Keiner kann einem Anfänger vorhersagen, was er kurz vor dem Ruhestand zu unterrichten haben wird. Die angeschnittenen Themen hängen also direkt mit dem zusammen, was wahrscheinlich in Mittel- und Oberstufe unterrichtet werden wird, aber ohne Frage kann man sich nicht auf derzeit gültige Unterrichtsprogramme buchstabengetreu beschränken.

Es ist der eingeschlagene pädagogische Weg, in welchem der spezifische Charakter des hier vorgeschlagenen Lehrerausbildungsprogrammes zum Ausdruck kommt: es handelt sich darum, eine fortwährende Verbindung zwischen wissenschaftlicher Darstellung, lebendigem Gedankenaustausch und aktivem Tun zu schaffen.

Wir haben also als Beispiele einige Themen ausgewählt, die wir im Geist der dynamischen Pädagogik zu behandeln suchen: Studium der sprachlichen Ausdrucksformen, Logik, Mengenlehre und Lehre der metrischen Räume. Natürlich hätten wir auch die Algebra, die Grundlagen der Geometrie, die Prinzipien der Wahrscheinlichkeitsrechnung, die Einführung in die Computertechnik, die Mechanik usw. behandeln können.

Über jedes Thema, das wir ausführlich behandeln, existieren ausgezeichnete Werke, von Spezialisten im Rahmen der Vorlesungspädagogik beschrieben. Wir hoffen, daß unser Buch es gerade den Lehrern an Höheren Schulen ermöglichen wird, sich diese Abhandlung zunutze zu machen, um die schulische Aktivität der Oberschulklassen zu bereichern.

Ich möchte hier all denen, Kollegen und Studenten, danken, die mir bei der Ausführung dieser Arbeit behilflich waren; besonders Jean Frenkel ließ mir seine fachkundige und klarsichtige Kritik zugute kommen; die Assistentin Gilberte Pérot unterstützte mich bei der Niederschrift.

Daß dieses Buch von 1967 bis 1969 geschrieben wurde, ist kein Zufall. Die Bewegung des Monats Mai 1968 hat unsere begabtesten, fleißigsten, ernsthaftesten und selbstlosesten Studenten mobilisiert; und das Mathematische Institut der Universität Straßburg hat die Chance gehabt und ist stolz darauf, eine enge Zusammenarbeit zwischen Lehrern und Lernenden herbeigeführt zu haben, mehrere Monate vor den Ereignissen vom Mai 1968. Dieses Buch verdankt viel den leidenschaftlichen und bereichernden Diskussionen, die diesen Universitäts-Frühling gekennzeichnet haben.

0 Die mathematische Tätigkeit

I Verschiedene Gesichtspunkte des Mathematiker-Berufes

„Mathematik betreiben" ist eine komplexe Tätigkeit, welche verschiedene Fähigkeiten aktiviert. Ein Mathematiker bleibt in der Ausübung seines Berufes, wenn er sich so verschiedenen Tätigkeiten hingibt wie:

- Sich Probleme stellen und sie lösen. Lehrsätze aufspüren und sie beweisen.
- Probleme lösen, deren Fragestellung er nicht selbst verfaßt hat.
- Am Umlauf der mathematischen Information teilhaben, indem er aktiv an Seminaren teilnimmt, die jüngsten Forschungsarbeiten gewidmet sind. In synthetischer Form Ergebnisse anderer Forscher, welche benachbarte Themen bearbeiten, zusammenfassen und niederschreiben.
- Klassische oder abgeschlossene Theorien studieren. Vorträge vorbereiten und Bücher schreiben. Unterrichten.
- Mathematische Techniken anwenden (Rechnen, Programmieren, graphische Methoden, Statistik usw.).
- Abstrakte Methoden für die Lösung praktischer Probleme abwandeln, um sie ihnen anzupassen (angewandte Wissenschaften).

Tatsächlich kennen die meisten Mathematiker nur einige der zitierten Aktivitäten. Sie neigen dazu, die anderen zu ignorieren, zu vernachlässigen oder zu unterschätzen.

In lebhaften Polemiken setzen sich die Konservativen und die Modernen auseinander, die Intuitiven und die unerbittlich Genauen, die „Reinen" und die Realisten ..., Wortgefechte unter tauben Individuen, die vorgeben zu erklären, was wirklich Mathematik ist: ganz offensichtlich reden sie nicht von der selben Sache. In diesem intoleranten Klima ist die Argumentation im wesentlichen folgende: „Ich verstehe nicht den Wert dessen, was Sie machen, also ist das, was Sie machen, Blödsinn."

Der künftige Lehrer, der einen vollständigen Unterricht zu erteilen wünscht, muß damit beginnen, die verschiedenen Gesichtspunkte der mathematischen Tätigkeit herauszufinden, die er seinen künftigen Schülern zur Kenntnis bringen soll.
Dieser Untersuchung ist dieses Kapitel gewidmet.

II Was ist ein Problem?

Das ist das als Frage zur Lösung Vorgelegte, die ungelöste wissenschaftliche Aufgabe, sagt der Brockhaus. Diese Definition setzt den Akzent auf den Inhalt und den Gegenstand der Sache selbst. Sie vernachlässigt das Engagement des Forschers, welches eine Anwandlung von Neugier, eine gefühlsbetonte Mobilisierung der Intelligenz voraussetzt. Ein Problem ist ein menschliches Abenteuer!

Eine Frage ist nur dann ein Problem, in dem sehr einschränkenden Sinn, in dem wir es hier verstehen, wenn sie geeignet ist, bei gewissen Individuen ein besonderes, leicht zu beschreibendes Verhalten auszulösen. Das Verhalten des Mathematikers, der auf der Stelle tritt, ist sehr verschieden von dem Verhalten eines Mathematikers, der studiert.

0.II.1 Beispiel Die Parameter einer Sonnen- oder Mondfinsternis mit Genauigkeit zu berechnen, ist, in unserem Sinn, kein Problem für einen fachkundigen Astronomen. Aufmerksamkeit, peinliche Genauigkeit, Ausdauer und der Wille, zum Ziel zu kommen, reichen aus, um diese Arbeit auszuführen.

0.II.2 Beispiel Eine Primzahl zu finden, die sich im Zehnersystem mit 100 000 Ziffern schreibt, ist eine Leistung. Es ist kein Problem, solange keiner die Lust und die Hoffnung verspürt, bis zur Antwort zu gelangen.

0.II.3 Beispiel Eine Frage, deren Antwort man kennt, ist *kein* Problem mehr. Sie kann ein aktives Verhalten auslösen: der Betreffende wird sie studieren, zu Papier bringen, unterrichten wollen. Er wird niemals mehr die Freude der Entdeckung verspüren.

0.II.4 Beispiel Je nach der Art und Weise, wie sie formuliert ist, kann die gleiche Frage für einen gegebenen Gesprächspartner ein Problem sein oder nicht.

So zum Beispiel *stellt man praktisch nie Probleme bei Prüfungen oder Wettbewerben* (zum mindesten in Frankreich). Die herkömmliche Auffassung der Prüfungen erlaubt es nicht, die Kandidaten den Zufällen der Eingebung auszusetzen. Man fertigt „vorgekaute" Texte an, die jeden Aufwand an Phantasie ersparen. Die „Taupins"[1]) wissen ganz genau, daß sich bei den Wettbewerben das Forschen nicht auszahlt. Es wäre verhängnisvoll, den in Scheiben verabreichten Prüfungstext einige Augenblicke fahren zu lassen, um eine bereits gelöste Teilfrage zu vertiefen oder um sich eine Zusatzfrage zu stellen. Die Uhr tickt weiter! Nachdenken ist verboten!

Ebenso schlagen die Schulbücher nur selten Texte vor, die zu einer wirklichen Forschungsarbeit führen. Sie befürchten zu sehr, Eltern und Lehrer irgendeinem mißliebigen Abenteuer auszusetzen. Dabei muß die Lösung eines Problems ein gewisses Maß an Ungewißheit beinhalten: Weder die Dauer des Forschens, noch sein Erfolg können vorhergesagt werden. Ein Zweifel muß selbst über der Möglichkeit liegen, zu einer Antwort zu gelangen. Sogar die Formulierung des Wortlautes eines wirklichen Problems ist ungewiß: sie wird sich im Verlaufe der Forschungsarbeit entwickeln.

0.II.5 Beispiel Sicherlich diskutieren viele Lehrer mit ihrer Klasse. Aber die gemeinschaftliche Untersuchung erstreckt sich auf Übungsaufgaben, für die einige Minuten vorgesehen sind: keinerlei toter Punkt wird gewünscht, die Klasse soll lebendig bleiben. Das Problem ist gut formuliert, und der Schüler ist sicher, daß man dessen Lösung aufdecken wird, bevor die Glocke läutet. So nützlich sie auch sei, so kann diese Arbeit doch nicht ausreichen,

---

[1]) Anm. d. Üb.: Die „Taupins" sind in Frankreich die Schüler der im Schülerjargon „Taupe" (= Maulwurf) genannten wissenschaftlichen Klassen, die in zwei Jahren nach dem Abitur auf die Eintrittswettbewerbe in die „Grandes Ecoles" vorbereiten – das sind besondere Bildungsanstalten wie z. B. die Ecole Polytechnique (Bildungsanstalt für Artillerie-Offiziere und Ingenieure) oder die Ecole Normale Supérieure (Bildungsanstalt für Forscher und für die besten Gymnasiallehrer), welche in Frankreich ein von der Industrie im allgemeinen höher bewertetes Parallelsystem zu den Universitäten darstellen, zu denen jeder Abiturient ohne weiteren Wettbewerb Zutritt hat.

um die Erfahrung der Reise ins Unerforschte zu vermitteln, mit den Irrungen, dem langsamen Bewußtwerden der Schwierigkeiten, dem Heranreifen und vielleicht schließlich der Freude der Entdeckung.

0.II.6 Beispiel Das Erforschen eines Problems gibt es nicht nur im Bereich der „Höheren Mathematik". Es bietet sich in den bescheidensten Situationen des Lebens an: die Erfindung des Reißverschlusses sowie der Nähmaschine, des Schubkarrens oder der Selbstbedienung ist Menschen zu verdanken, die es verstanden, sich Fragen zu stellen. Der Grundstein für neugieriges Verhalten wird bereits in der Kindheit gelegt. Der erfinderische Geist kann sich genau so gut bei einem Konstruktionsspiel wie beim Schachspiel betätigen.

Eines der Hauptanliegen des Mathematik-Unterrichtes muß es sein, beim Schüler die Fähigkeit zu entwickeln, Probleme zu stellen und sie zu lösen. Für alle jungen Menschen wird diese Ausbildung vorteilhaft sein: wenn sie einmal die Riten der Diskussion der Gleichung zweiten Grades vergessen haben, so werden sie die Kunst des Staunens, des In-Frage-Stellens, des Analysierens und des Aufgreifens der Schwierigkeiten behalten und weiterhin versuchen wollen, letztere zu überwinden.

Wir hören den klassischen Einwand: unerbittliche Programme ketten den Lehrer an einen strengen Stundenplan. Die Prüfung am Schuljahrsende beherrscht alles: es ist unmöglich, den Schüler im Reiche der Probleme verweilen zu lassen …

Tatsächlich handelt es sich nicht darum, die mathematischen Abenteuer zu häufen. Wichtig ist, daß man den jungen Schülern ein- oder zweimal im Jahr die Möglichkeit gibt, sich in einer echten Forschungssituation zu befinden. Die Hauptsache ist für den Lehrer, daß er die bedauerliche Angewohnheit verliert, die Antwort zu verraten. Der Schüler muß allmählich Geschmack daran gewinnen, allein zu suchen, sollte er auch einen oder zwei Monate lang nachdenken müssen, bevor er zu einer Antwort gelangt. Um die Initiative zu wecken und zu fördern, ist es empfehlenswert, manchmal „freie Aufgaben" bezüglich eines gegebenen Themas vorzuschlagen.

0.II.7 Beispiel Die Abbildung $(x, y) \mapsto \frac{x+y}{2}$ von $\mathbb{R} \times \mathbb{R}$ nach $\mathbb{R}$ ist eine Verknüpfung, die man zu untersuchen aufgibt.

Angesichts einer geometrischen Figur, einer Formel, einer Transformation oder eines bereits gelösten Problems wird man den Schüler auffordern, sich einige Fragen zu stellen und zu versuchen, diese zu lösen. Man sollte Wettbewerbe einführen, wie sie seit langem in Amerika [F 3] stattfinden, sowie in größerem Maßstab in der UdSSR (in Frankreich ähnelt der „Concours Général"[2]) mehr einer Aufnahmeprüfung in die „Grandes Écoles" (siehe Fußnote 1, Seite 2)) als einer Forschungsaufgabe. Nachstehend einige typische Aufgabentexte, wie sie bei den Olympiaden gestellt wurden [B 10, B 11].

[2]) Anm. d. Üb.: „Allgemeiner Wettbewerb" aller Schüler Frankreichs bestimmter Klassen, bei dem in verschiedenen Fächern in jedem Schuljahr bestimmte Aufgaben gelöst werden müssen; im allgemeinen lassen die Lehrer jedoch nur ihre besten Schüler daran teilnehmen, und pro Fach gibt es einen ersten Preis, einen zweiten Preis und einige Ehrenurkunden.

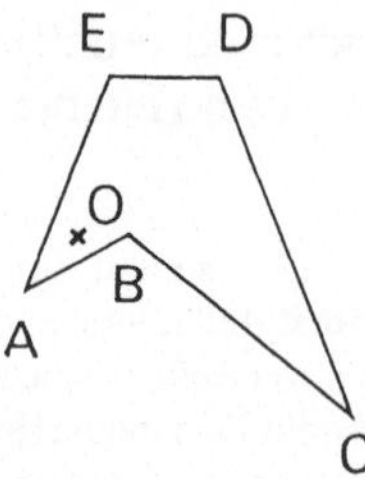

0.II.8 Aufgabentext ABCDE sei ein einfaches geschlossenes Polygon und O sei ein Punkt im Inneren des Polygons. Man stellt fest, daß auf der Figur manche Seiten (zum Beispiel DC und BC, jedoch nicht AB und ED) vom Punkt O aus nicht völlig „sichtbar" sind. Kann man ein einfaches geschlossenes Polygon und einen Punkt O in seinem Inneren (bzw. Äußeren) so zeichnen, daß keine Seite des Polygons vom Punkt O aus völlig „sichtbar" ist?

0.II.9 Aufgabentext Man schneidet aus Karton zwei gleiche regelmäßige Achtecke aus. Kann man die Ecken der beiden Achtecke so numerieren, daß immer mindestens zwei Ecken dieselbe Nummer haben, in welcher Weise man auch immer die beiden Achtecke übereinanderlegt? (Die Moskauer Organisatoren des Turniers haben dem Schüler, der als erster eine korrekte Antwort auf diese Frage vorlegte, ein Fahrrad geschenkt.)

0.II.10 Aufgabentext Man schreibt hintereinander die Zahlen:

1 2 3 4 5 6 7 8 9 10 11 12 13 14 ... 58 59 60.

Man verlangt, daß von den geschriebenen Ziffern hundert so durchgestrichen werden, daß die aus den übrigbleibenden Ziffern gebildete Zahl möglichst groß sei.

0.II.11 Aufgabentext Ein Schüler ist Mitglied bei zwei mathematischen Klubs, die sich jeweils an den Endstationen derselben Metrolinie befinden. Jede Woche geht er zur Metrostation zu einem Zeitpunkt, der zwischen 9 Uhr und 9.15 Uhr dem Zufall überlassen bleibt, und er steigt in den ersten ankommenden Zug ein (ohne sich um dessen Richtung zu kümmern). Die beiden Gleise für Hin- und Rückfahrt der Moskauer Untergrundbahn sind durch einen einzigen Bahnsteig getrennt. Am Jahresende stellt der Schüler fest, daß er doppelt so oft in einem der beiden Klubs war wie im anderen. Kann man eine Erklärung dafür finden? (In der Tat könnte man mehrere Erklärungen ersinnen. Um zu wissen, ob eine davon annehmbar ist, müßte man Auskünfte haben, die im Text nicht enthalten sind, indem man z.B. den Fahrplan der Metro und die Statistik der Verspäterungen zu Rate zieht. Dieser Typ von Problemen, schlecht gestellt, ungewöhnlich in der Schultradition, entspricht einer im praktischen Leben sehr häufigen Forschungssituation.)

III Sich selbst Probleme stellen

Untersuchen wir zunächst den psychologischen Mechanismus, der ein Forschungsverhalten auslöst. Am Anfang stellt man meistens einen Bruch fest: eine banale Situation erscheint plötzlich in einem unverständlichen Licht. Man verspürt ein unwiderstehliches Bedürfnis nach einer Erklärung: „Um zu verstehen, muß man damit beginnen, nicht zu verstehen" (Abraham Léon).

0.III.1 Beispiel Warum ist der Himmel blau?

Der Apfel fällt herunter, während der Mond nicht herunterfällt. Warum?

Der Kreisel, der sich dreht, fällt nicht um. Warum?

Solche Fragen erscheinen wertlos: „Der Himmel ist blau, weil das Wetter schön ist; unnötig, weitere Gründe dafür zu suchen".

Gewissen Menschen jedoch wird bewußt, daß das Phänomen nicht so einfach ist, wie man meinen könnte, und sie formulieren Teilfragen: Aus welchen Gründen ändert sich die Himmelsfarbe in der Dämmerung? Hängt diese Färbung von der Temperatur ab? vom Druck? von der chemischen Zusammensetzung der Atmosphäre? Ist sie mit der Sonnenaktivität verbunden? usw. Ein Forschungsprozeß setzt sich in Gang: der Neugierige ist dem Problem in die Falle gegangen.

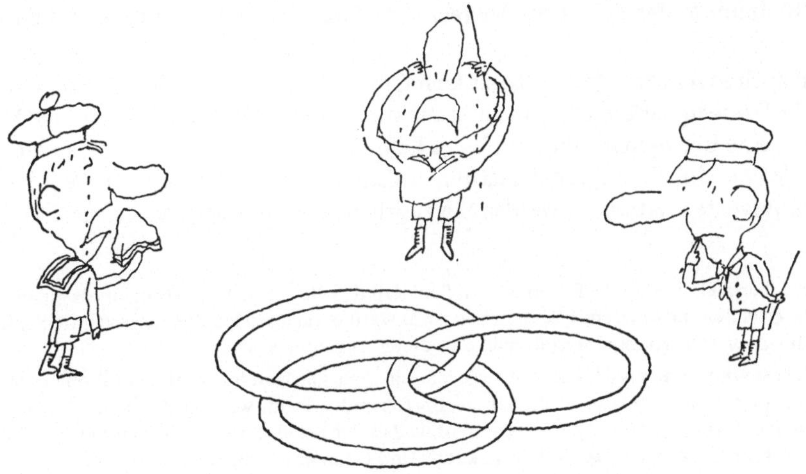

Sich selbst Fragen stellen (die Ringe von Balantine)

0.III.2 Beispiel Jedes Polynom mit *ganzen Koeffizienten* nimmt nur *ganze* Werte an, wenn man die Unbestimmten durch ganze Zahlen ersetzt. Zum Spaß läßt man sich verleiten, den umgekehrten Satz auszusprechen: eine banale Eigenschaft, die weiter keiner Erklärung zu bedürfen scheint. Wenn einem dann das Polynom $\frac{x^2+x}{2}$ in den Sinn kommt, beginnt man plötzlich einzusehen, daß man gar nichts verstanden hat. Man wird dazu geführt, andere Gegenbeispiele zu suchen, und zu untersuchen, wie man solche aufstellen könnte. Schließlich stellt man sich das Problem der vollständigen Bestimmung der Klasse von Polynomen, die in allen Punkten mit ganzzahligen Koordinaten ganzzahlige Werte annehmen.

0.III.3 Beispiel Man möchte mit einem runden Deckel einen beliebigen Teil der euklidischen Ebene bedecken, dessen Durchmesser 2R beträgt. Auf den ersten Blick denkt man, eine Scheibe vom Radius R genüge. Versuchen Sie es doch einmal, nur so zum Probieren! Ein echtes Problem wird sich Ihrem Scharfsinn stellen, wenn Sie der Fragenkette folgen. Ist die runde Form die bestmögliche für den Deckel? Wie sieht die Lage der Dinge in einem n-dimensionalen Raum aus? Welches sind, bei einem gegebenen ebenen Gebiet G, die G ähnlichen Deckel, die geeignet sind, jede Figur vom Durchmesser R zu bedecken, usw.?

Der Unterschied zwischen einer glanzlosen Schulübung und einem ersten Forschungsansatz entsteht, psychologisch gesehen, aus dem Überraschungseffekt, der durch eine neue oder unerwartete Situation hervorgerufen wird. Der Lehrer wird sich bemühen, die Spannung durch eine geeignete „Dramaturgie" zu erzeugen.

0.III.4 Beispiel Bitten Sie Ihre Klasse, ein beliebiges Viereck zu begutachten, indem Sie besonderes Gewicht darauf legen, daß die Ecken keinerlei Einschränkungen unterworfen sind, und fragen Sie, ob sich die Mittelpunkte der Seiten auf einem Kreis befinden. Schließlich wird die Zuhörerschaft antworten, daß keinerlei Grund dafür vorliege, daß dem so sei, und es werden Figuren auftauchen, um die Behauptung zu widerlegen. Aber diese pädagogische List wird einen Schüler, der ein besserer Beobachter ist, dazu bringen, zu behaupten, daß die Mittelpunkte der Seiten des Vierecks die Ecken eines Parallelogramms zu sein scheinen.

Sie können noch so sehr erwidern, daß gar kein Grund dafür vorliege, Ihre Klasse wird dieses Problem, *ihr Problem*, aufgreifen und zu beantworten versuchen. Endlich wird die Freude aufkommen, eine Eigenschaft ohne Hilfe des Lehrers zu entdecken. Wenn Sie in nüchterner Weise den gleichen Inhalt aufgegeben hätten, indem Sie auf die Übungsaufgabe x Seite y im Lehrbuch z verwiesen hätten, so werden Sie zugeben, daß Sie eine gute Gelegenheit verpaßt hätten!

Triviales Gegenbeispiel: Verlangen Sie von Ihren Schülern den Beweis dafür, daß in einem gleichschenkligen Dreieck zwei Seitenhalbierende isometrisch sind. Warum auch wollen Sie, daß sich die Schüler für diese Frage interessieren? Keiner zweifelt auch nur einen Augenblick daran.

Der junge Lehrer wird ohne Zweifel darum verlegen sein, eine genügende Anzahl von Problemen zu finden, die unsymmetrische Figuren beinhalten. Im folgenden legen wir eine Methode dar, um eine Serie verschiedener Aufgabentexte zu verfassen, ohne daß der Schüler der Quinta oder Quarta bemerkt, daß es sich stets um die gleiche Eigenschaft handelt. Und wenn er es bemerkt, umso besser!

Lehrsatz: Wenn zwei Figuren F_1 und F_2 der euklidischen Ebene umgekehrt gleich sind, so gibt es eine Gerade G dergestalt, daß man F_1 nach F_2 überführen kann durch eine Spiegelung an der Geraden G, gefolgt von einer Translation längs der Geraden G.

Es ergibt sich aus diesem Lehrsatz, daß sich die Mittelpunkte der Verbindungsstrecken entsprechender Punkte auf der Geraden G befinden und daß die Winkelhalbierenden von entsprechenden Geradenpaaren zu G parallel oder senkrecht sind. Indem man für F_1 und F_2 verschiedene Figuren (Strecken, Dreiecke, Kreise usw.) wählt, erhält man eine Serie unsymmetrischer Übungsaufgaben, die man dem Scharfsinn der Anfänger unterbreiten kann.

IV Die Heuristik

Das ist die Wissenschaft oder die Kunst des Forschens und des Erfindens. Sie bemüht sich, die Frage zu beantworten: Wie geht man vor, um Probleme zu lösen?

Im „Discours de la Méthode" (Abhandlung über die Methode) und vor allem in den „Règles pour la direction de l'Esprit" (Regeln für die Anleitung des Verstandes) ist Descartes bestrebt, den Ablauf des logischen und bewußten Denkvorgangs zu analysieren. Er unterschätzt die Rolle der Eingebung: jeder sei ausgiebig mit diesem „gesunden Menschenverstand“ ausgerüstet, der die Ideen liefert. Die Hauptsache bestehe darin, die irrationalen Intuitionen zu sortieren und zusammenhängend zu ordnen.

Es scheint jedoch im Gegenteil, daß das fruchtbare Element der Entdeckung der unbewußte Reifungsprozeß sei, dieser lange, unkontrollierte Gedankengang, der in unerwarteter Weise in die glänzende Idee einmündet, in das *„Heureka“*. Das Ordnen der Früchte der Eingebung ist dann nur noch eine Sache der Sorgfalt und der Technik.

Für den Mathematiker, den Lehrer und den Schüler, kann das Studium der psychologischen Entdeckungsmechanismen von großem Nutzen sein: Es ist empfehlenswert, wenn man soeben ein Problem nach einer langen Periode des Umhertappens gelöst hat, sich einer Introspektion hinzugeben, welche die Kette der Ideen-Assoziationen enthüllt, die zur Antwort geführt haben. Man meint manchmal, daß der glückliche Ausgang ein Geschenk des Zufalls sei; das ist jedoch eine Illusion, die einen einer gründlicheren Untersuchung nicht enthebt.

Jedesmal, wenn der Lehrer vor seinen Schülern die psychologischen Triebfedern einer Entdeckung offen ausbreitet, wird er in Kürze Fortschritte feststellen. Es muß besonders zwischen dem linearen Gang des klaren und logischen Denkens, das regelmäßig von der Voraussetzung zur Schlußfolgerung fortschreitet, und der „Zick-Zack-Wanderung“ des unbewußten Denkens unterschieden werden. G. Polya schreibt:

„Die abgeschlossene Mathematik, in einer endgültigen Form dargeboten, erscheint ausschließlich deduktiv und enthält nur Beweise. Jedoch die im Werden begriffene Mathematik ähnelt jeder anderen menschlichen Erkenntnis im gleichen Entwicklungszustand. Sie müssen einen Lehrsatz erraten, bevor Sie ihn beweisen. Sie müssen das generelle Prinzip des Beweises erraten, bevor Sie auf die Einzelheiten eingehen ...“

„... ich wende mich an alle Mathemathematiklehrer und sage ihnen: bringen wir unseren Schülern das *Erraten* bei.“

Das Nachdenken über die Heuristik – Grundlage der Lehrerausbildung, vom Standpunkt der aktiven und kommunikativen Pädagogik aus gesehen – kann durch die Lektüre von Texten angeregt werden, in denen große Wissenschaftler ihre Erfahrungen auf diesem Gebiet mitteilen.

In einem klassisch gewordenen Bericht (in „Sciences et Méthodes“ wiedergegeben, [B 3]), erzählt Henri Poincaré, wie er die automorphen Funktionen entdeckt hat. Jacques Hadamard gibt sich einer ähnlichen Untersuchung hin in „L'Essai sur la psychologie de l'invention dans le domaine mathématique“ (Essay über die Psychologie der Erfindung auf mathematischem Gebiet)! [B 4]. Der Professor G. Polya, ein ganz besonders findiger Forscher, hat mehrere systematischere Abhandlungen über die Heuristik geschrieben [B 1, B 2].

Die Lektüre dieser Werke ist eine Verpflichtung für jeden Lehrer. Ein jeder sollte diese Bücher überdenken, indem er die Hauptthesen mit Beispielen aus seiner eigenen Erfahrung illustriert.

Anstatt das Wesentliche zusammenzufassen, werden wir uns damit begnügen, hier einige Ergänzungen anzuführen.

Formulierung des Wortlautes

Man ahnt, daß eine Frage eine Untersuchung verdient, lange bevor man dazu fähig ist, „die richtigen Definitionen aufzustellen, die unter richtigen Voraussetzungen die richtigen Lehrsätze liefern werden". Sobald dem Schüler kurzgefaßte und klare Aussagen zur Gewohnheit geworden sind, wird man ihn sich von Zeit zu Zeit darin üben lassen können, selbst eine präzise Formulierung für eine Frage zu finden, die in ungenauem Wortlaut vorgeschlagen wurde.

0.IV.1 Beispiel Ein Glas enthält fünf Löffel Tee, ein anderes fünf Löffel Milch. Man entnimmt dem ersten einen Löffel voll und gießt ihn in das zweite. Nachdem man umgerührt hat, gießt man einen Löffel voll aus dem zweiten Glas in das erste, usw.

Von dieser Situation ausgehend kann man von einem jungen Schüler verlangen, Fragen zu stellen und verschiedene Aufgabentexte anzufertigen.

0.IV.2 Beispiel [B 23] Man kann eine *Übung für gutes Formulieren* herbeiführen, indem man gewisse Figuren (z. B. die Summe zweier Winkel) an die Tafel malt und verlangt, eine korrekte Definition der Begriffe anzugeben, die man zu erkennen glaubt.

Man wird die Diskussion mit der Klasse fortsetzen, indem man so tut, als ob man die irrigen Definitionen, die zweifellos vorgeschlagen werden, wortwörtlich nähme. Dieser Aufgabentyp ist sehr lehrreich für den Lehrer, dem dabei bewußt wird, wie wenig Informationsmaterial sein wissenschaftlicher Vortrag vermittelt. Wo der Lehrer einem Wort einen präzisen Sinn zuschreibt, behält der Schüler nur einen unbestimmten Eindruck: Das tägliche Leben regt keineswegs dazu an, den Worten die zwingende Bedeutung beizumessen, wie sie in der Mathematik die Regel ist.

Das Basteln

Wenn man angesichts eines Problems nicht weiß, wie man es in Angriff nehmen soll, muß man sich ganz entschlossen ein aktives Verhalten zu eigen machen: Man geht tastenderweise zu Werke, man unternimmt Versuche, man untersucht Sonderfälle bis ins einzelne. Durch Berechnungen, Konstruktionen von Figuren und Lösungsversuche analoger Probleme macht man sich schließlich mit den zu überwindenden Schwierigkeiten vertraut.

Nur um diesen Preis kann man erhoffen, die Mitarbeit des Unbewußten herbeizuführen, die plötzlich die Eingebung liefern wird. Außerdem beeinflußt man den Willen, zum Ziel zu kommen, indem man das passive Warten auf die Lösung aufgibt. Ein Mathematiker, der „bastelt", hat selten den Eindruck, nicht von der Stelle zu kommen.

0.IV.3 Beispiel Lange vor der Entdeckung des Körpers der komplexen Zahlen führten die italienischen Algebra-Spezialisten der Renaissance „unmoralische" Berechnungen mit dem verbotenen Zeichen $\sqrt{-1}$ durch. [C 2]

0.IV.4 Beispiel Die elementaren Konstruktionsprobleme setzen stillschweigend voraus, daß die Figuren mit Zirkel und Lineal anzufertigen sind. Um sie zu lösen, beginnt man mit einer Bastelei an einer Figur, die der gewünschten entspricht und die durch irgendein empirisches Verfahren gezeichnet wird.

Die Formel „Nehmen wir an, das Problem sei gelöst" hat in den Köpfen zahlreicher intelligenter Schüler Verwirrung gestiftet, die glücklich darüber waren, wider besseres Wissen „ihre Arbeit als getan ansehen" zu können!

0.IV.5 Beispiel Um zu basteln, kann man die verschiedensten Instrumente benutzen: Zeichenmaterial, numerische Tafeln, Modelle, ausgeschnittene Figuren ... Vor kurzem sind in der Forschung der reinen (nicht angewandten) Mathematik Versuche unternommen worden, Computer als „Instrumente zur Herstellung von Figuren" zu benutzen [B 25].

0.IV.6 Beispiel Man weiß, daß die *Zykloide* die Kurve ist, die ein Punkt des Kreisumfangs einer Scheibe beschreibt, die auf einer Geraden ohne zu gleiten abrollt. Galilei hatte durch das Wiegen ausgeschnittener Figuren experimentell entdeckt, daß die Fläche eines Zykloidenbogens das Dreifache der Fläche der sie erzeugenden Scheibe beträgt. Um eine Beweismethode für das so erratene Ergebnis zu finden, ließ Roberval anstelle eines Kreises ein regelmäßiges Vieleck „abrollen ohne zu gleiten". Selbstverständlich beruht das Übergehen zum Grenzwert, das eine derartige Methode rechtfertigen kann, auf Uniformitätserwägungen, die Roberval trotz größter Mühe nicht hätte vorbringen können. Jedoch stellt eine strenge Bearbeitung der Idee Roberval's eine ausgezeichnete Übung für den Studenten von heute dar. Und die Konstruktion der „angenäherten Zykloide", die man mit Hilfe eines regelmäßigen Sechsecks erhält, ist bereits sehr lehrreich.

Konstruktion der angenäherten Zykloide

Die Rolle des Wiedererkennens von Formen

Wir wollen auf einen der ergiebigsten geistigen Mechanismen hinweisen: in ein und derselben Situation werden gewisse Einzelheiten nacheinander hervorgehoben oder einfach vergessen: es findet ein *Sichtwechsel* statt.

Die Bedeutung dieses Prozesses ist durch die Gestalttheorie ans Licht gebracht worden [B 8, B 9].

0.IV.6a Beispiel Der Beweis des elementaren Satzes „Jedes Dreieck, in dem eine Seitenhalbierende mit einer Winkelhalbierenden zusammenfällt, ist gleichschenklig" wird nahegelegt, wenn man nacheinander die gleiche Figur unter den drei folgenden Gesichtspunkten betrachtet:

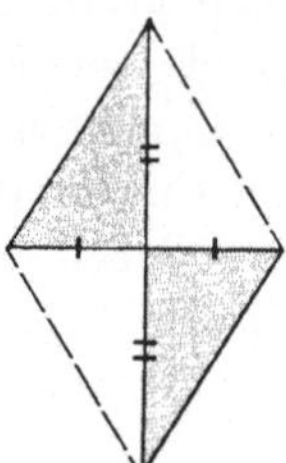 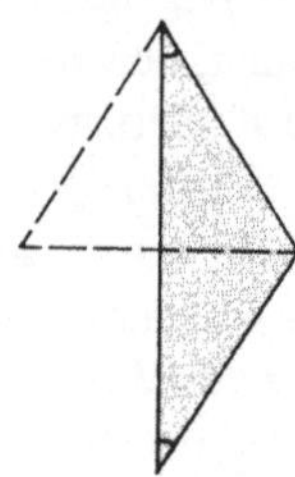 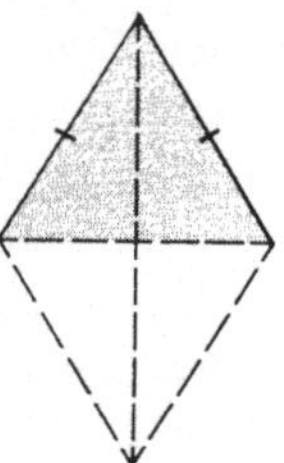

0.IV.7 Beispiel $a^2(b-c) + b^2(c-a) + c^2(a-b)$ kann als Polynom in drei Unbestimmten angesehen werden, das durch zyklische Vertauschung invariant ist, oder als Polynom zweiten Grades in der Unbestimmten a (wobei b und c Parameter sind), oder als Entwicklung einer leicht zu erdenkenden Determinanten usw.

Instinktiv lernen die Mathematiker, ständig ihren Blickpunkt zu verändern, um in einer scheinbar amorphen Situation versteckte Strukturen zu entdecken, aber es ist nützlich, dieses geistige Vorgehen vor unseren jungen Oberschülern zu analysieren, ohne darauf zu warten, daß es sich den Begabtesten unter ihnen offenbart. Man hat sie übrigens daran gewöhnt, zu „suchen, wo sich der Wolf versteckt", auf jenen Vexierbildern, die man in alle Richtungen umdrehen muß. In einem geometrischen Problem ist es eher das Paar von ähnlichen Dreiecken, das es ausfindig zu machen gilt!

Ein mathematisches Problem stellt sich wie ein Puzzle dar, von dem man einige Teile verlegt hat. Die Spielregel besteht nicht nur darin, die Teile des Puzzles wieder zusammenzufügen, sondern auch darin, sich die fehlenden Teile vorzustellen und sie zu suchen; darin besteht die Rolle der Konstruktionslinien, die man zieht, um die richtige Figur erscheinen zu lassen, oder auch dieser Hilfsglieder, die man einem algebraischen Ausdruck hinzufügt und dann wieder von ihm abzieht, um wirksame Kombinationen entstehen zu lassen.

Invarianz-Argumente

Unter den Argumenten, die den Forscher leiten, befinden sich an wichtiger Stelle die Symmetriegründe, ganz besonderer Einzelfall des „Prinzips des zureichenden Grundes" von Leibniz: Wenn die Gegebenheiten und Voraussetzungen eines Satzes gewisse symmetrische Bestandteile zulassen, so besteht kein *zureichender Grund* dafür, daß die Schlußfolgerung nicht die gleichen Symmetrien zuläßt.

Allgemeiner gesagt, wenn die Problemstellung gegenüber einer bestimmten Transformation invariant ist, so muß dem auch für die Antwort so sein. Man wird dann dazu geführt, die Gruppe der Transformationen zu bestimmen, welche die Problemstellung erhalten, und sich um einen Beweis zu bemühen, der seinerseits gegenüber dieser Gruppe invariant ist. Dieser Beweis wird folglich mehr Chancen haben, die Hauptschwierigkeiten des Problems aufzudecken.

Eine Variante dieser Methode besteht darin, die Untersuchung einer allgemeinen Situation auf eine *kanonische Form* zurückzuführen: z. B. ergibt ein vollständiges Vierseit in der Perspektive ein Parallelogramm; ein Kreispaar der Ebene geht durch Inversion entweder in zwei Geraden oder in zwei konzentrische Kreise über.

In sehr seltenen Fällen entschließt man sich im Laufe der Beweisführung dazu, die Symmetrie des Problems zu stören, zum Beispiel um einige Umgruppierungen vorzunehmen, aber man tut gut daran, diesen Bruch der Invarianz nur vorläufig und ganz bewußt zu vollziehen.

In der Physik führt man konventionelle Begriffe wie Maßeinheiten oder Bezugssysteme ein: jedes Kapitel enthält in seinen Grundlagen die Beschreibung der Veränderungen, welche für diese konventionellen Begriffe zulässig sind. Man sagt, daß eine Größe (oder das Messen einer Größe) einen physikalischen Sinn hat, wenn sie sich unabhängig von den konventionellen Bezugssystemen definieren läßt.

Es ergibt sich daraus, daß jedes physikalische Gesetz gegenüber einem Wechsel der Einheiten oder des Bezugssystems invariant sein muß. Die physikalischen Formeln müssen die Homogenität respektieren.

Felix Klein hat in seinem berühmten „Erlanger Programm" (1872) eine Klassifizierung der Geometrien eingeführt, welche die Transformationsgruppen, die deren Struktur erhalten, zur Grundlage nimmt. So unterscheidet man projektive, affine, metrische, anallagmatische, topologische, euklidische, lobatchewskische Geometrie, usw.

Aber die Invarianz-Erwägungen sind auch in den elementarsten Untersuchungen ein heuristischer Wegweiser.

0.IV.8 Beispiel Das Wissen über das gleichschenklige Dreieck kann in diesem einzigen Satz zusammengefaßt werden: Ein gleichschenkliges Dreieck ist ein Dreieck, welches eine Symmetrie-Achse besitzt.

Die logarithmische Spirale wird vollständig dadurch charakterisiert, daß sie gegenüber einer Gruppe von Ähnlichkeitstransformationen invariant ist, die von einem einzigen Parameter abhängen: kein Wunder, daß verschiedene Kurven, die sich daraus ergeben, dieselbe Eigenschaft besitzen und folglich auch logarithmische Spiralen sind.

Jacob Bernoulli war, als er die Invarianz seiner „Spira mirabilis" entdeckte, dermaßen verwundert, daß er anordnete, sie auf seinen Grabstein zu meißeln mit der Inschrift „Eadem mutata resurgo".

Das gleichseitige Tetraeder ist ein Tetraeder, welches drei Symmetrieachsen besitzt, die ein orthogonales Dreibein bilden. Die von solchen Symmetrien erzeugte Gruppe ist die berühmte „Vierergruppe" von Klein.

Mäeutik

Das ist – nach Platon – die von Sokrates gepriesene Methode, durch geschickt gestellte Fragen „den Verstand zu entbinden": an einer berühmten Stelle des Menon läßt Sokrates einen Sklaven entdecken, daß Seite und Diagonale eines Quadrates in keinem rationalen Verhältnis zueinander stehen [B 39].

Das ist eine schwierige Kunst: man verfehlt ihren Sinn, wenn man abwechselnd die Fragen und die Antworten liefert. Die Hauptsache besteht darin, den Gesprächspartner zu ermutigen, jeden Funken einer Idee, die ihm kommt, auszunutzen; man muß auf die geistige Persönlichkeit des Schülers Rücksicht nehmen, indem man die unfruchtbar machende Autorität des Lehrers abbremst.

Man wird eine mäeutische Stunde nur angesichts von Problemen veranstalten, welche man bereits unter sehr verschiedenen Blickwinkeln untersucht hat. Es ist in der Tat möglich, daß die erste vom Schüler ausgehende Anregung keineswegs in die Richtung der vorgesehenen Modell-Lösung weist. Der Lehrer muß dann sofort seinen eigenen Weg aufgeben und den Schüler ermuntern, seine Idee bis zum Ende weiter zu entwickeln. Manchmal wird sich diese Idee als erfolglos erweisen. Man muß dann die Geduld aufbringen, die Klasse in die Sackgasse laufen zu lassen, bis sich die Gründe für den Mißerfolg von selbst herausstellen. Was der Schüler vorbringt, ist häufig ungereimt, da es auf einem groben Denkfehler beruht. Nachdem man diesen Fehler hat entdecken und widerlegen lassen, ist es gut, zu prüfen, ob man nichtsdestoweniger einen Vorteil aus der Situation ziehen kann. Ebenso ist es nicht ratsam, eine Frage, die vom Thema abweicht, gleich ohne weiteres beiseite zu schieben; sie kann zurückgestellt werden, soweit sie neue Aussichten eröffnet.

Die in einer mäeutischen Stunde erhaltenen Lösungen werden weniger vollendet sein als die bis aufs Detail von Lehrbuch zu Lehrbuch überlieferte Modell-Lösung oder der überlieferte Lehrstoff. Aber eine mit lauter Stimme vorgenommene Überlegung des Schülers führt zu nützlicheren Ergebnissen.

Die Mäeutik

Der Lehrer-Schüler-Dialog ist dem Monolog des Lehrers vorzuziehen. Aber es ist besser, wenn die Fragen von einem Schüler und die Antworten von einem Mitschüler kommen; der Lehrer greift nur ein, um die Debatte nicht abschweifen zu lassen.

Das Bei-Laune-Halten

Die Hoffnung, zur Lösung zu gelangen, ist ein nicht zu übersehender Faktor des Erfolges. Die Psychoanalyse hat einiges Licht auf die Blockierungen, Verdrängungen oder Hemmungen geworfen, die häufig intelligente Menschen von der Mathematik abhalten. Die Behandlung ist eher Sache des Arztes oder des Psychologen als die des Lehrers; diesem darf jedoch das Vorhandensein solcher Tatsachen nicht unbekannt sein, und er darf die schulischen Mißerfolge nicht ausschließlich der Faulheit zuschreiben.

Um bei dem zu bleiben, wofür der Pädagoge zuständig ist, wollen wir bemerken, daß der Forschungsprozeß zuerst durch den *Wunsch*, zu forschen, ausgelöst wird. Der Lehrer wird dieses Bedürfnis oft herbeiführen müssen, indem er die Probleme attraktiv darbietet. Das setzt voraus, daß man den Geschmack seiner Schüler ein wenig kennt und gewisse Interessenschwerpunkte geschickt ausnutzt.

0.IV.9 Beispiel Anstatt die Menge aller Punkte der Ebene bestimmen zu lassen, von denen aus man zwei Kreise unter gleichen Winkeln sieht, kann man auf einen Raumfahrer anspielen, der die Erde und den Mond unter einem gleichen scheinbaren Durchmesser wahrnimmt.

Gewisse junge Schüler lassen sich durch pädagogische Listen dieser Art fesseln. Das passive Verhalten des Schülers ist oft das Ergebnis eines herkömmlichen Unterrichts, einer erworbenen Gewohnheit, Kenntnisse kritiklos hinunterzuschlucken. Wenn der Lehrer die Antworten auf alle Fragen dogmatisch verabreicht, wartet die Klasse mit dem Bleistift in der Hand darauf, daß ihr die Wahrheit enthüllt werde.

Die Hauptqualitäten des guten Forschers sind die *Ausdauer* und der *Mut*. Es gehört Mut dazu, sich an ein umfangreiches Problem heranzumachen und es, wenn nötig, jahrelang nicht loszulassen. Eine der wichtigen Aufgaben, die der Lehrer auf sich nimmt, besteht darin, den Schüler zu ermutigen, das Erforschen eines Problems stundenlang oder sogar wochenlang zu verfolgen und sich zu weigern, eine Antwort nachzuschlagen, gemäß dem englischen Kindervers:

"If at first you don't succeed,
Try, try, try again."

Das „Basteln" hat den großen psychologischen Vorteil, eine *aktive* Form des Forschens zu sein, welche den Impuls erhält und das Auf-der-Stelle-Treten verhindert.

Man muß wissen, daß der wiederholte *Mißerfolg* gewöhnlich das Bemühen *hemmt* und *unterbindet*, und daß ein Erfolg im günstigen Augenblick eine Berufung auslösen kann. Der Lehrer, der systematisch zu schwierige Aufgaben stellt, setzt die späteren Möglichkeiten seiner Schüler aufs Spiel. Im Gegenteil ist es ratsam, den Ängstlichsten Fragen anzubieten, die ihnen wirklich gemäß sind, und sie einige Erfolge davontragen zu lassen.

Der Höhepunkt des Forschungsverhaltens ist die jähe Eingebung, der Geistesblitz, wobei einem plötzlich bewußt wird, daß man gefunden hat. Das ist der höchste Grad der Erregung, welche nach einer langen, hartnäckig verfolgten Bemühung um das Reifen hervorbricht. Der Eindruck ist umso stärker, je länger sich die Ungewißheit hinzog. Der Lehrer darf nichts versäumen, um den Neulingen Gelegenheit zu geben, diese Empfindung zu verspüren; es ist dann unzweifelhaft, daß sie noch andere Probleme suchen werden.

Methodik

Die allgemeine Heuristik muß durch die Ausarbeitung von Methoden vervollständigt werden, welche speziellen Aufgabentypen und beschränkten Gebieten gewidmet sind: man hat Abhandlungen über die Kunstfertigkeit geschrieben, durch Polarkoordinaten definierte Kurven zu konstruieren, Determinanten zu berechnen oder geometrische Probleme zu lösen [B 27].

Zahlreiche Aufgabensammlungen werden von einer methodischen Einführung begleitet.

Häufig beschränkt man sich darauf, einige verbindliche Regeln, einige Schlagworte aufzuzählen, die den Schüler vom Nachdenken entbinden würden.

Aber ohne dem Gedankengang einen Standardweg vorzuschreiben, ist es gut, eine Liste der erprobten Methoden aufzustellen, die durch typische Beispiele erläutert werden. Man wird es dabei vermeiden, in reiner Lehr-Absicht erstellte Aufgaben vorzuschlagen, um den Gebrauch einer Regel oder eines Lehrsatzes zu erläutern; im Gegenteil wird man Probleme zur Geltung bringen, welche ihren eigenen Reiz haben und auf natürliche Art und Weise durch eine passende Methode zu lösen sind. Eine kritische Betrachtung über die Tragweite und das Anwendungsgebiet jedes Verfahrens wird diese Darlegung ergänzen: Das Unterrichten der Methoden gehört zu den Aufgaben des Mathematiklehrers.

Zum gegenwärtigen Zeitpunkt, da die Unterrichtsprogramme in Entwicklung begriffen sind, weist die Ausarbeitung der Methoden einen nennenswerten Rückstand gegenüber der Einführung neuer Begriffe auf. Die Lehrerweiterbildung zielt hauptsächlich auf die Darlegung der Theorien ab, ohne daß ein genügender Vorrat an interessanten Problemen aufgebaut ist, welche für die Erläuterung der abstrakten Ideen bestimmt sind. Man muß die Reformer auf diese Gefahr aufmerksam machen und alle Lehrer auffordern, an der Ausarbeitung einer Methodik für jedes der im Unterricht neu eingeführten Gebiete teilzunehmen.

V Mathematische Techniken

Dem Erforschen eines Problems steht die Durchführung einer technischen Aufgabe gegenüber. Dort entfalten sich Eigenschaften wie Erfindungsgabe, Originalität, Anpassungsfähigkeit, während hier die Methode, die peinliche Genauigkeit wesentlich sind.

Tatsächlich ist es selten, daß sich diese beiden Tätigkeiten nicht überschneiden: Es ist nicht verboten, bei der Ausführung einer Berechnung, beim Zeichnen eines Aufrisses, beim Vergleichen statistischer Angaben nachzudenken.

Denken oder Rechnen

Wenn man die wissenschaftlichen Zeitschriften durchblättert, stellt man fest, daß die Mathematiker des letzten Jahrhunderts viel rechneten ... und oftmals ohne Überlegung.

Dann kam die Reaktion. Dirichlet verkündete, daß es an der Zeit sei, *das Rechnen durch das Denken zu ersetzen*, und nach und nach gewann man Geschmack an konzeptionellen Beweisen. Schließlich fiel man von einem Extrem ins andere: Es ist höchste Zeit, daß die jungen Mathematiker die Kunst des Rechnens wieder entdecken.
Der hauptsächliche Vorwurf, den man dem Rechnen machen kann, besteht darin, daß es überzeugt, ohne wirklich zu erklären. Es läßt die Strukturen, die hinter dem Modell stehen, nicht zum Vorschein kommen.

0.V.1 Beispiel Um den Schnitt eines Torus mit einer doppelt berührenden Ebene zu untersuchen, kann man das Problem in Gleichungen ausdrücken, diese umformen und schließlich die Antwort erhalten: die gesuchte Kurve ist die Vereinigung zweier Kreise (Satz von Yvon-Villarceau). Diese Berechnung erklärt keineswegs die Tatsache, daß man eine so einfache Kurve findet.

Das Rechnen liefert oftmals nur ein Ergebnis oder eine Bestätigung. Nichtsdestoweniger bleibt bestehen, daß es sich ausgezeichnet für das Basteln eignet, da es das Erraten der Antwort ermöglicht, was die Entdeckung eines kausalen Beweises erleichtert.

Die Forscher geben sich, zumeist im geheimen, langwierigen Rechnungen hin, bemühen sich jedoch, sie aus den Texten zu verbannen, die sie veröffentlichen, indem sie so den Werdegang ihrer Entdeckung verschleiern. So ist die Verachtung des Rechnens Mode geworden.

In-Kondition-Bringen

Wir werden uns in einen Extremfall versetzen, wo es sich darum handelt, eine dieser „astronomischen Berechnungen“ auszuführen, die mehrere Arbeitstage erfordert. Dank einer langen einleitenden Überlegung sind zuerst alle durch die Bearbeitung aufgeworfenen *Probleme* gelöst worden: die Methode ist klug gewählt, die Liste der anzuwendenden Formeln sorgfältig aufgestellt worden. Wenn die Berechnung Näherungslösungen erfordert, hat eine vorausgehende Untersuchung es ermöglicht, die Fehlerspanne festzulegen, die man bei jeder Etappe zulassen kann. Man braucht nur noch zur Ausführung zu schreiten [B 24].

Eine Berechnung ist nur dann nützlich, wenn man nicht imstande ist, direkt einen Beweis zu erhalten. Um sie zu einem guten Abschluß zu bringen, ist es wichtig, sie nicht als eine lästige, langweilige Bürde ohne Reiz aufzufassen, sondern sich in Stimmung zu versetzen und „in Kondition zu bringen“, das heißt sich von dem echten Wunsch nach Erfolg durchdringen zu lassen. (Man vergleiche dieses Verhalten mit der psychologischen Vorbereitung eines Sportlers am Vorabend eines Wettkampfes.)

Verantwortung übernehmen können

In den angewandten Wissenschaften kann ein Rechenfehler gefährliche, ja sogar katastrophale Folgen in der Praxis nach sich ziehen. Es erscheint wünschenswert, unseren Rechen-Neulingen bewußt zu machen, daß jeder für das Ergebnis *einsteht*, das er liefert (auch wenn das Problem wertlos ist).

Der bei unseren Examen gebräuchliche Notenschlüssel trägt leider dazu bei, die Ungeniertheit gegenüber dem numerischen Rechnen zu ermutigen: ein „einigermaßen richtiges Ergebnis“ berechtigt zu einigen halben Punkten[3]). Der Pädagoge muß sich des „Einsatzes" bewußt werden, der nun einmal zu jeder Aufgabe gehört, und das „Risiko" untersuchen, das derjenige Kandidat eingeht, der eine Antwort gibt, deren er nicht sicher ist.

Wenn sich ein Schüler verantwortlich fühlt, ist er dazu geneigt, über das gefundene Ergebnis nachzudenken, bevor er es abliefert. Wenn das, was er verbürgt hat, tausendmal so groß ist, kann er ehrlicherweise nicht meinen, daß „es schließlich nur ein einfacher Kommafehler ist". Bei medizinischen und pharmazeutischen Prüfungen hat ein solcher Fehler – da er geeignet ist, dem Patienten zu schaden – den Ausschluß von der Prüfung zur Folge. Um zu einem Ergebnis zu gelangen, für das man einstehen kann, darf man es nicht scheuen, sich Zeit zu nehmen: Die Schnelligkeit bei der Ausführung einer fehlerhaften Berechnung ist keine gute Eigenschaft.

Materielle Planung und Einrichtung

Der Rechner muß sich bequem einrichten, um seine ganze Aufmerksamkeit auf das Ziel konzentrieren zu können: sein Handwerkszeug in Reichweite haben und nicht mit dem Papier knausern.

Es ist empfehlenswert, kein rohes Konzept anzufertigen, sondern einen geordneten und leserlichen *Entwurf*, der klar sowohl die aufeinanderfolgenden Etappen festlegt als auch die verwendeten Bezeichnungen und zusätzlichen Unbekannten, die eingeführt werden, um die Berechnung zu unterteilen. (Z. B. wird man $X = \frac{A \times B}{C}$ schreiben, wobei A, B und C Determinanten sind, die man getrennt berechnen wird.)

Man stellt im voraus eine *Rechentabelle*, auf, in die methodisch alle Teilresultate eingetragen werden, die sorgfältig auf einem zusätzlichen Blatt errechnet wurden. (Durchstreichen und Ausbessern vermeiden.)

Über die Psychologie des Lapsus

Es ist gut, über die Beobachtungen der Psychologen bezüglich der Begleitumstände von Flüchtigkeitsfehlern nachgedacht zu haben.

Der Übergang von einer Konzentrationsphase zu einer Entspannungsphase erzeugt häufig einen *Mangel an Wachsamkeit*. Es ist also gut, die leichten Teile einer Berechnung im voraus vorzubereiten. Sonst setzt man sich der Gefahr aus, sie zu vergessen, nachdem man eine schwierigere Arbeit vollbracht hat.

0.V.2 Beispiel Bei der Berechnung der Ableitung des Quotienten zweier komplizierter Funktionen u und v wird man damit beginnen, den Nenner unter den Bruchstrich zu schreiben, man wird das Minuszeichen des Zählers anbringen, indem man den Platz der Ausdrücke vu' und uv' ausspart, die man zuletzt berechnet.

Manche Rechenvorgänge lassen sich im Kopf durchführen: Wer rechnen will, muß seine Fähigkeiten richtig einzuschätzen wissen und vor Beginn die Entscheidung treffen, auf gewisse Kopfrechnungsarten zu verzichten.

---

[3]) Anm. d. Üb.: In Frankreich wird nach Punkten benotet, im allgemeinen von 0 bis 20, wobei 20 die bestmögliche Note ist und auch halbe und Viertel-Punkte vergeben werden.

Ausführung der Berechnung

Um Zeit zu gewinnen, ist es gut, passende Aufgaben zusammenzustellen, anstatt der natürlichen Anordnung zu folgen; z. B. wird man alle Berechnungen, die den Gebrauch von trigonometrischen Tafeln notwendig machen, auf einmal ausführen.

Man muß Vergleichsmöglichkeiten vorsehen. Unter den gebräuchlichsten Überprüfungstechniken wollen wir anführen:

- Besondere Hervorhebung gewisser Buchstaben; Ersetzen von gewissen Unbekannten durch Zahlenwerte oder algebraische Ausdrücke, um auf einen Sonderfall zurückzukommen, bei dem das richtige Ergebnis sofort erscheint.
- Überprüfung der Homogenität der Formeln.
- Überprüfung der Invarianz der Formeln gegenüber einer gewissen Gruppe von Transformationen.
- Überprüfung der Größenordnung des Ergebnisses mittels einer raschen Überschlagsrechnung, die parallel zur auszuführenden Berechnung angestellt wird, jedoch mit abgerundeten Zahlenwerten (z. B. 3 anstelle von π).

Praktische Einübung und theoretischer Unterricht

Man darf das Training der anzuwendenden Arbeitstechniken nicht vernachlässigen. Das Erlernen des Autofahrens oder der vier Grundrechnungsarten geschieht besser durch „Dressur" als durch „beweisende Vernunft".

Unser Lehrberuf muß mehrere Register ziehen: Je nach dem behandelten Stoff muß man es verstehen, auf die wissenschaftliche Erklärung oder die methodische Übung zurückzugreifen, welche Automatismen fehlerfrei aufbaut. Sonst setzt man sich unangenehmen pädagogischen Irrtümern aus.

0.V.3 Beispiel Man hat lange Zeit die Theorie der Reihen unterrichtet, indem man der „Dressur" eine übermäßige Bedeutung beimaß. Die Angabe des allgemeinen Gliedes u_n einer Reihe sollte auf den „Taupin"[4]) wie ein Nervenreiz auf einen Frosch wirken, dessen Gehirn entfernt wurde! Eine Liste von Regeln sollte „augenblicklich" erscheinen, besonders die Rezepte von Cauchy und d'Alembert. Aber gerade bei diesem Stoff ist es unheilvoll, die Überlegung durch den Reflex zu ersetzen.

0.V.4 Beispiel Dagegen ist die analytische Geometrie eine Technik. Der Beweis der Formeln ist dort für den Verstand nicht besonders bereichernd; die Art der Anwendung ist es, die bildet. Hier ist es von Vorteil, den wissenschaftlichen Vortrag des Lehrers auf ein Minimum zu beschränken, um dem Erlernen der Technik – „tatsächliche Lösung von geometrischen Problemen durch Berechnung" – mehr Zeit zu widmen.

0.V.5 Beispiel Um die Statistik zu unterrichten, muß man es verstehen, gemäß der Zuhörerschaft, an die man sich wendet, kluge Dosierungen von Theorie und Lernpraxis vorzunehmen. In Gegenwart von Nicht-Mathematikern, welche die Statistik in Zukunft als Hilfsmittel benutzen werden (z. B. Ärzte, Sprachforscher, Ingenieure), wird man es vermeiden, zu viele Beweise anzugeben; man wird sich damit begnügen können, den mathematischen Hintergrund zu skizzieren, aber man wird immer, einhergehend mit dem Erlernen der Ge-

---

4) Siehe Anm. 1, Seite 2

wandtheit im Umgang mit der neuen Technik, das logische System hervorheben müssen, welches das Gebäude zusammenhält (z. B. in der Statistik das Prinzip von Keynes). Andernfalls bildet man Zauberlehrlinge aus. Natürlich legt man um so mehr Gewicht auf den konzeptionellen Unterricht, je besser die Zuhörerschaft vorgebildet ist.

0.V.6 Beispiel Schließlich erfordern Theorien wie die lineare Algebra, daß sie gleichzeitig nach folgenden zwei Gesichtspunkten unterrichtet werden: Die zu Grunde liegenden Ideen zu begreifen und mit Vektoren und Matrizen umzugehen, sind Beschäftigungen, die es gleichzeitig zu verrichten gilt.

Auswahl der unterrichteten Techniken

Das Erlernen einer Technik verlangt viel Zeit, da der wesentliche Faktor dabei die Wiederholung ist.

Aber zum Glück ist es nicht unumgänglich, alles genau durchzunehmen. Da die Hauptsache das *Erlernen des Lernens* ist, wird es genügen, jedes Jahr aus dem Unterrichtsstoff einige Punkte auszuwählen, die eine intensive typische Dressur erfordern. Wenn die Arbeit gut getan ist, wird der Schüler imstande sein, neue Situationen ohne allzu große Mühe zu bewältigen.

Z. B. wird es für denjenigen, der in seinem Beruf graphische Methoden beherrschen muß, ausreichen, eine einzige der Disziplinen, wie darstellende Geometrie, technisches Zeichnen, graphische Perspektive oder sogar graphische Statik eingehend ausgeübt zu haben, um in der Lage zu sein, sich des Zeichenmaterials leicht zu bedienen.

Im Laufe seiner Schulzeit soll der Schüler Gelegenheit haben, sich mit numerischen Tafeln vertraut zu machen. Es ist nicht unbedingt notwendig, daß dies Logarithmentafeln sind, deren Schicksal es ist, in den kommenden Jahren außer Gebrauch zu kommen.

Ebenso ist es gerechtfertigt, die Oberschüler in der graphischen Darstellung verschiedener Funktionen zu üben, um sowohl den Gebrauch der Ableitungen zu erläutern, als auch die Kunst zu lehren, ohne sie auszukommen. Aber es erscheint übertrieben, die gleichen Riten angesichts der in Parameterdarstellung oder in Polarkoordinaten gegebenen Kurven wieder aufzugreifen. Ein Lehrgang über die Konstruktion der Kurven in Polarkoordinaten könnte sich auf das Studium der Geraden, des Kreises, der auf einen Brennpunkt bezogenen Kegelschnitte (denn unsere Schüler müssen imstande sein, die Keplerschen Gesetze zu begreifen) und auf die logarithmische Spirale beschränken. Jede weitere Konstruktion sollte als *Problem* dargeboten werden: Der Schüler hätte die Methoden neu zu erfinden, anstatt sich an eine festgefahrene Liturgie zu klammern.

Man müßte sogar direkt in den Unterrichtsprogrammen die Themen unterscheiden, die Gegenstand eines konzeptionellen Studiums sein sollen, und diejenigen, welche man vor allem im Hinblick auf ihre Nützlichkeit unterrichtet.

Erinnern wir daran, daß noch in jüngster Vergangenheit der im sprachlichen Zweig der Oberschulen (Philosophie, humanistische Wissenschaften)[5]) angebotene Unterricht ein Drittel Trigonometrie enthielt, eine unnütze Technik für all jene, die keine naturwissenschaftliche Karriere ins Auge faßten.

---

[5]) Anm. d. Üb.: Dies bezieht sich auf Frankreich. Im sprachlichen Zweig der Abiturklassen war die Trigonometrie bis 1967 Bestandteil des Pflicht- oder des Wahlprogramms.

VI Der Mathematik-Unterricht

Zwei Methoden

Wir werden hauptsächlich zwei Unterrichtsarten unterscheiden.

Der *synkretistische Unterricht* wird in der handwerklichen Lehre erteilt; er wird während des für die Referendare bestimmten pädagogischen Praktikums vermittelt. Während Jahrtausenden war dies das einzige Verfahren, das für das Lesen- und Schreiben-Lernen verwendet wurde. Heutzutage lernt man noch auf diese Art und Weise das Gehen und Sprechen. Der Lehrer führt das aus, wovon er wünscht, daß es nachgemacht werde, und verlangt vom Schüler, ihn zu beobachten. Wenn dieser begabt ist, gelingt es ihm, die wesentlichen Merkmale des Kunstgriffes instinktiv zu erfassen, und er paßt sich an, ohne jedoch imstande zu sein, das, was er tut, klar zu formulieren.

Selbstverständlich wird das Vorbild als Ganzes wahrgenommen. Der Schüler ist geneigt, nicht nur die guten Eigenschaften, sondern auch die Fehler seines Lehrers nachzuahmen.

Der *analytische Unterricht* hingegen setzt voraus, daß man vorher die meisten der Grundverrichtungen axiomatisiert hat und daß es einem gelungen ist, das zu erreichende Verhalten in erschöpfender Weise zu formulieren. Eine Reihe künstlicher, jedoch abgestufter Übungen ermöglicht es so, das Ergebnis allmählich zu erreichen.

0.VI.1 Beispiel Man unterrichtet das Schwimmen synkretistisch, indem man den Betreffenden ins Wasser wirft! Der analytische Unterricht beginnt damit, die verschiedenen Bewegungen auf der Erde oder auf einer Boje ausführen zu lassen. Er wird durch die Erklärung des Prinzips der schwimmenden Körper vervollständigt.

Die synkretistische Methode, schneller und weniger pedantisch, ist immer dann vorzuziehen, wenn sie zu ausreichenden Ergebnissen führt: die berühmte „Philosophie"-Lektion im ersten Akt des *„Bourgeois Gentilhomme"* (Der Bürger als Edelmann) von Molière macht das Lächerliche der analytischen Methode bestens deutlich, indem sie dazu verwendet wird, einen Herrn, der sich sehr gut ausdrückt, die Aussprache der Vokale zu lehren. Wenn es sich darum handeln würde, die französische Aussprache eines Ausländers oder eines von Sprachstörungen heimgesuchten Kranken zu verbessern, wäre die synkretistische Methode im allgemeinen schlecht geeignet. Jedesmal, wenn die synkretistische Methode keine befriedigenden Ergebnisse zeitigt, muß der Lehrer eine Analyse des zu vermeidenden Fehlers bereithalten.

In der Antike war der Mechanismus des Lesen-Lernens von den Pädagogen nicht genügend analysiert worden; man verfügte nicht über abgestufte Fibeln und ABC-Bücher, die nur Wörter benutzen, die dem Kind verständlich sind. Ergebnis: Man benötigte im Durchschnitt fünf Jahre an Anstrengungen und Tränen, um lesen zu lernen; die Peitsche allein erwies sich als wirkungsvoll [B 17].

Sehr viele mathematische Begriffe werden unseren Schülern synkretistisch übermittelt.

- Die meisten Grammatikregeln der mathematischen Sprache (siehe Kapitel 1). Meistens besteht kein Anlaß, diese Grammatik, die ohne weitere Erklärungen richtig angewandt wird, zu formalisieren. Jedoch muß der Lehrer imstande sein, jeden strittigen Punkt zu erhellen.

- Die Idee der Raum-Orientierung oder die Einführung der unendlich fernen Punkte (siehe Kapitel 4) wird ebenfalls synkretistisch erworben, und das ist sicherlich die Ursache sehr ernsthafter Schwierigkeiten. Die Lektion über die „orientierten Winkel" wurde herkömmlicherweise als eine der schwierigsten angesehen, denn selbst der Lehrer beherrschte die dahinterstehende Axiomatik nicht [E 10, E 11, E 12].
- Schließlich wird die Heuristik oftmals durch einfache Nachahmung des Lehrers erworben, der damit beschäftigt ist, Probleme mit lauter Stimme zu lösen. Das Ergebnis ist dementsprechend! Die Begabtesten bringen es von selbst fertig, Probleme zu lösen. Den anderen gelingt es nicht, das intellektuelle Forschungsverhalten nachzuahmen, welches übrigens hinter einer einwandfreien Fassade verborgen und verdeckt ist. Eine mathematische Abhandlung, die von der Pädagogik im Vorlesungsstil inspiriert ist, ähnelt einer in Tusche ausgeführten Zeichnung nach dem Ausradieren der Konstruktionslinien. Eines der Ziele dieses Kapitels ist es, nahezulegen, daß ein Teil der Tricks des Mathematiklehrers analytisch unterrichtet werden kann und muß.

Eine unglückliche Begleiterscheinung des Synkretismus

Der Vortrag des Lehrers ist eine vom Lehrer zum Schüler übermittelte Nachricht. Beim Empfang wird der Inhalt der Botschaft aus sehr verschiedenen Gründen abgeändert (Unaufmerksamkeit, Unverständnis der Sprache, Unkenntnis des verwendeten Schlüssels, Unverständnis der Bedeutung des Stoffes und sogar Fehler in der Ausdrucksweise!).

Wir wollen auf eine besondere Seite dieser Störung Gewicht legen. Der Lehrer gibt unwillkürlich eine Reihe von parasitären Informationen weiter, für deren Tarnung er nicht gesorgt hat.

0.VI.2 Beispiel Für zahlreiche Oberschüler ist in einem Dreieck ABC die Basis BC waagerecht, der Fußpunkt der von A ausgehenden Höhe liegt zwischen B und C [B 16].

0.VI.3 Beispiel In einem Trinom $ax^2 + bx + c$ wird der Koeffizient a implizit als positive Zahl empfunden.

0.VI.4 Beispiel Die Lösung einer arithmetischen Aufgabe muß „aufgehen" (das heißt ganze Werte annehmen).

0.VI.5 Beispiel Die Koordinatenachsen sind immer rechtwinklig.

Kurz, der Schüler ist geneigt, eine Idee mit unerwünschten Eigenschaften zu bereichern, die aus dem erlebten Zusammenhang hervorbrechen. Der Lehrer kann diesen Nachteil in gewissem Maße korrigieren, indem er systematisch die Beispiele derart abwechselt, daß verhindert wird, daß ein bedingter Reflex (Pawlow) einen Begriff mit einem ungeeigneten Attribut koppelt. Er wird den Schüler dazu veranlassen, gleichzeitig mehrere Figuren verschiedenen Aussehens für seine Überlegung zu verwenden.

Nicht enthüllte analytische Pädagogik

Wenn man die psychologischen Ursachen gewisser üblicher Fehler untersucht, findet man manchmal, daß eine neue Art, die Frage darzulegen, oder eine neue Ausdrucksweise diese Fehler beseitigt. Der Lehrer gebraucht dann ein analytisches Verfahren, um seine pädagogische Methode auszuarbeiten, ohne sich vor seinen Schülern einer kleinlichen und unnützen axiomatischen Auslegung hinzugeben.

0.VI.6 Beispiel Der circulus vitiosus in bezug auf Reihen, deren allgemeines Glied nach 0 strebt, ist ein klassischer Fehler. Der Student versteht den Beweis spielend, aber er ist dann ein Opfer der Ausdrucksweise: Der Unterschied zwischen „es ist notwendig" und „es ist hinreichend" ist kein wirksames narrensicheres Mittel gegen diesen Flüchtigkeitsfehler.

Indem man den Ausdruck *grob divergente Reihe* zur Bezeichnung einer Reihe verwendet, deren allgemeines Glied nicht nach 0 strebt, schaltet man diesen Fehler völlig aus. Die so ausgebildeten Schüler wissen nicht einmal, daß die Generationen vor ihnen in diesem Punkt Schwierigkeiten hatten.

0.VI.7 Beispiel Indem man sich sehr früh an den Gebrauch des Implikationszeichens $\Rightarrow$ gewöhnt, beseitigt man zum Teil die durch die Ausdrücke „es ist notwendig", „es genügt", „notwendig", „hinreichend" hervorgerufene Verwirrung sprachlichen Ursprungs, und man sichert sich gegen zahlreiche Trugschlüsse ab.

Die Rolle der Nachhilfestunde in der Lehrerausbildung

Ein Lehrer, der zu seiner Zeit ein glänzender Schüler war, trifft bei der Anwendung der analytischen Methode auf große Schwierigkeiten. Er ahnt nicht, daß das, was er sich ohne Mühe angeeignet hat, durch Zerlegen gewinnen würde. In einer überfüllten Klasse ist er versucht, sich nur an die besten Schüler zu wenden, an diejenigen, welche vielleicht ganz ohne seine Hilfe ausgekommen wären.

Nur wenn er mit den weniger begabten Schülern diskutiert, ist er imstande, Fortschritte in der Kunst des Unterrichtens zu machen. Wenn er eine Nachhilfestunde gibt, befindet er sich in der Lage eines Klinikarztes. Er soll eine präzise Diagnose über die Art der Schwierigkeiten stellen, denen sein Schüler begegnet, indem er ihn einer systematischen Beobachtung unterzieht; dann soll er sich Heilmittel ausdenken, deren Wirkung er überwachen wird. Wenn der Lehrer zu guter Letzt keine Fortschritte erzielt, wird er wissen, an wen er sich zu halten hat. Selbst wenn der Schüler „schwierig" ist, wird der Lehrer zugeben müssen, daß er die geeignete pädagogische Methode nicht hat finden können.

Die Nachhilfestunde

Einige Beobachtungen

0.VI.8 Man trifft bei Nachhilfestunden manchmal Schüler an, die überraschende Wissenslücken in ihrer Grundausbildung aufweisen. So stellt man manchmal fest, daß ein Jugendlicher es nicht gelernt hat, die vier Grundrechnungsarten richtig auszuführen, was ein nicht zu übersehendes Handicap darstellt, das sich auf seine ganze Ausbildung auswirkt.

0.VI.9 Indem er die Theorie des größten gemeinsamen Teilers, auf dem Begriff des Ideals und der sogenannten Identität von Bezout [das heißt $\forall\ (a, b) \in \mathbb{N}^* \times \mathbb{N}^*\ \ (\exists (c, d) \in \mathbb{N}^* \times \mathbb{N}^*\ ab - cd = 1) \Rightarrow (a$ und b teilerfremd)] fußend, unterrichtete, mußte ein Lehrer eine vollständige pädagogische Schlappe hinnehmen. Er befragte sorgfältig einige Schüler, um herauszufinden, warum sie nicht weiterkamen. Es ergab sich, daß in dieser Klasse keiner spontan bemerkt hatte, daß „jede lineare Kombination von linearen Kombinationen eine lineare Kombination ist" oder daß „0 eine lineare Kombination von a und b ist (da $b \cdot a - a \cdot b = 0$)". Indem er dafür sorgte, daß Sätze dieser Art deutlich ausgesprochen wurden, und nachdem er die Schüler dazu veranlaßt hatte, die Menge der linearen Kombinationen (mit ganzen Koeffizienten) dreier passend ausgewählter ganzer Zahlen a, b, c numerisch auszuprobieren, führte die gleiche Darlegungsmethode im folgenden Jahr zu einem spektakulären Erfolg.

0.VI.10 Man trifft laufend Leute, die davon überzeugt sind, verstanden zu haben, was man ihnen erklärt, wobei ihnen jedoch das Wesentliche offensichtlich entgeht.
Wir wollen den Fall jener Studenten nennen, welche die Anfangsgründe der Topologie seit zwei Monaten erlernten. Während einer mündlichen Prüfung behaupteten sie, die üblichen Sätze über die stetigen Abbildungen verstanden zu haben, wobei sie nur einen unbestimmten Eindruck von der Bedeutung des Ausdruckes „Urbildmenge" hatten. Sie dachten, es genüge zu wissen, daß „dies umgekehrt funktioniert" und hielten es nicht für nötig, sich auf eine präzise Definition zu besinnen.

Diese Beobachtung sollte den Lehrer veranlassen, mißtrauisch zu sein, wenn die Klasse die Frage „Habt ihr verstanden?" bejaht. Manche Schüler sind schüchtern; aber andere sind nicht fähig, ihr Verständnisniveau zu beurteilen.

Lernen und Begreifen

Die mathematische Erziehung schreitet nicht in unmerklichen Etappen fort: ein entscheidender Punkt, an dem ein echter Umschwung im Denkprozeß einsetzt, ist erreicht, wenn der junge Schüler zum ersten Mal in seinem Leben einen logischen Beweis findet und sich des überzeugenden Charakters der Beweisführung bewußt wird.

Er wird noch lange unerfahren bleiben, jedoch wird er immer weniger seine Zuflucht zum Buche oder zum Lehrer nehmen, um die Richtigkeit eines logischen Schlusses zu beurteilen. Er wird sich davon überzeugen, daß es in der Mathematik *fast nichts zu lernen, jedoch alles zu begreifen* gibt.

Die Hauptsache unseres Lehrberufes ist es, unsere Schüler darin zu üben, ihr eventuelles Nicht-Verstehen deutlich auszudrücken und das klar auszusprechen, was sie vorher nur in verworrener Weise empfanden.

Wie erkennt man, daß man wirklich verstanden hat? Auf diese Frage kann man keine endgültige Antwort geben. Allerdings:

1. Man hat wirklich nur das verstanden, was man anderen zu erklären fähig ist. Man muß es nicht nur *ex cathedra* darlegen können, sondern man muß vor allem imstande sein, in einer Diskussion zu bestehen, Einwände zu widerlegen und zusätzliche Erklärungen abzugeben. Man muß die Darlegungsmethode ändern und allein erläuternde Beispiele finden können.

2. Man vergißt nie, was man wirklich begriffen hat. Wenn man nicht imstande ist, ohne Hilfe eine Beweisführung, die man studiert hat, wiederherzustellen, ist dies das Anzeichen eines gewissen Unverständnisses. Umgekehrt verspürt man nicht die Notwendigkeit, das, was man gut erfaßt hat, auswendig zu lernen. Man behält es ohne diese Bemühung.
3. Das Studium einer mathematischen Frage wird allzu oft auf passive Art und Weise unternommen. Man vergewissert sich, daß man die Frage von Grund auf erfaßt hat, indem man ein aktives Verhalten an den Tag legt oder herausfordert: Aufgaben lösen, sich Fragen stellen, die ursprüngliche Formulierung verändern, Aufgabentexte anfertigen. Gut lernt man nur dann, wenn man das Recht hat, sich vorläufig zu irren; der Lehrer wird den Schüler gewisse Fehler machen lassen, bis hin zu ihren absurdesten Konsequenzen, damit dieser sie nie mehr wiederholt. Die Kreativität ist der beste Test für das Verständnis.
4. Eine echte Erklärung hebt die dahinterstehenden Strukturen hervor. Sie ist abstrakt. Sie erfaßt die Gruppe der Transformationen, welche die Aussagen invariant läßt. Das Begreifen des Wortlauts eines Lehrsatzes erlaubt es, die Rolle jeder Voraussetzung, jedes Wortes, jeder Einschränkung vorherzusehen.

VII Lesen und Verfassen mathematischer Texte

Die Lektüre mathematischer Texte

Sie unterscheidet sich von der Lektüre eines Romans. Ein guter Romanschriftsteller muß es verstehen, seinen Leser anzuregen, daß er ohne Unterbrechung liest, ohne Beschreibungen zu überspringen und ohne vorzeitig im letzten Kapitel nachzuschlagen, um den Ausgang zu erfahren.

Die gründliche Lektüre in der Mathematik hingegen findet in aufeinanderfolgenden Etappen statt, in denen man stufenweise dem Inhalt näher kommt.

Zunächst einmal versucht der Mathematiker, die Gliederung in groben Zügen herauszuarbeiten; er wird sich der Probleme bewußt und beschränkt sich darauf, die Grundaussagen zu verstehen. Dann macht er sich einige richtungweisende Merkmale klar.

Nach der Lektüre einer Aussage bewilligt sich der Mathematiker ein wenig Überlegungszeit, um zu versuchen, diese neue Information gegenüber seinen bisherigen Kenntnissen einzuordnen, und er versucht, selbst einen Beweisansatz zu finden (auch wenn er dann sofort mit dem gedruckten Text vergleicht).

Beim zweiten Durchlesen ist er bestrebt, die fruchtbare Idee und die Routine-Untersuchung auseinanderzuhalten. Im allgemeinen überspringt er die Recheneinzelheiten, um sich im wesentlichen nur dem Aufbau zuzuwenden.

Am Ende einer solchen Arbeit gibt er sich einer letzten *prüfenden Lektüre* hin, die mit dem Kugelschreiber in der Hand ausgeführt wird, und wobei er im Prinzip nichts mehr ausläßt.

Ein mathematischer Text ist nicht unbedingt für eine vertiefte Lektüre bestimmt. Es ist oftmals wichtig, in einem Werk *nachzuschlagen*, um sich auf das Studium einer bestimmten herausgegriffenen interessanten Stelle zu beschränken.

Oft empfiehlt es sich, einen Text zu *überfliegen*, nachdem man das Inhaltsverzeichnis rasch durchgesehen hat, um zu wissen, was man eventuell darin finden kann. Man behält sich so die Möglichkeit einer gründlichen Lektüre im geeigneten Moment vor.

Zahlreich sind die Neulinge, die weder das Überfliegen noch das Nachschlagen verstehen, und die sich der Wichtigkeit dieser Tätigkeiten noch nicht bewußt geworden sind. Da das erste Kapitel eines Buches im allgemeinen an bereits bekannte Tatsachen erinnert, verlieren diese Neulinge viel Zeit beim nochmaligen Lesen dessen, was sie bereits wissen, bevor sie zu den neuen Informationen vordringen, die erst im Hauptteil des Werkes erscheinen.

Damit eine Lektüre gewinnbringend ist, muß sie *motiviert* sein. Es ist gut, wenn man von vornherein spezielle Gründe hat, sich für das, was man liest, zu interessieren. Ein ungenügend motivierter Leser durchläuft die Seiten in der Art eines elektrisch neutralen Teilchens, ohne das Nebensächliche vom Wesentlichen zu unterscheiden. Wer ein klares Ziel verfolgt, handelt wie ein Elektron, das gewisse Informationen anzieht und andere abstößt. Indem man unter den Informationen auswählt, zieht man großen Gewinn aus der Lektüre; einige Ideen werden hervorgehoben, andere treten zurück.

Lektüre fremdsprachiger Texte

Man muß sich sehr früh dazu zwingen, in fremdsprachigen Büchern nachzuschlagen, und sich davon überzeugen, daß weder das Studium der Grammatik und der unregelmäßigen Verben, noch die Kenntnis der Klassiker erforderlich ist, um einen mathematischen Text zu verstehen. (Sich in einer Fremdsprache auszudrücken ist eine andere Sache!)

Ein Student, der sich z. B. noch nie mit Englisch befaßt hat, verfährt am besten wie folgt:

a) Ein Werk auswählen, das einen Stoff behandelt, der ihm nicht gänzlich unbekannt ist: z. B. [B 33] oder [B 34].
b) Zwei Seiten lesen, ohne ein Wörterbuch zu benutzen, indem man einfach die Schlüsselwörter, deren Sinn man nicht errät, auf ein Blatt Papier notiert, und man einfach die mysteriösen Sätze übergeht.
c) Man stellt fest, daß Ausdrücke wie "constant function", "commutative group", "coordinate system" oder "differential quotient" verständlich sind, und daß der Zusammenhang allmählich die meisten der am Anfang notierten Wörter erhellt.
d) Wenn man jemand zur Verfügung hat, der fließend Englisch liest, wird man ihm die Liste der nicht erklärten Wörter unterbreiten. Wenn nicht, wird man damit beginnen, die Wörter der Liste in alphabetischer Reihenfolge anzuordnen, bevor man seine Zuflucht zu einem Lexikon nimmt.
e) Man wird dann die zwei Seiten noch einmal durchlesen und sich um besseres Verständnis bemühen.

Jeder Neuling wird feststellen, daß er nach einigen Stunden systematischen Bemühens einen mathematischen Text in einer Fremdsprache lesen kann.

Vergleichendes Studium mehrerer Bücher

Zahlreiche Studenten beschränken sich darauf, nach einer einzigen wissenschaftlichen Vorlesung zu lernen, ohne auf andere Texte neugierig zu sein und ohne verschiedene Darlegungsmethoden vergleichen zu wollen. Diese Praxis ist besonders unzulänglich für die Lehrerausbildung; sie regt dazu an, über Generationen hinweg von Lehrer zu Schüler den Unterricht zu wiederholen, den man selbst genossen hat, ohne ihn an die Entwicklung von Wissenschaft und Pädagogik anzupassen. Wenn man mehrere Bücher vergleicht, hat man

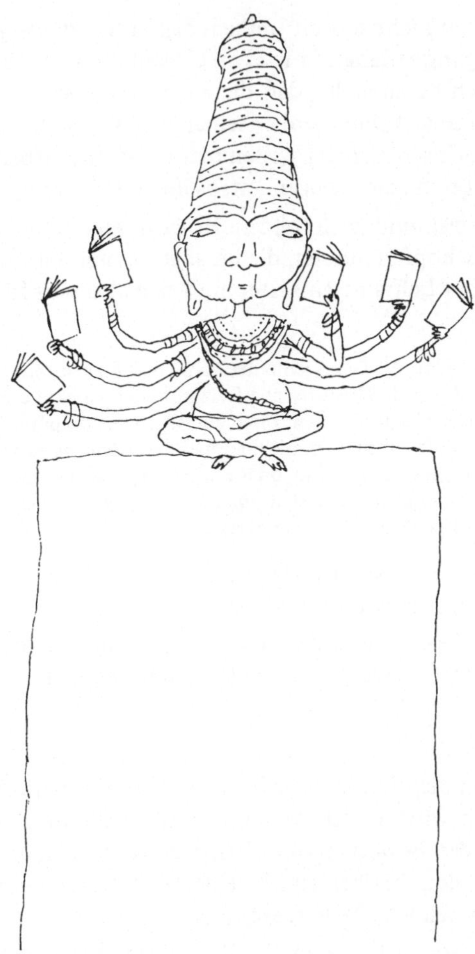

Vergleichende Lektüre mehrerer Bücher

Gelegenheit, eine fruchtbare Synthese hervorzubringen, indem man dort einen Beweis, hier eine Übungsaufgabe entlehnt. Das Lesen wird zu einer aktiven Beschäftigung: Eine echte Diskussion setzt zwischen verschiedenen Autoren ein, in welcher der Leser die Rolle des Schiedsrichters übernimmt.

Einige Pädagogen raten jedoch von der gleichzeitigen Lektüre verschiedener Darlegungen ab. Ihrer Meinung nach würde das den Schüler in dem Maße verwirren, in dem die Definitionen nicht ganz genau die gleichen und die Reihenfolge der Schlüsse verschieden sind. Sie haben recht, wenn es sich um sehr schwache Schüler handelt. Aber der zukünftige Lehrer muß lernen, Schwierigkeiten dieser Art zu überwinden.

Ein Lehrer soll die Eitelkeit nicht so weit treiben, daß er die Wiedergabe seiner eigenen wissenschaftlichen Darlegung verlangt. Er wird im Gegenteil die Wißbegier und die Initiative fördern, und wenn es sich herausstellt, daß die aus verschiedenen Quellen geschöpften Kenntnisse schlecht koordiniert sind, wird er seinem Schüler helfen müssen, eine sinnvolle Synthese zu vollziehen. „Unsere Schüler wissen nicht, wie man arbeitet", wiederholen viele Lehrer; gerade hier bietet sich eine Gelegenheit, es ihnen beizubringen.

Der Lehrer muß sich fortwährend weiterbilden. Er wird seine Kenntnisse aus verschiedenartigen Literaturquellen schöpfen müssen, die im allgemeinen seinem speziellen Bedürfnis schlecht angepaßt sind. Der Lehramtsanwärter muß sich also sehr früh an außerschulische Lektüre gewöhnen.

So ist es besonders wünschenswert, die Geschichte der Mathematik zu studieren. Einige passiv angehörte Vorträge werden niemals die durch den historischen Reiz motivierte Lektüre von Büchern ersetzen, noch das Nachlesen einiger klassischer Texte, wenn nötig in übersetzter und kommentierter Form. Bei dieser Art von Lesestoffen trifft man oft auf Stellen, die man nicht versteht, ob es sich nun um Ausdrücke handelt, die aus dem Gebrauch gekommen sind, oder um Anspielungen auf wissenschaftliche Gebiete, die einem unbekannt sind. Man muß sich damit abfinden können, wie man das auch beim Lesen eines Textes tut, der medizinisches Fachwissen allgemeinverständlich darstellt.

In der Tat ist es gut, neben einer soliden Grundkenntnis des Hauptstoffes auch gewisse Vorstellungen auf breiterem Gebiet zu erwerben.

Lesen und Verfassen von Texten machen das Wesen einer Informationsübermittlung aus. Wir werden zwei Arten der Abfassung von Texten unterscheiden.

Die Niederschrift zur Nachprüfung

Sie ist die Bilanz, die nach dem Lösen eines Problems gezogen wird. Man bringt die Lösung zu Papier, um sich zu vergewissern, daß die logische Beweisführung weder Fehler noch Lükken aufweist; man sucht den Beweis in seiner Form zu verbessern und sein Anwendungsgebiet zu erweitern. Das Niederschreiben ist hier eine *Technik*, bei der man den Akzent auf die peinliche Genauigkeit beim Aufspüren eventueller Fehler setzt.

Man wird mit einer logischen Kritik beginnen. Man wird jeden logischen Schluß sorgfältig im einzelnen darlegen und sich besonders vor der Versuchung hüten, zu schreiben: „es ist klar, daß ..." oder „es ist selbstverständlich, daß ...". Nur zu oft versteckt sich gerade da die *petitio principii*. Beim leisesten Zweifel wird man versuchen, die betreffende Stelle zu formalisieren (siehe auch Kapitel 2), indem man für eine korrekte Verwendung der Quantoren sorgt und jede unzulässige sprachliche Vereinfachung vermeidet.

Wenn sich der Beweis auf ein bekanntes Ergebnis beruft, wird man sich vergewissern, ob die Bedingungen für dessen Anwendung erfüllt sind. Weicht der verwendete Wortlaut leicht von demjenigen ab, der in einem sicheren Nachschlagewerk abgedruckt ist, wird man beweisen, daß beide Aussagen tatsächlich gleichbedeutend sind.

Wir wollen auf ein nennenswertes psychologisches Phänomen hinweisen: Man gibt sich manchmal dieser Kontrollarbeit hin, ohne ein Gefühl der Langeweile oder des Ärgers unterdrücken zu können. Im allgemeinen läßt man gerade unter solchen Umständen schwerwiegende Fehler durchgehen. Man muß also beim leisesten Symptom die Aufmerksamkeit verdoppeln. Die Ausführung jeder Arbeitstechnik erfordert es, daß man sich vorher in Kondition bringt.

Besondere Mühe muß man auf die Suche nach einer kurzen und bündigen Formulierung verwenden. Der Gedankengang, der zur Lösung geführt hat, hat recht eigenwillige Wege einschlagen können; es handelt sich darum, die Beweisführung auf die wesentlichen Bestandteile zu reduzieren und überflüssige Umwege zu vermeiden.

Wenn man zum Beispiel hintereinander mehrere Transformationen (oder Substitutionen von Veränderlichen) vorgenommen hat, kommt es häufig vor, daß die Verkettungs-Transformation direkt zum Ziel führt. Wenn sich zwei inverse Transformationen neutralisieren, erweisen sie sich als unnötig.

Man kommt manchmal dazu, zweimal analoge Begründungen zu Papier zu bringen. Es ist dann besser, einen einzigen Hilfssatz zu formulieren, der beide Beweisführungen vereinigt, und Wiederholungen zu vermeiden.

Schließlich wird man versuchen, die Struktur der Beweisführung herauszuarbeiten, indem man überflüssige Voraussetzungen beseitigt und dem Ergebnis seinen natürlichen Rahmen gibt; oft gelangt man so zu einer vereinfachenden Verallgemeinerung.

Die didaktische Niederschrift

Durch die nachprüfende Niederschrift hat man sich von der Richtigkeit einer mathematischen Idee überzeugt. Jetzt handelt es sich darum, diese Idee einem Leser mitzuteilen; dies ist eine pädagogische Tätigkeit.

Das Hauptanliegen der kommunikativen Pädagogik ist es, seine Aussage dem Publikum anzupassen, an das man sich wendet. Das setzt voraus, daß sich der Autor zunächst einmal die Mühe macht, die Bedürfnisse seiner Leser zu erkennen.

0.VII.1 Beispiel „Le calcul différentiel facile et attrayant“ (Die Differentialrechnung – leicht und attraktiv gemacht) von Gustave Bessière [B 28] ist ein Meisterstück oder ein übler Scherz, je nach dem Gebrauch, den man davon macht.

0.VII.2 Beispiel Bourbaki schreibt für Forscher auf dem Gebiet der reinen Mathematik. Jede Kritik, die ihm vorwirft, für Studienanfänger unzugänglich zu sein, ist nicht akzeptabel.

0.VII.3 Beispiel Das vorliegende Werk ist *für angehende Mathematiklehrer geschrieben*, die ein gewisses Studium abgeschlossen haben und grosso modo ein Bildungsniveau besitzen, dessen Eigenart wir zu bestimmen versucht haben, bevor wir zur Feder griffen. Das vorliegende Kapitel wäre ganz anders abgefaßt worden, wenn es für Psychologen bestimmt gewesen wäre, die mit dem philosophischen Werk eines Descartes vertraut sind, jedoch keine eigene Erfahrung im Erforschen eines mathematischen Problems haben, oder wenn wir beabsichtigt hätten, ein „Handbuch der Mathematik für den Philosophie-Lehrer“ zu schreiben. Ein für Lehrer an Gewerbeschulen bestimmtes Buch hätte der Mechanik, der Statistik oder dem Booleschen Kalkül der Schaltkreise mehr Platz eingeräumt und hätte gewisse Punkte der Mengenlehre vernachlässigt.

Man muß sich darin üben, die gleiche Frage auf verschiedene Arten zu Papier zu bringen und sie der jeweiligen Leserschaft anzupassen.

0.VII.4 Beispiel Ein Lehrer nimmt sich vor, eine Übungsaufgabe über die graphische Darstellung einer Funktion zu verfassen. Nehmen wir an, daß die direkte Untersuchung dieser Funktion aufschlußreich sei: er verzichtet folglich darauf, die Ableitung zu benutzen. Je nach dem Niveau der Schüler, an die er sich wendet, wird er es ohne Kommentar tun, oder er wird im Gegenteil auf die Wahl der Methode besonders hinweisen.

Eine ähnliche Wahl wird von einem Schüler getroffen werden müssen, der die gleiche Frage in einem Examen behandelt. Ein Kandidat einer Mathematikprüfung für zukünftige Mediziner oder Geisteswissenschaftler wird gut daran tun, übungshalber trotzdem die Ableitung zu berechnen: der Prüfer wird es anerkennen, wenn der Kandidat zeigt, daß er fähig ist, diese Berechnung durchzuführen. Die gleiche Haltung wäre lächerlich in einer Prüfungsarbeit der Agrégation.[6])

0.VII.5 Nehmen wir uns vor, zu beweisen, daß eine gewisse Menge die Struktur eines Körpers oder eines Vektorraumes hat. Wenn man die lange Liste der Axiome im einzelnen auf ihre Richtigkeit untersucht, was oft sehr banal ist, läuft man Gefahr, den Leser zu langweilen. Man wird ihn dazu anregen, daß ihm das Überspringen zahlreicher Teilbeweise zur Gewohnheit wird, auf die Gefahr hin, einen heiklen oder interessanten Punkt auszulassen, da dieser in einer Masse von Trivialitäten untergeht. Ist es nicht besser, diese langwierige Arbeit der nachprüfenden Niederschrift vorzubehalten und im didaktischen Text nur auf die Punkte des Beweises einzugehen, die tatsächlich ein Problem aufwerfen? Man wird bei jeder Gelegenheit all das hervorheben, was einen sorgfältigen Beweis erfordert, indem man durch Gegenbeispiele die Gefahren einer naiven Intuition illustriert. Hier haben wir es mit einem merkwürdigen Paradoxon zu tun. Es ist die scheinbar unerbittlich strenge Methode der Niederschrift, die in pädagogischer Hinsicht am wenigsten geeignet ist, die rigorose Schärfe einer Beweisführung zu würdigen.

Man vermeidet manchmal die vorhergehende Alternative, indem man sich passende Kunstgriffe ausdenkt: z. B. wird man damit beginnen, Sätze zu beweisen, denen zufolge man unter bestimmten Bedingungen die lange Liste der Axiome durch eine handlichere Liste ersetzen kann.

Ein Text, der als Vorlage dienen soll, muß so übersichtlich abgefaßt sein, daß man ihn leicht überfliegen kann.

Dazu wird man es so weit wie möglich vermeiden, sich von der dem Leser vertrauten Ausdrucksweise zu entfernen, und man wird die Liste der sprachlichen Neuschöpfungen, die man für unerläßlich hält, zusammenstellen. So erfordert es nur wenig Mühe, eine Stelle zur Kenntnis zu nehmen. Man wird den Beweis eines Satzes auf einen wichtigen vorhergehenden Satz gründen, aber man wird soweit wie möglich Beweise vermeiden, die sich auf eine Vielfalt von trivialen Ergebnissen beziehen, die im ganzen Werk verstreut sind.

---

6) Anm. d. Üb.: Die Agrégation ist in Frankreich der schwierigste Wettbewerb (auf nationaler Ebene) um eine Planstelle für Lehrer an höheren Schulen zu erhalten. Er findet in verschiedenen Fächern statt. In der Mathematik müssen die Kandidaten vier Klausuren von je 6 Stunden absolvieren, und falls sie danach in die engere Wahl gezogen werden, müssen sie in zwei mündlichen Prüfungen jeweils eine Schulstunde vorbereiten. Die „professeurs agrégés" (Lehrer, die ihn bestanden haben) unterrichten im allgemeinen in Unter- oder Oberprima und in den Vorbereitungsklassen für die Aufnahmeprüfungen in die „Grandes Ecoles" (siehe auch Anm. 1, S. 2). Die „professeurs agrégés" brauchen nur 15 volle Wochenstunden zu unterrichten und werden wesentlich besser bezahlt als die „professeurs certifiés", die 18 volle Wochenstunden unterrichten müssen und deren Ausbildung in etwa derjenigen unserer Studienräte entspricht.

Man wird es sich angelegen sein lassen, die Auffindung einer wichtigen Frage im Text durch eine angemessene Typographie (bzw. Schreibweise) zu erleichtern (Einrahmung der Formeln, handliches Stichwortverzeichnis usw.).
Eine gute Gliederung erleichtert die gründliche Lektüre.

Durch eine gute Redaktion ist es möglich, dem Leser das Zerlegen des Textes zu erleichtern, indem man ihn jeweils auf die Grundideen hinweist und diese von den Routineuntersuchungen unterscheidet; z. B. wird man einen langen Beweis durch einige Hilfssätze unterteilen.
Die Hauptschwierigkeit besteht darin, zwei gegensätzliche Gefahrenklippen zu umschiffen.

a) Man kann sich auf einen logisch richtigen Text beschränken, in dem nichts Wesentliches fehlt, der aber ohne jede heuristische Erklärung ist und in dem man die trivialen Untersuchungen auf ein Minimum reduziert hat.
Man erhält so einen kurzgefaßten Text, der diejenigen befriedigen wird, die ihn auf Anhieb verstehen, der jedoch für den Durchschnittsleser abscheulich sein wird.
b) Man kann im Gegensatz dazu den Text durch erklärende Kommentare schwerfällig machen und jeden Syllogismus einzeln entwickeln, auch wenn er trivial ist. Man erhält so einen Text, der zum Gähnen bringen wird vor lauter Langeweile.

Es ist möglich, die Schwierigkeit zu umgehen, indem man einen sehr kurz gefaßten Text durch kleingedruckte Kommentare ergänzt, und gerade auf derartige Abfassungen müssen wir unsere jungen Schüler trainieren. Insbesondere lehren wir sie so, die Hauptsache vom Nebensächlichen zu unterscheiden.

Der Stil

Ein mathematischer Text, der Anspruch erhebt, auch nur einigermaßen Hand und Fuß zu haben, richtet sich nach dem *„rechten Gebrauch"*. Die besten Autoren sind sich über einige ästhetische Vorschriften einig, aber da es sich um eine Frage des Geschmacks handelt, sind die Ansichten über die Details geteilt. Im folgenden geben wir einige von J.-L. Koszul niedergeschriebene Ratschläge:

Das Verfassen mathematischer Texte

Absatz: Das Unterteilen des Textes in Absätze muß die gedankliche Reihenfolge und die Einheit eines logischen Schlusses berücksichtigen. Der Beweis einer Behauptung erfolgt meistens innerhalb eines Absatzes, es sei denn, daß Satzglieder freigestellt werden.
Freigestellte Satzglieder: Es handelt sich um Bestandteile eines Satzes (meistens Ausdrücke oder Relationen), die auf einer Zeile links und rechts eingerückt sind. Die Freistellung soll nur in begrenzten Fällen geschehen:

a) wenn es sich um einen Ausdruck handelt, der in seiner Höhe oder Länge viel Platz einnimmt (man vermeidet es, den Zeilenabstand zu ändern oder einen Ausdruck am Ende einer Zeile abzutrennen),
b) wenn es sich um einen Ausdruck oder eine Behauptung handelt, die man mit einer Nummer oder einem Buchstaben versieht, um im weiteren auf sie Bezug nehmen zu können,
c) wenn es sich um einen Ausdruck handelt, der besondere Hervorhebung verdient (z. B. wenn er eine Relation oder ein neues Wort definiert).

Der Mißbrauch von freigestellten Satzgliedern verbirgt den logischen Aufbau eines Textes.

Interpunktion: Es ist unerläßlich, auf ein freigestelltes Satzglied das Interpunktionszeichen folgen zu lassen, das man gebrauchen würde, wenn dieses Satzglied innerhalb des Textes stünde.

Konjunktionen: Alle logischen Gliederungen und Verbindungen einer Beweisführung klar und deutlich anführen, besonders durch den Gebrauch von richtig ausgewählten und richtig angebrachten Konjunktionen und durch klugen Gebrauch der Interpunktionszeichen.

Relationen: Jede Relation muß Bestandteil eines Satzes sein (der zumindest ein Subjekt und ein Verb aufweist). Man darf nicht zwei Relationen nebeneinander schreiben, ohne sie durch einen Text zu trennen (im allgemeinen genügen Wörter wie: also, daher, folglich).

Große Buchstaben: Jeder Satz muß mit einem großen Buchstaben beginnen. Kein Satz darf mit einem mathematischen Symbol beginnen.

Die Symbole und Zeichenreihen: $\exists$, $\forall$, $\{|\ldots\}$ werden nur in der mathematischen Logik oder in der Stenographie verwendet. Sie dürfen nicht in einer Niederschrift vorkommen.

Die Symbole: $\Rightarrow$, $\Longleftrightarrow$ können unter der Bedingung verwendet werden, daß sie sich auf Behauptungen beziehen, die durch Buchstaben oder Nummern gekennzeichnet sind.

Die Anordnung: $f\colon E \to F$ ist eine erlaubte Abkürzung für „f die Abbildung von E nach F“ oder „f eine Abbildung von E nach F“.

Die Anordnung: $x \mapsto y$ ist eine erlaubte Abkürzung für „(die Abbildung), die jedem beliebigen Element x das Element y zuordnet“.

Man wird im Artikel von D. Lacombe [B 30] eine wesentlich andere Meinung lesen; und H. Bouasse vertritt noch eine andere Meinung in seinem urwüchsigen Vorwort „Discours sur le style“ (Kurze Abhandlung über den Stil, [B 37]).

Wichtig ist nicht, ob man gewisse akademische Vorschriften beachtet oder überschreitet: Es handelt sich darum, die Lektüre angenehm zu machen, und dazu muß man an den Leser denken, den man anspricht.

Eine monotone Kette algebraischer Formeln ermüdet das Auge; man wird also zwischen den Rechnungen Text einfügen. Aber anstatt Floskeln wie „man findet“, „es folgt daraus“, „folglich“ zu mißbrauchen, wird man aus der Notwendigkeit, den Text aufzulockern, eine Tugend machen, indem man einige heuristische Andeutungen macht: „bringen wir den Ausdruck auf einen gemeinsamen Nenner“, „wenden wir die Taylorsche Formel an“, „aufgrund der Konvexität“ ... usw. Man wird mit Rücksicht auf den Leser entscheiden, ob man hier den mathematischen Symbolismus verwenden soll und dort die gewöhnliche Sprache. Wenn die Hauptschwierigkeit von der Logik herrührt, wird man nicht zögern, die Quantoren und die ϵ auszuschreiben. Wenn man im Gegenteil einen Beweis darlegt, der sich auf eine glückliche Intuition stützt, wird es vorkommen, daß ein einfaches Schema den Leser genügend aufklärt, der ja immer die Argumentation in eine mathematisch strenge Form bringen kann, wenn er dies wünscht.

In dem kleinen Buch von Littlewood [B 6] wird man auf den Seiten 31 bis 35 eine köstliche Parodie eines übermäßig formalisierten Textes finden.

Der Lehramtsanwärter wird gut daran tun, sie anzuschauen, um sich darüber klar zu werden, wie sich eine relativ einfache Idee hinter einem schwer zu entschlüsselnden Formalismus verbergen kann.

VIII Die Theorie und die Praxis

Wenden wir uns jetzt den Problemen zu, welche die angewandte Mathematik aufwirft.

Das Paradoxon

Es ist wirklich sehr erstaunlich, daß die Mathematik, die in ihrer Quintessenz abstrakt ist, sich dennoch als sehr wirksam erweist, die Schwierigkeiten des täglichen Lebens zu überwinden. Einerseits sind gewisse Zweige der Mathematik (z. B. die Mechanik, die Statistik, usw.) entwickelt worden, um praktische Situationen zu meistern. Andererseits erweist es sich, daß Theorien, die in reiner, zweckfreier Forschungsarbeit geschaffen wurden, plötzlich auf völlig unerwarteten Gebieten Anwendung finden. Ein spektakuläres Beispiel dafür sind die *nichteuklidischen Geometrien*, deren Theorien zu Beginn als geistige Spielereien und nicht auf praktische Situationen anwendbar erschienen, jedoch bedient sich die Relativitätstheorie, und folglich die ganze moderne Physik, der Sprache der Lobatschewskischen Geometrie des vierdimensionalen Raumes.

Die ersten Elektronenrechner sind 1940 konstruiert worden, unter dem Einfluß reiner Mathematiker (die an der Anwendung der Theorien auf die Praxis interessiert waren) wie J. von Neumann und Norbert Wiener. Aber bereits 1936 hatte der Logiker A. Turing die Theorie der abstrakten mathematischen Maschinen entwickelt. Es handelte sich darum, die Operationen, die in der Logik vorkommen, symbolisch zu beschreiben, ohne Bezugnahme auf die Herstellung materieller Objekte: die „Maschinen" von Turing nehmen also die Untersuchung der logischen Struktur der Computer vorweg.

Axiomatisierung einer praktischen Situation

Untersuchen wir an einem Beispiel, wie das mathematische Denken beim Meistern einer praktischen Situation wirksam wird.

Stellen wir uns ein Stück Holz vor, das auf einem Teich schwimmt! Es handelt sich da um eine Situation, die ein von der Kultur unberührter Mensch nur synkretistisch wahrnimmt: Der Gebrauch der Sprache erlaubt eine erste Analyse dieser scheinbaren Komplexität von Geruch, Farbe, Festigkeit und flüssigem Zustand, lauer Lufttemperatur und Kühle des Wassers, usw.

In einem zweiten Stadium wird eine Auswahl unter den wahrgenommenen Attributen getroffen. Z. B. können Farbe und Geruch vernachlässigt, vergessen werden ... und allmählich erarbeiten wir Konzeptionen: homogene Flüssigkeit, fester Körper (geruchlos und farblos), geometrische Form, Schwerpunkt, usw.

Die Mathematisierung erscheint, wenn es einem gelingt, *Dinge durch Symbole zu ersetzen*, die Relationen unterworfen sind, die ihrerseits von Axiomen abhängig sind (z. B. die Prinzipien der Hydrostatik).

Endlich hat man eine axiomatische Theorie vor sich. Diese Theorie kann ohne jeden Bezug auf unser Holzstück und unseren Teich entwickelt werden ... Sie führt auf verschiedene Lehrsätze (z. B. das Archimedische „Prinzip"), die logisch aus den Axiomen der Theorie folgen und einen Wert an sich haben, unabhängig vom praktischen Ursprung der Situation.

Indem man diese Lehrsätze in beobachtbare Fakten, *die Observablen*, übersetzt, stellt man fest, daß die Theorie der schwimmenden Körper von Archimedes die praktische Situation recht gut beschreibt: Das Experiment hat die Richtigkeit der Theorie bewiesen.

Indem er von der so geschaffenen Wissenschaft ausgeht, versucht der Mathematiker, in deduktiver Weise Situationen zu lösen, die zu beobachten er noch nie Gelegenheit hatte. Er berechnet auf dem Papier die Parameter eines Schiffes von noch nicht dagewesener Form und sagt voraus, daß das Ding den vorhergesehenen Verwendungsbedingungen standhalten wird.

Man konstruiert dann das Schiff. Und so erstaunlich dies von vorherein erscheinen mag, die Fakten geben manchmal den Voraussagen recht. Wenn nicht, analysiert man die Situation, um herauszufinden, wo die Verantwortung liegt. Manchmal gelangt man zu einem Erfolg, wenn man die erste Theorie durch eine weniger naive Theorie ersetzt.

0.VIII.1 Übungsaufgabe Der Leser wird analoge Betrachtungen bezüglich der geometrischen Optik, der Dynamik, der Elektrizitätslehre usw. anstellen können.

Man wird feststellen, daß ein Philosophielehrer seine Zuflucht nicht zu schwierigen Beispielen (Relativitätslehre, Quantentheorie, usw.) zu nehmen braucht, um Oberschülern zu erklären, wie die mathematische Wissenschaft die Dinge im Griff hat. Ist es nicht besser, wenn er Fragen benutzt, die seinen Schülern und ihm selbst vertraut sind?

Schema der Theorien in der angewandten Mathematik

Eine derartige Theorie läßt zwei verschiedene Ebenen zu:

Die beobachtbare Umwelt, deren Elemente uns durch Wahrnehmungen vermittelt werden, die mehr oder weniger durch die Umgangssprache strukturiert sind.

Das abstrakte mathematische Modell, dessen Elemente Symbole sind, die Axiomen unterworfen sind (sie werden *interne Axiome des Modells* genannt).

Außerdem enthält die Theorie *Verbindungsaxiome*; diese geben genau die Symbole an, welche jedem Typ von beobachtbarem Faktum (Observabler) entsprechen.

0.VIII.2 Beispiel In der geometrischen Optik ist das Modell die gewöhnliche euklidische Geometrie: Das Licht (Observable) entspricht einem Strahlenbündel (Symbol). Ein Strahl ist eine orientierte Gerade. Ein Stück poliertes Metall (Observable) entspricht einer Fläche (Symbol). Das Phänomen der Reflexion des Lichtes drückt sich durch ein internes Axiom des Modells aus: das Reflexionsgesetz.

Im Hinblick auf ihre Wirksamkeit umfaßt eine Theorie außerdem noch eine Reihe von *Bequemlichkeitsaxiomen.*

Z. B. läßt man in der geometrischen Optik in erster Näherung gelten, daß ein Kugelspiegel geringer Öffnung wie ein gewisser Parabolspiegel funktioniert. Ebenso nimmt man manchmal an – wobei man sich der Vereinfachung wohl bewußt ist – daß ein Gas vollkommen ist, daß ein Kontakt ohne Reibung stattfindet, daß eine Flüssigkeit keinen Zähigkeitsgrad hat oder auch daß die Erde rund ist.

Konflikt zwischen Theorie und Praxis

Wenn ein Konflikt zwischen einem theoretischen Ergebnis und der praktischen Erfahrung ausbricht, ist es wichtig zu bestimmen, wo die Schuld liegt.

Manchmal handelt es sich um einen Rechen- oder Denkfehler: dann hat der Mathematiker unrecht, jedoch nicht die Mathematik. Manchmal ist der Versuch ohne Sorgfalt ausgeführt worden. Hier hat der Beobachter unrecht, jedoch nicht die „Observablen."

Aber öfters sind es die Verbindungsaxiome, die der Situation nicht angepaßt sind, oder es werden auch die Bequemlichkeitsaxiome übermäßig vereinfacht.

0.VIII.3 Beispiel Das mathematische Modell, das allgemeine Mechanik oder Bewegungslehre genannt wird, läßt eine Differentialgleichung $y'' = f(y)$ einem materiellen Punkt entsprechen, der sich auf einer Geraden bewegt und einem Kräftefeld unterworfen ist. Lehrsätze der Analysis versichern, daß unter gewissen Voraussetzungen die Anfangsposition $y(0)$ und die Anfangsgeschwindigkeit $y'(0)$ eine und nur eine Lösung der Gleichung bestimmen. Wenn man die drei Gegebenheiten f, $y(0)$ und $y'(0)$ als *Ursachen* bezeichnet, so drücken die zitierten Lehrsätze über Existenz und Einmaligkeit aus, daß unter gewissen Bedingungen die gleichen Ursachen die gleichen Wirkungen hervorrufen [C 10, C 11].

Historisch gesehen ist es sehr schwierig gewesen, dieses Prinzip des Determinismus genau auszudrücken, denn die Auswahl der Ursachen, die man zuzulassen hat, ist keineswegs offensichtlich. Aristoteles dachte, daß alleine die gegenseitige Lage der Weltkörper zu einem gegebenen Zeitpunkt die Zukunft bestimme, ohne die Wichtigkeit der Anfangsgeschwindigkeiten zu vermuten: Das Aristotelische Modell hätte dazu geführt, das Grundprinzip der Dynamik durch eine Differentialgleichung ersten Grades zu ersetzen.

Im Falle der Gleichung $y'' = y^{\frac{1}{3}}$ sind die Voraussetzungen der zitierten Lehrsätze nicht erfüllt: Es gibt unendlich viele Lösungen, die den Anfangsbedingungen $y(0) = 0$ und $y'(0) = 0$ genügen. Das Modell der allgemeinen Mechanik ist nicht dazu geeignet, derartige Phänomene wissenschaftlich zu untersuchen. Insbesondere ist es in der Praxis unmöglich, einen Punkt auf einer Geraden derart anzubringen, daß die Anfangsbedingungen $y(0) = 0$ und $y'(0) = 0$ *exakt* realisiert sind. Weniger vereinfachende Verbindungsaxiome müßten die Modalitäten des Versuches genauer beschreiben.

0.VIII.4 Übungsaufgabe Die gewohnheitsmäßige Argumentation derjenigen zurückweisen, welche die Notwendigkeit nicht verstehen, Existenzbeweise zu führen. „Ich führe den Versuch durch ... es geschieht etwas ... also existiert die Lösung der Differentialgleichung; außerdem ist sie einmalig, denn es findet nur ein einziges Ereignis statt."

Variante Diogenes, der Zyniker, wohnte einem Vortrag von Zenon von Elea (oder Zenon der Ältere) bei, der behauptete zu beweisen, daß jede Bewegung unmöglich sei (siehe auch Kapitel 4, § 6). Diogenes begann daraufhin zu gehen! Er wollte die Bewegung beweisen, indem er hin und her ging. Was halten Sie von diesem Argument?

Pädagogik der angewandten Wissenschaften

Wir müssen unsere Schüler darin üben, abstrakte Modelle zu erfinden, die praktische Situationen wiedergeben können.

0.VIII.5 Beispiel Lewis Carroll hat folgendes Problem vorgeschlagen: Ein geschmeidiges Seil läuft reibungslos über eine Rolle. An einem Ende klammert sich ein Affe an. Am anderen Ende hat man ein Gegengewicht befestigt, das dem Tier genau die Waage hält. Was geschieht, wenn der Affe versucht, am Seil hinaufzuklettern?

Was den Reiz dieses berühmten Problems ausmacht, ist die Tatsache, daß es nicht leicht ist, das Kapitel der allgemeinen Mechanik zu finden, dem sich diese Frage zuordnen läßt.

Wenn einem endlich bewußt wird, daß der Wortlaut des Problems das Gesetz liefert, nach dem der Affe dem Seil entlang vorwärts kommt, erkennt man, daß es sich um die Bewegung eines materiellen Systems handelt, das von der Zeit abhängigen Bindungen unterworfen ist; die Aufgabe stellt für einen Mechanikstudenten keine Schwierigkeit mehr dar.

Wir wollen darauf hinweisen, daß der Lehrsatz über die kinetische Energie bei diesem Problem nicht angewendet werden kann. Sobald ein Lebewesen in ein materielles System eingreift, läßt die energetische Bilanz chemische Prozesse und somit Energieabgaben im Bereich der Muskeln erscheinen.

0.VIII.6 Die Flugverbindungen zwischen den sechs wichtigsten Städten einer Gegend werden von zwei Fluggesellschaften A und B bedient. Genauer gesagt, besteht zwischen zwei beliebigen Städten unter den sechs eine direkte Flugverbindung (d. h. ohne Zwischenlandung), die von einer und nur einer der beiden Fluggesellschaften versorgt wird. Ein Geschäftsmann, Vertreter einer großen Firma, ist von seinem Direktor damit beauftragt worden, drei Städte (unter den sechs) auszuwählen, um dort seine Firma zu vertreten. Um im Verlauf seiner Reisen einen günstigen Sammeltarif ausnutzen zu können, wünscht er, die Städte so auszuwählen, daß die Direktverbindungen zwischen ihnen entweder alle von der Gesellschaft A oder alle von der Gesellschaft B ausgeführt werden. Kann er seinen Wunsch erfüllen?

Der vorstehende Wortlaut umkleidet einen in der Theorie der Graphen bekannten Lehrsatz (der Lehrsatz von Ramsay).

Das In-eine-Gleichung-Fassen ist die verbreitetste Übungsaufgabe bezüglich der Anpassung des mathematischen Denkens an eine praktische Situation. Aber man darf sich nicht durch den fälschlicherweise konkreten Charakter derjenigen Aufgaben täuschen lassen, in denen die Gegebenheiten im Wortlaut genau diejenigen sind, die sich in die Formel einfügen, die es selbstverständlich anzuwenden gilt.

0.VIII.7 Beispiel Jeder Schüler kann die Fläche eines Dreiecks berechnen, wenn er eine Seite und die entsprechende Höhe kennt; aber er ist oft völlig hilflos, wenn man ihm ein gezeichnetes Dreieck vorlegt und dazu Zeicheninstrumente und einen Maßstab liefert.

Man kann zum Beispiel verlangen, die Fläche eines quadratischen Stückes Papier zu berechnen, indem man Messungen an einer *Faltfigur* (z. B. Salzfaß oder Himmel und Hölle) durchführt, die man nicht auseinanderfalten darf.

Es besteht Anlaß, eine ganze Pädagogik des praktischen Problems zu entwickeln, wo der Schüler selbst die Angaben in Dokumenten aufsucht: Fahrpläne, ausführliche Kalender, Messungen im Freien sind es wert, systematisch als mathematisches Bastelmaterial verwendet zu werden.

Klippen

Bei der mathematischen Behandlung einer praktischen Situation muß man sich vor den *pedantischen* Modellen und vor den *grob vereinfachenden* Modellen hüten.

0.VIII.8 Beispiel Wir hatten ein Vorlesungsskript über „Theorie des Schiffes“ zu benutzen, der für Schiffahrts-Ingenieure bestimmt war. Vier lange Hefte waren der Geometrie der Wasserebenen, der Schwerpunkte und der Angriffspunkte der Vortriebskraft gewidmet, mit einem Überfluß an Differentialgeometrie. Ein winziger Anhang wandte diese Betrachtungen auf die Konstruktion von Schiffen an.

Darin wurde folgendes Beispiel behandelt: Man betrachtet eine rechteckige Fähre, die auf einem See schwimmt. Man stellt ein Auto darauf an einem Punkt mit den Koordinaten (x, y) und man untersucht, ob die von der Fähre angenommene Neigung nicht gefährlich wird.

Mehrere Seiten waren notwendig, um diesen Allgemeinfall zu untersuchen! Danach bemerkte man, daß es ausreichte, den Fall zu untersuchen, in dem das Auto am äußersten Heck (oder am äußersten Bug) abgestellt wird, um die maximale Neigung zu erhalten!

0.VIII.9 Unter der Rubrik „Prinzip des Flugzeugs" findet man in Physikbüchern ein grob vereinfachendes Schema, das der Frage überhaupt nicht gerecht wird. Man begnügt sich dort damit, einen Vektor in zwei Komponenten zu zerlegen, und die Figur ist so gezeichnet, daß die Schubwirkung von unten nach oben stattfindet. Die gleiche Beweisführung auf die gleiche, jedoch umgedrehte, Figur angewandt, würde genau so gut beweisen, daß jedes Flugzeug notwendigerweise am Boden zerschellen muß!!!

Wir wollen darauf hinweisen, daß eine gültige Erklärung des Tragflächenprinzips unbedingt ein asymmetrisches Element enthalten muß. In der elementaren Theorie von Kutta-Joukovsky hat die Tragfläche eine asymmetrische Form und ist im hinteren Teil mit einem feinen Bart versehen. Die Untersuchung der Luftströmung um diesen Flügel führt auf eine Schubkraft, die immer nach oben gerichtet ist.

Die Praxis und das Konkrete

Man wird bemerken, daß wir das Wort *konkret* in diesem Abschnitt vermeiden. Man darf nicht von „konkreter Mathematik" sprechen, denn die Mathematik ist die Wissenschaft der Abstraktion. Die Rolle des Mathematikunterrichts besteht darin, die Schüler in die Handhabung der Abstraktion einzuführen.

Auch wenn man es aus psychologischen Gründen vorzieht, das Unterrichten der Bruchrechnung damit zu beginnen, daß man Torten in gleiche Teile zerschneidet, darf man dabei nicht vergessen, daß das zu erreichende Ziel die abstrakte Theorie der rationalen Zahlen ist. Außerdem ist es keineswegs sicher, daß die Torten das Verständnis erleichtern: Man läuft Gefahr, durch ihren Geschmack oder ihre Farbe abgelenkt zu werden.

Eine sehr weit verbreitete Meinung ist die Behauptung, daß man das Konkrete besser als das Abstrakte verstehe. Dieses Vorurteil hat seine Wurzel in der Verwechslung von *Motivation* und *Begriffsvermögen*.

Es ist klar, daß man die Schüler mehr interessiert, wenn man Untersuchungen durch Betrachtungen *motiviert*, die aus dem täglichen Leben gegriffen sind. Es ist gut, wenn sich die Schüler durch den Unterricht, den sie erhalten, angesprochen fühlen. Aber auf der anderen Seite verdunkelt eine „konkrete" Darstellung die Probleme, indem sie die Erklärungen mit Erwägungen bemäntelt, die mit der Hauptsache nichts zu tun haben.

0.VIII.10 Beispiel Um in der Elektrizitätslehre zu erklären, was eine Wheatstonesche Brücke ist, ist es besser, Überlegungen anhand eines abstrakten, beinahe geometrischen Schemas anzustellen, anstatt sie anhand eines sehr konkreten Farbfotos vorzunehmen, das einen Wirrwarr von Leitungen und Apparaten auf einem überfüllten Labortisch wiedergibt.

Jedermann weiß, daß die Probleme der fließenden Wasserhähne[7]) von den jungen Schülern und ihren Eltern als sehr schwierig angesehen werden, während die Lösung des Gleichungssystems ersten Grades (welches das abstrakte Äuqivalent darstellt) für leichter gehalten wird.

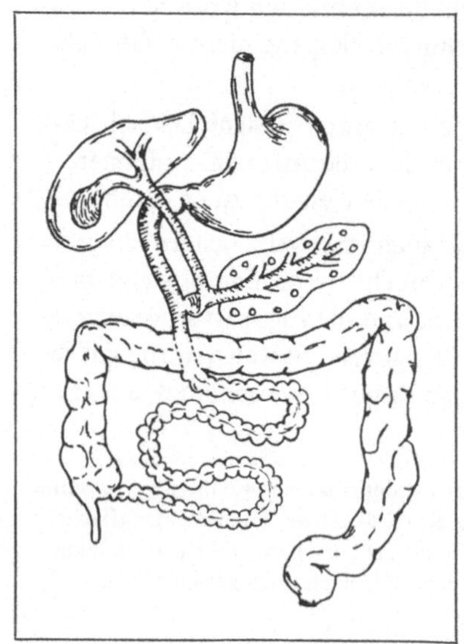

Man versteht das Abstrakte besser

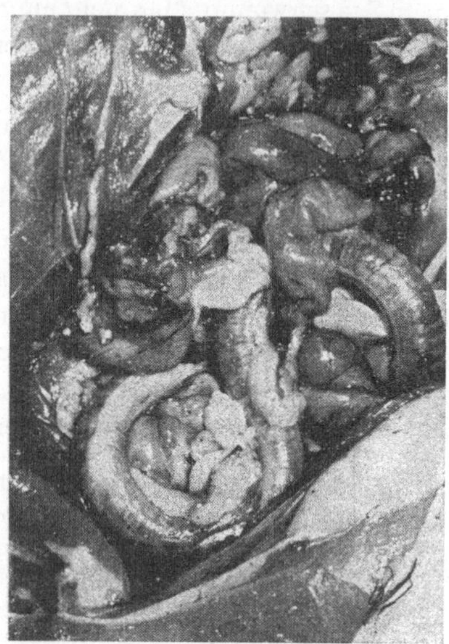

als das Konkrete

Die angehenden Lehrer werden sich durch zahlreiche pädagogische Beobachtungen mit Schülern jeden Alters und jeden Niveaus davon überzeugen müssen, daß das Abstrakte, *im voraus durch Konkretes motiviert*, besser verstanden wird.

Man muß sich bemühen, jeden neuen Begriff an Betrachtungen anzuknüpfen, mit denen der Schüler vertraut ist.

Z. B. kann man sich, wenn man mit der Untersuchung der nicht kommutativen Gruppen beginnt, auf die Menge der Bewegungen des euklidischen Raumes beziehen. Um den Begriff der Bewegung zu erläutern, kann man seine Zuflucht zu materiellen Modellen nehmen und nicht verformbare Objekte handhaben lassen.

Diese experimentelle Darstellung behält als solche einen abstrakten Charakter in dem Maße, in dem man dazu genötigt wird, die Farbe, den Geruch oder die chemische Zusammensetzung des besagten festen Körpers außer acht zu lassen.

Mit einem Wort: Um einen abstrakten Begriff zu erläutern, benutzt man einen anderen abstrakten Begriff, der vertrauter ist. „Das Konkrete", hat Paul Langevin geschrieben, „ist das Abstrakte, das durch den Gebrauch vertraut geworden ist."

[7]) Anm. d. Üb.: Die „Probleme der fließenden Wasserhähne" sind in Frankreich bei Schülern und Eltern aller Generationen berüchtigt: es handelt sich dabei um Wasserhähne, die man abzustellen vergaß, so daß Wasser in ein Waschbecken oder in eine Badewanne fließt, während gleichzeitig eine bestimmte Wassermenge durch den Ablauf abfließt. Es gilt zu berechnen, ob, und wenn, wann, das Waschbecken oder die Wanne überläuft oder ganz leer ist.

Jedes einzelne Problem muß auf einer angemessenen Abstraktionsstufe erörtert werden. Wenn man sie zu tief ansetzt, wird man von den Besonderheiten abgelenkt, die den Kernpunkt der Frage verbergen; greift man zu weit nach oben, so führt dies dazu, daß man in einen Formalismus gerät, den man noch nicht genug beherrscht und der sich nicht natürlich an die vorhergehenden Stufen anschließt. Man kämpft dann mit den Schwierigkeiten, die mit dem Formalismus untrennbar verbunden, jedoch dem untersuchten Problem fremd sind.

0.VIII.11 Übungsaufgabe Analyse des Nähmaschinenprinzips. Einige der beobachteten Vorrichtungen sind Zubehörteile, deren Zweck man genau angeben wird. Die Struktur der mechanischen Naht auf einem Schema herausarbeiten, das die wichtigen Organe herausstellt und vom Zubehör absieht.

Sprachen-Beispiele

1 Die mathematische Sprache

I Die Funktionen der Sprache

Die Sprache hat verschiedene Funktionen: sie erlaubt es, einen klaren Gedanken verständlich zu machen und mitzuteilen, sie suggeriert Gemütszustände. Außerdem spielt sie manchmal eine algorithmische Rolle (siehe 1.III).
Die Grundlage für den Sprachgebrauch ist die Fähigkeit der intelligenten Wesen, *Ideen oder Objekte durch Symbole zu ersetzen,* und direkt mit den Symbolen umzugehen, um Beziehungen auszudrücken.

1.I.1 Beispiel In einem ersten Zivilisationsstadium verwendet ein Brückenbauer unmittelbar das Rohmaterial. Wenn das Bauwerk einstürzt, baut man es wieder auf und wiederholt die Versuche bis zum Erfolg. Der weiter entwickelte Mensch ersetzt die zukünftige Brücke durch ein Zeichen: den Plan. Er prüft die Haltbarkeit auf dem Papier nach, bevor er zur Ausführung schreitet.

Eine Sprache ist ein System von Zeichen, deren Gebrauch durch Regeln festgelegt ist, um einen Teil der vorstehenden Funktionen erfüllen zu können.

Sprachen-Beispiele

a) Jede Sprechweise, sei sie nun Deutsch, Chinesisch oder das Rotwelsch der Gauner, ist eine Sprache.

b) Der Doktor Zamenhof hat 1887 eine künstliche Sprache, das *Esperanto*, geschaffen, um den kulturellen Austausch zwischen den Völkern zu erleichtern und um die Konflikte zu mindern, die sich aus den sprachlichen Barrieren ergeben. Es ist eine auf strengen morphologischen Regeln aufgebaute Sprache, die eine begrenzte Anzahl gut ausgewählter Stammwörter und eine vernünftige Grammatik besitzt, deren Vorschriften keinerlei Ausnahmen dulden.

c) Das Notensystem der Musik symbolisiert akustische Empfindungen mit Hilfe von optischen Zeichen. Man kann auf dem Papier komponieren, ohne gleichzeitig eine musikalische Aufführung zu veranstalten. Einige Harmonie- oder Kontrapunktregeln erlauben es manchmal, eine Fuge oder eine Melodie zu „berechnen". Der musikalische Symbolismus besitzt so eine kreative Wirkungskraft: Er ist ein Algorithmus.

d) Man kann eine Partie Schach dank verschiedener Notierungssysteme schriftlich übermitteln. Die Züge sind eindeutig beschrieben, ohne Schachbrett und Figuren. Es ist nicht notwendig, gut oder schlecht spielen zu können, um die Figuren einer veröffentlichten Partie wieder richtig zu verschieben. Die Lektüre legt nicht die Motivation der Züge bloß, es sei denn, ein in Umgangssprache abgefaßter Kommentar begleitet die formale Beschreibung. In der Praxis kombinieren die Spieler leichter vor einem tatsächlichen Schachbrett als mit Hilfe einer chiffrierten Übertragung; die benutzten Notierungssysteme sind also keine guten Algorithmen.

e) Die Programmierer benutzen verschiedene Programmiersprachen (wie FORTRAN oder ALGOL), um die Aufgaben zu formulieren, die der Computer auszuführen hat. Man wird hier das Fehlen eines intelligenten Zuhörers bemerken, der die übermittelten Symbole versteht.

f) Um eine Sprache S zu beschreiben, muß man sich zunächst ausdrücken können. Man benutzt eine Hilfssprache, eine *Metasprache* M, um die Regeln zu formulieren, die für S gültig sind. In der Praxis kann eine schon teilweise strukturierte Sprache die Funktion der Metasprache erfüllen. Eine englische Grammatik kann in Deutsch, ja sogar in Englisch abgefaßt sein. Ein Lexikon ist eine Sammlung von circuli vitiosi. Der Zusammenhang erlaubt es oft zu erkennen, ob ein Teil eines Textes von einer Sprache oder ihrer Metasprache bestimmt wird.

1.I.2 **Beispiel** Der Satz „π ist eine irrationale Zahl“ ist in der üblichen mathematischen Sprache ausgedrückt. Dagegen die Sätze „$\pi \neq - = 1$ ist keine Formel“ oder „π ist ein griechischer Buchstabe“ sind einer Metasprache zuzuschreiben.

Zahlreiche Denkfehler beruhen auf einem Wortlaut, der eine Sprache und ihre Metasprache ohne Übergang miteinander vermischt.

1.I.3 **Übungsaufgabe** Folgende zwei Sätze, deren Wahrheit augenfällig ist (?), sind zu erklären.

„Alles beginnt mit *a* und endet mit *s*.“
„Alles beginnt mit *a* und endet mit *e*.“

1.I.4 **Übungsaufgabe** Folgende Frage, die häufig in Sammlungen mathematischer Scherzaufgaben gestellt wird, ist mit den Scherzartikeln und Attrappen verwandt, die ihre Wirkung durch Täuschung oder Neckerei erzielen: „Elf erhalten, indem man sechs zu drei hinzufügt. Dazu drei senkrechte Striche ziehen und durch sechs waagerechte Striche ergänzen.“ In diesen beiden Übungsaufgaben ist das Eindringen der Metasprache in Sätze zu analysieren, die in gewöhnlicher Sprache abgefaßt zu sein scheinen.

II Motivationen für das Studium der Sprachen

Dieses Studium kann von verschiedenen Standpunkten aus unternommen werden:

Die *Rhetorik* und die *Literaturwissenschaft* setzen den Akzent auf den *„rechten Gebrauch“*: Unter diesem Blickwinkel sind bereits Fragen des Stils aufgeworfen worden.

Die *Linguistik* ist *im großen und ganzen* der Zweig der Soziologie, der die tatsächlich verwendeten Sprachen in einer gegebenen Gesellschaft behandelt. Sie fällt kein Werturteil über die Redewendungen, die der Rhetoriker verdammt.

Die *Psychologie* und die *Biologie* untersuchen die physiologischen Prozesse, welche die Ausdrucksweise ermöglichen. Die Untersuchung der Sprachstörungen stellt die Faktoren heraus, welche die Kommunikation möglich werden lassen. Man interessiert sich mit Piaget für das Entstehen der Sprache beim Kind und mit Frisch für die Sprachen der Tiere. All dies betrifft direkt die dynamische Pädagogik.

Der *Grammatiker* interessiert sich für die formelle Struktur der Sprache. Er legt die Regeln frei, nach denen man Zeichen zusammenfügen darf, um korrekte Texte zu erhalten. Die Grammatik ist auch mit der Algebra verwandt, und die mathematische Untersuchung der abstrakten Grammatiken ist ein in voller Entwicklung begriffenes Forschungsgebiet.

Die *Logiker* haben sich davon überzeugt, daß das Studium der Grundlagen der Mathematik über die Analyse der Sprache führt, da die übliche Sprache durch ihre Ungenauigkeit oft Denkfehler auslöst. Die Erfindung und Untersuchung einer Sprache ohne Mehrdeutigkeit stellt eines der Arbeitsprogramme der gegenwärtigen Logik dar.

Die *Semantik* ist die Wissenschaft von der Bedeutung der Wörter. Sie untersucht die Bedingungen, die erfüllt sein müssen, damit man einem grammatikalisch richtigen Text einen Sinn zuschreiben kann.

Alle diese Zweige des Sprachen-Studiums interessieren selbstverständlich den Mathematiker und den Mathematiklehrer. Jedoch kann man neben diesen theoretischen Betrachtungen noch Motivationen anführen, die den *angewandten Wissenschaften* entstammen.

Um eine Berechnung auf einem Computer auszuführen, muß man gewöhnliche algebraische Formeln in eine Reihe von Befehlen übersetzen, die auf Lochkarten ausgedrückt und von der Maschine ausgeführt werden können. Eine direkte Übersetzung der gewöhnlichen Sprache in die Maschinensprache wäre für die meisten Benutzer undurchführbar. Man hat daher vermittelnde Zwischensprachen geschaffen, die einem Programmierer leicht zugänglich und soweit formalisiert sind, daß der Computer sie selbst in die Maschinensprache übersetzen kann: das sind die *Programmiersprachen.*

1.II.1 Beispiel Um das Produkt $A \times B$ zweier Zahlen auszuführen, die das Ergebnis vorheriger Berechnungen sind, genügt es in der Programmiersprache FORTRAN, den Befehl $A * B$ zu schreiben. Dieser Befehl löst eine Folge von Operationen aus, die *im großen und ganzen* der Auffindung der Zahlen A und B in einem Speicher der Maschine und der Durchführung einer erheblichen Anzahl von Additionen entsprechen. Die Einzelheiten dieser Folge von Operationen machen die Maschinensprache aus, und der Programmierer braucht sich nicht um sie zu kümmern.

Die automatische Übersetzung, das Wiedererkennen von Formen durch elektronische Anlagen, das Entschlüsseln von kodierten Nachrichten oder des Chromosomensatzes der Fortpflanzungszellen liefern weitere Motivationen für das Studium der Sprachen.

III Algorithmische Rolle der Sprache

Das Symbol spielt oft nur die Rolle einer reinen Abkürzung, einer Gedächtnisstütze, die dazu dient, Ergebnisse zusammenzufassen, die ohne ihre Hilfe erhalten wurden.

1.III.1 Beispiel Das römische Zahlensystem eignet sich keineswegs für arithmetische Operationen. In der Antike rechnete man, indem man Steinchen (lateinisch: *calculus*) zu Hilfe nahm, und man übertrug das Ergebnis in römische Ziffern. Das arabische Zahlensystem erfreut sich im Gegensatz dazu eines beachtlichen rechentechnischen Wirkungsgrades: Es ist leichter, mit arabischen Ziffern umzugehen als mit Steinen! Die Abkürzung geht mit einem *Algorithmus* einher, einem System von Zeichen, das mit verschiedenen Strukturen versehen ist, in die man direkt eingreift. Die Wahl einer geeigneten Ausdrucksweise, *die durch heuristische Qualitäten fruchtbare Vorstellungen wachruft,* steht am Anfang manchen Fortschritts.

Die Geschichte der algebraischen Bezeichnungen [C 1, C 2, C 4] kann dies bezeugen. Solange man es für nötig hielt, das Produkt dreier Zahlen geometrisch durch ein Parallelepiped darzustellen, war das Erheben zur vierten Potenz ein kühnes Unterfangen. Im Gefolge einer langsamen Entwicklung, von Diophantos (3. Jahrhundert) bis Vieta (16. Jahrhundert) und Descartes, wird eine algebraische Symbolik ausgearbeitet, in der die Unbekannten und die gegebenen Zahlenwerte durch Buchstaben und die Rechenarten durch bequeme Zeichen dargestellt werden. Keine Unterscheidung zwischen Gleichungen 2. und 3. Grades und den anderen drängt sich mehr auf. Wie Pawlow geschrieben hat, „die Sprache schafft in ihrem höheren Entwicklungsstadium die Wissenschaft".

1.III.2 Übungsaufgabe Das Produkt der dritten Wurzel einer positiven Zahl mit ihrer sechsten Wurzel ist ihrer Quadratwurzel gleich.

Dieses Ergebnis, das schwer vorherzusehen ist, wenn es in gewöhnlicher Sprache oder sogar mittels der Wurzelzeichen ausgedrückt wird, erhält man automatisch, wenn man sich den Algorithmus der Potenzen mit gebrochenen Exponenten zu eigen macht.

Die Erfindung der „Algebra der Logik" und des Booleschen Kalküls von Georges Boole (1815–1864) [C 3] stellt eine bedeutende Erweiterung des Forschungsgebiets der Logik dar, auf dem wenig Fortschritte zu verzeichnen waren, seitdem Aristoteles eine Klassifizierung der Syllogismen in Gang gesetzt hatte.
Jedoch unter den *Algoristen* – Mathematikern, die sich besonders mit der Erfindung fruchtbarer Darstellungssysteme befaßten – muß vor allem Leibniz (1646–1716) genannt werden [C 3]. Er interessierte sich sehr früh für die Ausarbeitung einer algebraisierten Logik („De arte combinatoria" (1666)), führte die Determinanten ein und erfand eine Rechenmaschine, die Multiplikationen durchführte [C 12]. Sein Beitrag zur Erfindung der Infinitesimalrechnung hat hauptsächlich darin bestanden, den Akzent auf eine Differential- und Integral*rechnung* zu legen.

IV Übersicht über die Beschreibung der Sprachen

Der Aufbau einer Sprache geschieht in verschiedenen Etappen: Beschreibung der Zeichen, Zeichenreihen, Grammatik, Semantik.

Die Zeichen

Zu Beginn verfügt man über einen Vorrat von *ursprünglichen Zeichen*: das sind z. B. die Typen, die sich auf den Tasten der Schreibmaschine oder in der Kiste des Setzers befinden. Man vermehrt den Bestand, indem man verschiedene *zusammengesetzte Zeichen* verwendet, die als Atome angesehen werden, und die man also nicht mit Zeichenreihen verwechseln darf.

1.IV.1 Beispiel Die Kombinationen x', x'', $\hat{x}$, $\check{x}$, $\overline{x}$, $\overset{0}{x}$, $\widetilde{x}$ usw. kommen in verschiedenen Zusammenhängen als Buchstaben vor und nicht als senkrechte Zeichenreihen. Ebenso dient das Zeichen *und* (oder *nicht*) manchmal als Ersatz für & (bzw. $\neg$): es darf nicht als eine Zeichenreihe von drei Buchstaben angesehen werden. Entsprechendes gilt für sin, cos, log, exp, Hom, Isom, card.

Die Zeichenreihen

Schreibt man eine Folge von Zeichen (wobei die Wiederholung eines Zeichens erlaubt ist) auf eine horizontale Linie von links nach rechts, so erhält man *Zeichenreihen*. Diese lineare Schreibweise erfährt in der Praxis jedoch zahlreiche Einschränkungen: unsere Papierformate zwingen dazu, zur nächsten Zeile, Seite oder zum nächsten Band überzugehen. Die semitischen Sprachen werden von rechts nach links geschrieben und gewisse asiatische Sprachen senkrecht. Die Mathematik verwendet auch nicht-horizontale Zeichenreihen (Brüche, Exponenten, Pfeil-Diagramme, usw.).

1.IV.2 Beispiel Die Symbole $\neq$ und $\notin$ können als übereinanderliegende Zeichenreihen und nicht als ursprüngliche Zeichen angesehen werden. Sicherlich kann man sie auch als Zeichen betrachten, die als Abkürzung für „nicht =" und „nicht ∈" *ad hoc* geschaffen wurden. Aber das Erscheinen der Zeichen = und /, das hinter dem Ideogramm $\neq$ spürbar wird, ist sicherlich kein Zufall. Es handelt sich um eine Ableitung oder Zusammensetzung von Zeichen, wie wir sie in der chinesischen Schrift oder bei den Hieroglyphen wiederfinden.

In den Programmiersprachen entfallen die Einschränkungen der linearen Schreibweise. So wird die Zeichenreihe a^b in FORTRAN durch $a**b$ übersetzt.

Grammatik

Lineare Zeichenreihen, von einem Analphabeten aufs Geratewohl auf einer Schreibmaschine getippt, stellen noch keine Sprache dar. Der Zweck der Grammatik ist es, genau festzulegen, was man unter einer *korrekt formulierten Zeichenreihe* versteht. Dazu unterscheidet sie gewisse Zeichenreihen je nach ihrer *grammatikalischen Funktion* und schreibt Regeln für das Formulieren vor.

1.IV.3 Beispiel In der normalen Sprache unterscheidet man *Wörter* (oder Teile von Sätzen), *Sätze*, Paragraphen, Kapitel, usw. In dem Satz: „Das Haus von Peter ist groß" kann man Wörter unterscheiden (das, Haus), Satzteile (das Haus, das Haus von Peter): dagegen ist die Zeichenreihe „von Peter ist" nicht korrekt formuliert. Eine weiter ausgearbeitete Analyse unterscheidet verschiedene Arten von Wörtern (Substantiv, Verb, usw.) und Satzteilen (substantivische Zeichenreihe, Hauptsatz oder Nebensatz, usw.).

Die Grammatik umfaßt die *Morphologie*, die sich dem Studium der Wortstruktur widmet, insbesondere der Schaffung zusammengesetzter oder abgeleiteter Wörter, sowie dem Studium der Konjugationen und der Deklinationen; sie umfaßt außerdem die *Syntax*, welche die Anordnung von Wörtern regelt, um korrekte Sätze zu erhalten.

1.IV.4 Übungsaufgabe Folgende Zeichenreihen sind grammatikalisch nicht korrekt:

$$a + = = b; \quad a + b =; \quad (a + [b + c) + d];$$

$$a^{b^c}; \quad \frac{\frac{a}{b}}{c}; \quad \int_0^1 f(t); \quad \int_0^x f(x)\,dx; \quad \pi \Rightarrow (x = 0).$$

$$A \subset (B \subset C) = (A \subset B)\, C; \quad a < b < c > d.$$

Man nenne die Grammatikregeln, die hier verletzt sind. Man stelle eine umfangreichere Liste von Beispielen auf, wobei man das Gewicht auf Fehler legt, die tatsächlich von Neulingen gemacht werden.

Eine Zeichenreihe kann grammatikalisch korrekt sein und gleichzeitig vom Standpunkt der Semantik, der Logik, usw. aus Anlaß zur Kritik geben.

1.IV.5 Übungsaufgabe Was ist an folgenden Zeichenreihen zu bemängeln?

$$\int_{-\infty}^{+\infty} tdt; \quad \frac{0}{0}; \quad \frac{1}{0}; \quad (-1)^{\frac{1}{3}}; \quad \sqrt[2]{i}; \quad \left\{\sum_{n=1}^{\infty} \frac{1}{n^2} = 1000\right\};$$

$$\left\{\sum_{n=1}^{\infty} \frac{1}{n} = 1000\right\}; \quad |a|\, b + c|d|; \quad a \neq b \neq c.$$

Semantik

Ein grammatikalisch korrekter Text kann nur dann Informationen übermitteln, wenn ihm der „Sender" einen Sinn zuschreibt und wenn der „Empfänger" ihn verstehen oder benutzen kann. Die Semantik untersucht die Beziehungen zwischen *Bedeutungsträger* und *Bedeutungsinhalt*.

1.IV.6 Beispiel In der Sprache der Münzautomaten sind die Bedeutungsträger die Gewichte und Größen der Münzen, die man in den Schlitz einwirft; die Bedeutungsinhalte sind die verschiedenen Warensorten, die der Apparat herausgibt.

1.IV.7 Beispiel In einem Computer sind die Bedeutungsinhalte die komplexen Operationen, die ausgeführt werden können.

1.IV.8 Beispiel Gewisse herkömmliche Sprachen stützen sich auf die vorausgehende Aufstellung eines Codes, eines detaillierten Lexikons aller Zeichen und ihrer Bedeutung.

Aber die wirksamsten Sprachen erlauben es, eine Nachricht von der Bedeutung ihrer Bestandteile her zu entschlüsseln.

1.IV.9 Beispiel Wenige Leute haben bereits den Satz gebraucht „Sophus Lie wurde in Nordfjordeid im Jahre 1842 geboren". Jedoch verstehen sie teilweise seine Bedeutung und greifen nur zum Lexikon, um Genaueres zu erfahren.

1.IV.10 Man versteht, was der Ausdruck

$$(x^{1967} + 1)\, x \sin(\sin(x))$$

bedeutet, der wahrscheinlich noch nicht dagewesen ist.

Die Semantik ermöglicht es, unter den grammatikalisch korrekten Zeichenreihen diejenigen hervorzuheben, denen eine Bedeutung zugeschrieben werden kann: das sind die *bedeutsamen* (oder semantisch korrekten) Zeichenreihen. Man sagt auch von einem mathematischen Objekt, daß es definiert ist oder daß es einen Sinn hat.

Dieser Begriff hängt von den Fähigkeiten und dem Bildungsniveau des Gesprächspartners ab, ebenso wie von den im voraus getroffenen semantischen Vereinbarungen.

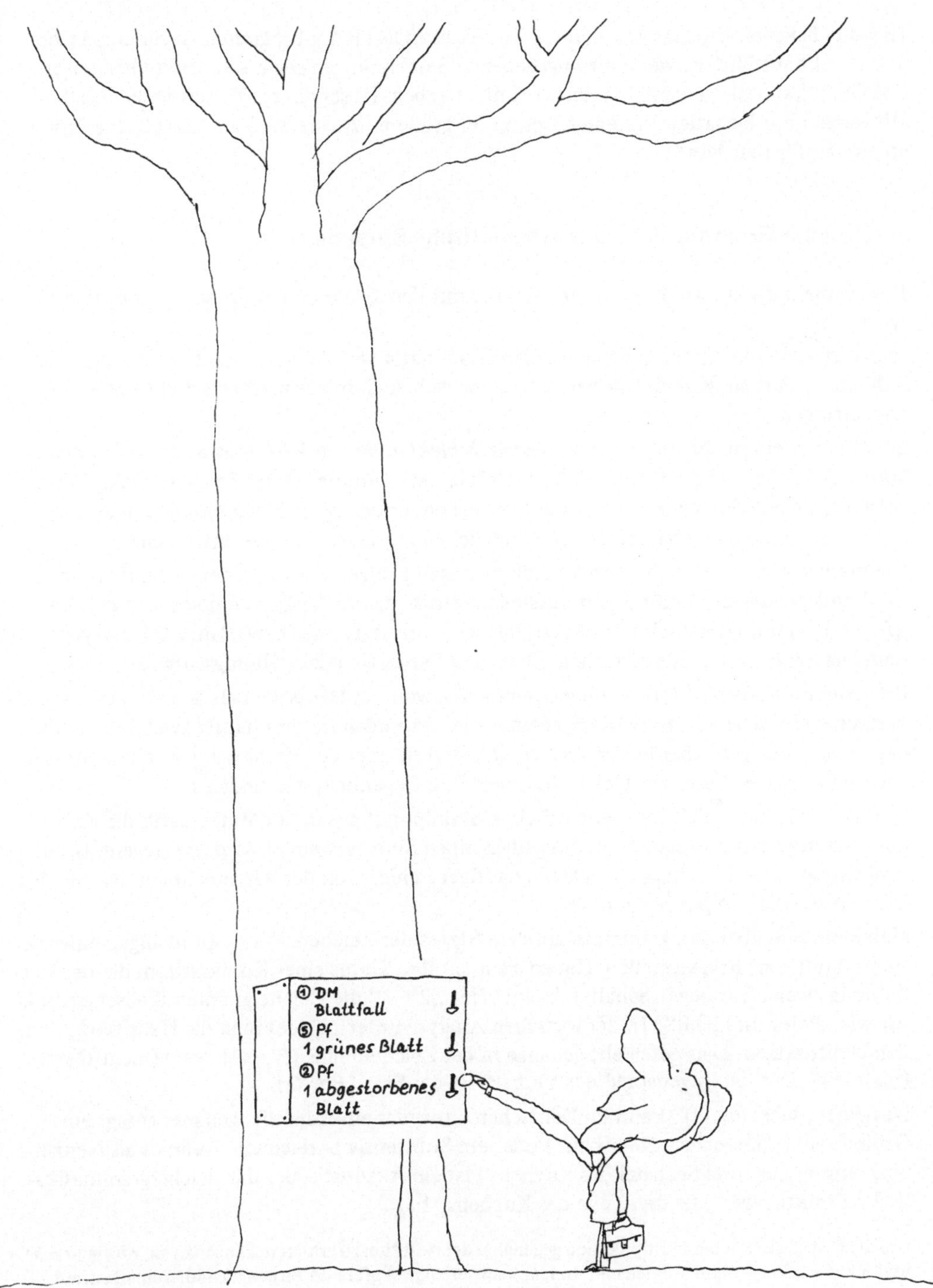

Dialog zwischen einem Menschen und einem Münzautomaten

1.IV.11 Beispiel Ein grammatikalisch korrektes FORTRAN-Programm ist für einen Computer nicht ausführbar, wenn die angegebenen Berechnungen seine Kapazität übersteigen. Das Gerät kann die gewünschte Antwort nicht geben. Es sendet ein Fehlersignal, das das Mißverständnis bestätigt. Für einen Computer größeren Ausmaßes kann das gleiche Programm ausführbar sein.

V Übliche Grammatik und mathematische Sprache

Der Mathematikunterricht gewinnt, wenn er mit dem Stadium der Sprachen koordiniert wird.

Man unterscheidet in der herkömmlichen Grammatik verschiedene Satzteile (Substantive, Adjektive, Verben, Konjunktionen, usw.), die sich auch in der mathematischen Sprache wiederfinden.

So ist $a = b$ ein unabhängiger Satz, dessen *Subjekt* a, dessen *Verb* = und dessen *Prädikatsnomen* b ist. Ebenso sind $\neq$, $<$, $\in$, $\subset$, $\Rightarrow$ Verben. Man unterscheidet Zeichenreihen, *Terme* genannt, welche die Rolle der Substantive spielen, und andere, *Behauptungen* oder *Aussagen* genannt, die den Sätzen der gebräuchlichen logischen Anlayse entsprechen.

Die mathematische Sprache wendet stillschweigend folgende Regeln der Formulierung an (und andere, die der Leser leicht aufstellen wird): damit die Zeichenreihe $a = b$ (bzw. $\{P \Rightarrow Q\}$) grammatikalisch korrekt ist, müssen a und b Terme (bzw. P und Q Aussagen) sein. Die beiden erhaltenen Zeichenreihen sind Lehrsätze (siehe Übungsaufgabe 1.IV.4).

Die Konjunktionen *und* (bzw. *oder*) kommen sowohl im Deutschen als auch in der mathematischen Sprache vor. In der Umgangssprache verbinden sie sehr häufig zwei Substantive oder zwei Aussagen, aber in der Mathematik sind sie eher der Verbindung zweier Aussagen vorbehalten. (Der Leser wird leicht Beispiele und Gegenbeispiele finden.)

Erinnern wir daran, daß vom semantischen Standpunkt aus in der Mathematik die Konjunktion *oder* nur in ihrem nicht-ausschließenden Sinn verwendet wird, im Gegensatz zur Umgangssprache. Hier liegt eine Quelle häufiger Fehler, von der wir annehmen, daß sie den Lehramtsanwärtern gut bekannt ist.

Man kann sich über den grammatikalischen Status der Zeichen +, x, $\cup$ (und allgemeiner der Verknüpfungen) Fragen stellen. Haben sie nicht den Status einer Konjunktion, die der Verbindung zweier Terme vorbehalten bleibt? Hat „2 + 3" die gleiche grammatikalische Struktur wie „Peter und Paul"? In der logischen Analyse unterscheidet man die Hauptsätze von den Nebensätzen. Dies geschieht genauso in der Zeichenreihe $\{P \Rightarrow Q\} \iff \{(\text{nicht-}Q) \Rightarrow (\text{nicht-}P)\}$. Der Satzgegenstand des Verbs $\Leftrightarrow$ ist der Satz $\{P \Rightarrow Q\}$.

Das Wort „sechst(e, el)" kann im Deutschen entweder ein Adjektiv, genauer gesagt eine Ordinalzahl („die sechste Republik") oder ein Substantiv bezeichnen, wenn es als Nenner vorkommt („die drei Sechstel des Kuchens" ist ein Ausdruck, der die gleiche grammatikalische Struktur wie „die drei Teile des Kuchens" hat).

Um die Distributivität der Multiplikation gegenüber der Addition zu erklären, kann man $ax + bx = (a + b)\,x$ und 3 km + 2 km = 5 km vergleichen. Indem man verlangt, Äpfel und Birnen zu addieren, illustriert man ebenso die Notwendigkeit der Reduzierung auf einen gemeinsamen Nenner: das Wort Frucht ist ein gemeinsamer Nenner (man kann andere finden).

Sprachmißbrauch

Die deutsche Grammatik ist die einer Umgangssprache; sie stellt viele Regeln auf, die zahlreiche Ausnahmen erfahren. Die rationalen Grammatiken wie diejenigen der Programmiersprachen haben notwendigerweise nur Regeln ohne jede Ausnahme. Es wäre wünschenswert, wenn wir in unserer mathematischen Sprache nicht zu viel *Sprachmißbrauch trieben.*

1.V.1 Beispiel Man schreibt $\sin^2 x$ anstelle von $[\sin(x)]^2$. Konventionellerweise wird das Polynom $1 \cdot X^2 + 2 \cdot X^1 + 3 \cdot X^0$ lediglich $X^2 + 2X + 3$ geschrieben. Fordern wir einen Schüler auf, den Koeffizienten von X^2 (bzw. den Grad von 2X) zu nennen: Wenn er das Fehlen eines numerischen Faktors (bzw. Exponenten) feststellt, wird der Neuling versucht sein, 0 zur Antwort zu geben. Kann man ihn deshalb wirklich tadeln?

Der Grund für die meisten Sprachmißbräuche liegt in außermathematischen Überlegungen.

1.V.2 Beispiel Der Herstellungspreis wissenschaftlicher Bücher beeinflußt die Wahl der Schreibweise. Wir wollen darauf hinweisen, wie kostspielig die aufgetürmten Symbole sind, die Indizes, Exponenten, spezielle Zeichen oder Bruchstriche enthalten, da sie von Hand gesetzt werden müssen (die gewöhnlichen Texte werden mit einer Tastatur gesetzt). Im folgenden eine Liste von typographischen Veränderungen, die zur Zeit im Begriff sind, sich durchzusetzen, und auf die wir unsere Schüler vorbereiten müssen [B 32].

Kostspielige Symbole	*Sparsame Ersatzausdrücke*
$\bar{A}$, $\tilde{b}$, $\mathring{\wedge}$, $\vec{\vee}$	A', b'', $\wedge^{\#}$, $\vee$
$\overline{\lim}$, $\underline{\lim}$	lim sup, lim inf
$e^{-\frac{x^2 + a^2}{a^2}}$	$\exp(-(x^2 + a^2)/a^2)$
$\frac{7}{8}$, $\frac{a + b}{c}$	$7/8$, $(a + b)/c$
$\sum\limits_{i=0}^{n}$	$\sum_{i=0}^{n}$

Die freiwilligen Auslassungen und die stillschweigenden Voraussetzungen können entweder durch Nachlässigkeit oder Faulheit oder aber durch das Bestreben, die Pedanterie zu vermeiden, motiviert sein: Man nutzt es aus, daß der Leser gewisse Zeichen in ihrer Gesamtheit wahrnimmt (wie es die Gestalttheorie gezeigt hat), daß er nur einen Teil der visuellen Information aufnimmt, was oft für das Verständnis ausreicht: ein isolierter Rechtschreibfehler oder das Vergessen eines Interpunktionszeichens ziehen im allgemeinen keine Konsequenzen nach sich; der Leser stellt von sich aus die Richtigkeit wieder her.

1.V.3 Beispiel Wenn eine Größe nur von Parametern abhängt, die bei einer Beweisführung konstant bleiben sollen, behandelt man diese Größe oft wie eine Konstante. Dies ist die Quelle zahlreicher Fehler, wenn man im weiteren Verlauf die Parameter variabel werden läßt.

So erhält man die korrekte Antwort, wenn man die Stammfunktionen der in $\mathbb{R} - \{0\}$ definierten Funktion $t \mapsto 1/t$ sucht, indem man der Funktion $t \mapsto \log |t|$ eine Treppenfunktion hinzufügt, die auf jeder der Halbgeraden $t > 0$ und $t < 0$ konstant ist.

1.V.4 **Beispiel** Man erlaubt es sich zu schreiben $P \Rightarrow Q \Rightarrow R$ anstelle von $P \Rightarrow Q \;\&\; Q \Rightarrow R$ (selbstverständlich ist die Verwechslung mit $\{P \Rightarrow Q\} \Rightarrow R$ oder mit $P \Rightarrow \{Q \Rightarrow R\}$ zu vermeiden). Ebenso sind $a = b = c$ (anstelle von $a = b \;\&\; b = c$) und $a = b < c < d$ sprachliche Vereinfachungen, die keinen Nachteil mit sich bringen. (Aber Vorsicht bei $a < b = c \geqslant d$, das nichts heißen will.)

1.V.5 **Beispiel** Man darf die Quantoren dort, wo sie unnötig sind, nicht übermäßig in Anspruch nehmen. „In jeder beliebigen Ebene E des dreidimensionalen euklidischen Raumes ist die Summe der Winkel jedes beliebigen Dreiecks D, das in E gelegen ist, im Bogenmaß gemessen π“ ist die Karikatur einer ziemlich verbreiteten pedantischen Sprache.

Ein Text, in dem die geringste Trivialität zu Entwicklungen veranlaßt, ist irritierend und ermüdend. Die Suche nach einem rechten Gleichgewicht zwischen Exzessen falscher Genauigkeit und dem Gebrauch sprachlicher Toleranzen muß sich nach dem bequemen Verständnis des Lesers richten und nicht nach der Faulheit des Verfassers.

VI Formalisierte Sprachen

Um die theoretischen Probleme bezüglich der Grundlagen der Mathematik zu lösen, haben die Logiker Hilfssprachen konstruiert, *formalisierte Sprachen* genannt, die folgenden Bedingungen genügen:

Man verwendet eine Menge verschiedener Zeichen, die zu Beginn genau festgelegt werden. Die Grammatikregeln, die ein für allemal aufgestellt sind, lassen keinerlei Ausnahme zu und entwickeln sich nicht im Verlaufe der weiteren Ausarbeitung der Sprache. Zwei Zeichenreihen heißen dann, und nur dann „identisch“, wenn sie durch die gleichen Zeichen in der gleichen Disposition dargestellt werden. In einer formalisierten Sprache akzeptiert man *keine Synonyme*, keine Abkürzungen, keine stillschweigenden Voraussetzungen. Alle Zwischenglieder, sogar die trivialsten, müssen vollständig wiedergegeben werden.

Nur durch das theoretische Studium einer solchen Sprache kann man sich vergewissern, daß bestimmte Beweisführungen keine unfreiwilligen Fehler enthalten, die auf den Mißbrauch der Intuition zurückzuführen sind.

Im allgemeinen benutzt eine formalisierte Sprache einige *logische Zeichen* wie $\neg$ (Zeichen der Negation), $\vee$ (Zeichen der Adjunktion, das wir durch ODER darstellen) usw. Außerdem verwendet man Zeichen, die man *Variablen* nennt: Sie werden entweder durch Buchstaben oder durch freie Plätze zwischen Klammern, ( ), [ ], { } oder sogar durch $\square$ dargestellt. Man unterscheidet die substantivischen Variablen und die Aussagen-Variablen.

Außerdem führt man einige *spezifische Zeichen* ein, die je nach der mathematischen Theorie, die man darlegen möchte, verschieden sind. Z. B. verwendet die Mengenlehre in der formalisierten Sprache drei spezifische Zeichen: = (Gleichheit), $\in$ (Element von), (,) als Zeichen der *Bildung von geordneten Paaren von Elementen*, von zwei Elementen ausgehend.

Formalisierte Sprache

Im folgenden als Beispiel einige der Grammatikregeln, wie sie in einer solchen formalisierten Sprache verwendet werden: „Wenn A und B zwei Aussagen-Variable oder Sätze sind, so sind $\neg A$ sowie $A \vee B$ Aussagen". „Wenn a und b substantivische Variable sind, so sind $a = b$ sowie $a \in b$ Aussagen", usw.

VII Abkürzungen

Man erkennt sofort, daß eine streng formalisierte Sprache zu extrem langen Zeichenreihen führt. Um zu einer knappen Formulierung zu gelangen, verwendet man Abkürzungszeichen. Der Gebrauch von Abkürzungen führt *Synonyme* in die Sprache ein.

1.VII.1 Beispiel Die Zeichenreihe *oder nicht* ($\vee \neg$) wird $\Leftarrow$ abgekürzt. (Wenn P und Q Behauptungen sind, so ist $P \Leftarrow Q$, das ein Synonym von $Q \Rightarrow P$ ist, eine Abkürzung für *P oder (nicht-Q)*.)

1.VII.2 Beispiel Es gibt in der Mengenlehre eine Zeichenreihe, die in der formalisierten Sprache von Hilbert mittels zwölf Zeichen beschrieben wird, und die man die „leere Menge" nennt und ϕ abkürzt.

1.VII.3 Beispiel In der gleichen formalisierten Sprache von Hilbert kommt die Konstruktion der ganzen Zahlen nach der Ausarbeitung der Logik und eines Teils der Mengenlehre. Kein Wunder also, daß in diesem System die Zahl 1 einer Zeichenreihe von einigen zehntausend Zeichen entspricht. Es ergibt sich daraus, daß eine formalisierte Sprache nur eine theoretische Konstruktion ist, die mit rein menschlichen Mitteln undurchführbar ist. Der Logiker muß sich auf die Möglichkeit berufen, eine Beweisführung in diese Sprache zu übersetzen, ohne diese Aufgabe tatsächlich in Angriff zu nehmen.

Als Kompromißlösung benutzt man jedoch laufend *partielle Formalisierungen*, die den Gebrauch einiger Abkürzungen erlauben, wobei sie aber die übermäßigen sprachlichen Vereinfachungen und die heuristischen Beweisführungen vermeiden. Das sind die Kalküle (numerische, algebraische, trigonometrische, usw.) und die Algebra der Logik.

Der Gebrauch der Abkürzungen

Bei der Wahl von Zeichenreihen, die es verdienen, einen Namen zu erhalten, spielt das Talent des Mathematikers eine große Rolle. In dieser Beziehung besteht eine große Analogie zwischen dem Mathematiker und dem Künstler. Das Talent eines Komponisten besteht darin, aus der Unendlichkeit der Geräusche, die man einem Klavier entlocken kann, einige klangvolle Kombinationen herauszufinden, die eine Sonate bilden werden.

Ein Elektronengehirn kann, schneller und sicherer als ein Mensch, Zeichenreihen gemäß einer Grammatik aufstellen. Aber nur ein genialer Mathematiker kann die Bedeutung gewisser Zeichenreihen begriffen haben, wenn er ihnen einen Namen gibt: die Zahl π, die Logarithmus-Funktion, die Gleichung $e^{i\pi} = -1$, das Postulat von Euklid, ein Vektorraum. Mathematische Kreativität heißt Auswählen.

Die Auswahl der Abkürzungszeichen wirft zahlreiche Probleme auf. Oft wählt man speziell konstruierte Zeichen. Die Drucker billigen die Anschaffung von Typen, wenn diese häufig genug verwendet werden So für $\int$, +, $\otimes$, usw.

Oder man schafft ein neues Wort: Logarithmus, Exponentialfunktion, Morphismus, Quaternion, usw.

Häufiger verwendet man jedoch ein Wort der Umgangssprache oder ein aus einem anderen wissenschaftlichen Gebiet entlehntes Wort: Abbildung, Raum, Distribution, kompakt, Feld. Dieses Verfahren kann große heuristische Vorteile haben, jedoch auch viele Nachteile, besonders beim Gebrauch der Ausdrücke „imaginäre Zahlen, Erwartungswert, lebendige Kraft, wahre Eigenschaft, usw.".

Wenn ein Symbol mehrere Bedeutungen zuläßt, die zu Verwechslung Anlaß geben, ersetzt man es schrittweise durch verschiedene Symbole, welche die notwendigen Unterscheidungen treffen. So hat man in der elementaren Geometrie, wenn A und B zwei Punkte sind, neben dem unpräzisen Symbol AB die Symbole $\overrightarrow{AB}$, $\overline{AB}$, $\|\overrightarrow{AB}\|$, $A - B$, usw. eingeführt. Im Kapitel 3 unterscheiden wir (A, B) und {A, B}.

Wenn ein Symbol keinerlei Bedeutung hat, sagt man, es sei *disponibel*, und man kann ihm einen konventionellen Sinn zuschreiben. Eine Informationsarbeit ist dann dringend nötig, um jedem eventuellen Benutzer klarzumachen, daß eine neue Vereinbarung getroffen worden ist. Der fluktuierende Charakter der semantischen Konventionen hat selbstverständlich die Schuld an einer großen Anzahl von schwer zu vermeidenden Mißverständnissen.

Um die Kommunikation zu erleichtern, wird man sich häufig über eine Liste von Referenzwerken einigen, in denen man die Definition der verwendeten Ausdrücke finden kann: der wissenschaftliche Vortrag des Professors, jenes Lehrbuch, das Werk von Bourbaki oder die Gesamtheit der Karten, welche die Wörterbuch-Kommission der Vereinigung der Mathematiklehrer (in Frankreich die A.P.M. = Association des Professeurs de Mathématiques) ausarbeitet, usw.

Eine Bemerkung über den *Gebrauch mancher Fremdwörter* drängt sich auf. Es ist ein Stück Wahrheit in den Thesen der Kritiker des Franglais[8]) enthalten [B 31]. Jedoch ist es wichtig, wenn man einen Neologismus einführt, daran zu denken, sein Verständnis von vornherein für Ausländer zu erleichtern. Es ist ein Skandal, daß das Wort *Menge* unter anderem *ensemble, set, mnojestvo, conjunto,* usw. heißt (wogegen das Wort Funktion in nahezu allen Sprachen verstanden wird).

Im Französischen ist das Wort *anneau*, das Etiemble so gut gefällt, ein Greuel! Sicherlich ist zu Beginn das deutsche Wort *Ring* gewählt worden, um eine Gesamtheit von Symbolen zu bezeichnen: das Wort *Ring* durch *anneau* zu übersetzen, ist unsinnig.

Wir wollen auf eine Schwierigkeit in bezug auf die Disponibilität eines Symbols hinweisen.

Innerhalb eines kurzen Textes bezeichnet man häufig gewisse Zeichenreihen durch einen Buchstaben. Es ist dann unerläßlich, sich davon zu überzeugen, daß dieser Buchstabe im

---

[8]) Anm. d. Üb.: Franglais ist die Zusammenziehung aus Français (= Französisch) und Anglais (= Englisch) und bezeichnet die moderne Sprachtendenz, nach der eine große Anzahl englischer Wörter (zum Teil technischen, meist amerikanischen Ursprungs) ins Französische übernommen werden, zum Teil als solche, zum Teil etwas abgeändert, zum Teil um neue Begriffe oder Erfindungen zu benennen, zum Teil aber auch nur, um einen im Französischen existierenden Begriff durch ein „schickes modernes Wort" zu ersetzen. Das Wort Franglais als solches wurde von Etiemble eingeführt, der diese neue Mode in seinem 1964 herausgekommenen Buch „Parlez-vous Franglais?" heftig kritisiert.

gleichen Text auf keinen Fall noch einmal, in welcher Eigenschaft auch immer, mit einer anderen Bedeutung vorkommt. Die *Gültigkeitsdauer* einer semantischen Konvention muß aus dem Zusammenhang deutlich ersichtlich sein. Man muß unter Ausschluß jeden Irrtums wissen, in welchem Moment der an einer gewissen Stelle des Werkes verwendete Buchstabe x von neuem disponibel ist, um etwas anderes zu bezeichnen.

1.VII.4 Übungsaufgabe Untersuchen Sie unter diesem Blickwinkel die Verwendung der Buchstaben x und z in der Aussage

$$\forall x \in \mathbf{Z} \ \{\exists z \in \mathbf{Z}\, x = 2z\} \Rightarrow \{\exists z \in \mathbf{Z}\ x^2 = 2z\}.$$

1.VII.5 Übungsaufgabe Folgender Sophismus ist zu analysieren:

„Dieses Bild stellt einen Chinesen dar,
Nun ist aber ein Chinese der Erfinder des Pulvers,
Also stellt dieses Bild den Erfinder des Pulvers dar.“

1.VII.6 Übungsaufgabe Ein Sophismus ist zu erfinden, der auf der falschen Anwendung der Abkürzung ± 1 beruht, die für die Bezeichnung einer der Wurzeln der Gleichung $x^2 = 1$ verwendet wird (man wird dafür sorgen, daß diese Abkürzung ihre Bedeutung unmerklich während des Beweises ändert. Unserer Meinung nach ist das Symbol ± aus den Schulbüchern zu entfernen, da sie sich nicht an erfahrene Leser wenden).

1.VII.7 Übungsaufgabe Finden Sie den Denkfehler in folgender Berechnung, die eine Stammfunktion der (auf der Halbgeraden $t > 0$ definierten) Funktion $t \mapsto 1/(t \log t)$ mittels einer partiellen Integration aufzufinden vorgibt:

$$\int \frac{dt}{t \log t} = 1 + \int \frac{dt}{t \log t}.$$

Abkürzung und Algorithmus

Man darf das Abkürzungssymbol nicht nur als ein stenographisches Kürzel ansehen, das dazu bestimmt ist, den Schreibaufwand zu verringern. Manchmal erlauben es knappe Formeln, auf einfache Weise über komplizierte Symbole nachzudenken.

Es ist wichtig, eingehend über den großen Fortschritt nachzudenken, den der Gebrauch eines einzigen Buchstabens f zur Bezeichnung einer Funktion darstellt, da eine ausgedehntere Erklärung unter Umständen mehrere Bände einer Sammlung numerischer Tafeln notwendig machen würde. Insbesondere verwendet man oft einen einzigen Buchstaben, um eine rationale Zahl, eine komplexe Zahl, einen Vektor, eine Matrix, einen Tensor, usw. zu bezeichnen. Nachdem man die Rechenregeln, welche die Handhabung aller dieser Objekte bestimmen, erläutert hat, geht man direkt mit konzisen Symbolen um, deren Komponenten man nur in Ausnahmefällen ausdrücklich darlegen wird.

Das Erlernen dieser Verfahrensart enthält zwei Stadien: Zunächst muß man sich davon überzeugen, daß der Schüler die Bedeutung des Abkürzungssymbols vollständig versteht, und dazu wird man ihn darin üben, die Komponenten des Symbols bis hin zur numerischen Berechnung verständlich zu machen.

Aber dann wird man dem Schüler zeigen, direkt mit dem kurzgefaßten Zeichen umzugehen und mit dessen Hilfe Schlüsse zu ziehen, ohne bei jeder Gelegenheit zu weitschweifigen Erklärungen Zuflucht zu nehmen.

1.VII.8 Beispiel In einem ersten Stadium wird man den Schüler lehren, Determinanten zu entwickeln, bis er verstanden hat, daß es sich nur um eine kondensierte Schreibweise einer gewissen polynomischen Kombination der Glieder einer Matrix handelt. Aber sobald dieses Ergebnis erreicht ist, wird man auf die Absurdität einer unüberlegten Entwicklung besonders hinweisen: Die Determinanten sind erfunden worden, um nicht entwickelt zu werden, es sei denn, sie haben im voraus eine algorithmische Behandlung erfahren. Die Vektorrechnung ist erarbeitet worden, um den Rückgriff auf die Koordinaten zu ersparen. Dank der Hilfsmittel des Matrizen-Kalküls verfügt sie über einen Formelschatz, der geschmeidig genug ist, um die meisten vektoriellen Situationen ihrem Wesen entsprechend wiederzugeben.

Der Lehrer, der ausschließlich in der reinen (bzw. angewandten) Mathematik ausgebildet ist, neigt manchmal dazu, die erste (bzw. zweite) Etappe dieses Lernprozesses zu vernachlässigen. Im ersten Fall bildet man Handlanger aus, die Symbole handhaben, ohne zu verstehen, was sie tun, deren Überlegung leerläuft und die triviale Ergebnisse hinter einem gelehrten Formalismus verbergen. Aber man muß betonen, daß die wesentlichen Fortschritte der Wissenschaft mit der Vervollkommnung der Abstraktion eng verbunden sind. Der Mathemathikunterricht kann nicht ohne das Erlernen der Handhabung von Abkürzungssymbolen stattfinden.

Der Gebrauch der Definitionen

Eine Definition ist eine Aussage, die dazu bestimmt ist, eine neue Abkürzung einzuführen. Um eine Definition zu formulieren, nennt man im allgemeinen eine sehr ausgedehnte Klasse, welche den zu definierenden Begriff umfaßt, und gibt dann genaue Merkmale an, die ein einziges Objekt kennzeichnen.

Anmerkung: Dem Kind fällt es einigermaßen schwer, sich diese sprachliche Disziplin zu eigen zu machen, und es verwendet spontan „*Definitionen, die eine Benutzung ausdrücken*“: „Ein Auto, das ist, wenn man schnell fährt“ oder „eine Schnecke, das ist zum Überfahren“. Biologie oder Medizin benutzen *akkumulierende Definitionen*: Man stellt eine lange Liste von Attributen auf. Ein Objekt genügt der Definition, wenn es diese Merkmale bis auf einige wenige Ausnahmen besitzt.

Das Erlernen der korrekten Handhabung von Definitionen ist eine Vorbedingung für jede mathematische Erziehung; es verlangt viele und verschiedenartige Übungsaufgaben, die nicht ausschließlich dem Deutschlehrer anvertraut werden können. Man wird damit beginnen, gewisse Umgangswörter definieren zu lassen (z. B. Schule, Aufzug, Katze), und danach bekannte geometrische Figuren (Quadrat, Würfel) (B 26).

Man unterscheidet die *konstruktiven Definitionen* von den *deskriptiven Definitionen*. Eine konstruktive Definition beinhaltet eindeutig ein Verfahren, welches es erlaubt, das definierte Objekt herzustellen; eine deskriptive Definition drückt eine wesentliche Charaktereigenschaft dieses Objektes aus.

1.VII.9 Beispiel Die Zahl e kann konstruktiv durch eine der zahlreichen Formeln definiert werden, die der Formel

$$e = \lim_{n \to \infty} (1 + 1/n)^n$$

analog sind und die Zahl e numerisch berechnen lassen.

Man kann die Zahl e deskriptiv als die einzige reelle Zahl a defininieren, die so beschaffen ist, daß die Funktion $x \mapsto a^x$ ihrer abgeleiteten Funktion gleich ist. Die konstruktiven Definitionen entbehren einer Motivation: Es besteht a priori keine Notwendigkeit, dem Grenzwert von $(1 + 1/n)^n$ einen besonderen Namen zu geben. Die deskriptiven Definitionen haben, um gültig zu sein, einen *Existenzbeweis* nötig: Man muß beweisen, daß die Differentialgleichung $y' = y$ (deren Bedeutung offensichtlich ist) eine und nur eine Lösung der Form $x \mapsto a^x$ hat.

1.VII.10 Übungsaufgabe Folgende Definitionen sind kritisch zu betrachten: „Ein Zentaur ist ein Tier, das einen menschlichen Oberkörper und einen Pferdeleib besitzt."

„Die Diskriminante der Gleichung $ax^2 + bx + c = 0$ ist laut Definition gleich $b^2 - 4ac$."

„Die Diskriminante der Gleichung P = 0, in der P ein Polynom in der Unbestimmten x ist und Buchstaben als Koeffizienten hat, ist hinsichtlich dieser Koeffizienten ein Polynom, das dann und nur dann positiv oder gleich Null ist, wenn alle Wurzeln der Gleichung reell sind."

„Ich nenne Gott ein Wesen, aus dessen einziger Substanz alles, was ist, notwendig folgt" (Spinoza).

„Der Mittelpunkt des Umkreises eines Dreiecks ist der Schnittpunkt zweier Mittelsenkrechten."

„Der Mittelpunkt des Umkreises eines Dreiecks ist der Punkt, der von den drei Ecken gleich weit entfernt ist."

VIII Das Paradoxon von Richard

Bei der Handhabung von Definitionen muß man sich vergewissern, daß die verwendeten Wörter während der ganzen Darlegung den gleichen Sinn behalten.

Dies illustriert folgendes Paradoxon; dort ist von einer ganzen Zahl x die Rede, die folgende Eigenschaft hat:

(R) „Sie ist die kleinste ganze Zahl, die man nicht durch einen Satz mit weniger als hundert deutschen Wörtern definieren kann."

Man wird bemerken, daß diese Zahl x durch den Satz (R) definiert ist, der zweiundzwanzig deutsche Wörter enthält; der Widerspruch ist offensichtlich.

Wir wollen das Argument etwas näher untersuchen. In einer ersten Etappe versucht man, jede ganze Zahl mit Hilfe des kürzesten deutschen Satzes auszudrücken. (Z. B. kann 2048 durch fünf Wörter in „zwei-tausend-acht-und-vierzig" ausgedrückt werden, jedoch auch durch drei Wörter in „zwei hoch elf".)

Nach dieser Feststellung kann man sich die Menge der ganzen Zahlen vorstellen, die mehr als hundert deutsche Wörter benötigen. Diese Menge besitzt ein kleinstes Element x, das N Wörter benötigt, um ausgedrückt zu werden (mit $N > 100$).

Jedoch in einer zweiten Etappe fügt man eine neue semantische Regel hinzu, die es erlaubt, dem Satz (R) den Sinn zu geben, den er in der *Metasprache* hat. Von da an ist N = 22.

In dem Bedeutungswechsel, der dem Wort „definieren" (das im Satz (R) vorkommt) widerfährt, liegt die Erklärung für das Paradoxon von Richard.

IX Substitution

Ein besonders wirksames Verfahren zur Konstruktion von korrekt formulierten Zeichenreichen besteht darin, eine gegebene Variable einer Zeichenreihe durch eine andere (korrekt gebildete) Zeichenreihe zu ersetzen und dabei gewisse Grammatikregeln zu befolgen.

So schreibt eine dieser Regeln vor, substantivische Variablen nur durch Terme, bzw. Aussagen-Variablen nur durch Relationen zu ersetzen. Außerdem dürfen gewisse Zeichen, oder *Konstanten* genannte Zeichenreihen, nicht durch Zeichenreihen ersetzt werden.

1.IX.1 Beispiel Man kann die substantivische Variable x der Relation $x + 1 = 1 + x$ nicht durch die Anordnung $P \Rightarrow Q$ ersetzen, die eine Relation ist. Dagegen kann man P oder Q, die Aussagen-Variable sind, durch die Relation $x + 1 = 1 + x$ ersetzen. Die Zeichen $\Rightarrow$, +, 1 sind Konstanten.

Klammern

Wenn man eine Variable in einer Zeichenreihe durch einen Buchstaben ersetzt, genügt es, diesen anstelle der Variablen zu schreiben, so oft diese vorkommt. Wenn man jedoch eine Variable durch eine zusammengesetzte Zeichenreihe ersetzt, ist es notwendig, die Ersatz-Zeichenreihe *in Klammern* (oder einem analogen Zeichen) einzufügen.

1.IX.2 Beispiel Wenn man die Variable x von $\sin x$ durch $a + b$ ersetzt, schreibt man $sin(a + b)$ und nicht $\sin a + b$. Ebenso schreibt sich die Substitution von 1.IX.1 $\{x + 1 = 1 + x\} \Rightarrow Q$.

Die Verwendung von Klammern gibt Anlaß zu verschiedenen Arten von sprachlichen Mißbräuchen.

Regel. Ein horizontaler Bruchstrich (oder der Querstrich eines Wurzelzeichens) ersetzt Klammern.

1.IX.3 Beispiel Man schreibt $\frac{a}{b+c}$ oder $a/(b + c)$; ebenso $\sqrt{a+b}$ oder $\sqrt{}(a + b)$ (wenn man sich nach der in (1.V.2) angegebenen typographischen Mode richtet). Diese Praxis zwingt zu großer Wachsamkeit bei der Ausführung einer Berechnung, wo es oft wieder Klammern einzuführen gilt, wie in $c \cdot \sqrt{a+b} \cdot \sqrt{a+b} = c(a+b)$.

Ohne Klammern wären gewisse Ausdrücke mehrdeutig, wenn *Prioritätsregeln* dem nicht abhelfen würden:

Der Ausdruck $3 + 4 \cdot 5$ hätte sonst $(3 + 4) \cdot 5 = 35$ oder $3 + (4 \cdot 5) = 23$ bedeuten können.

Prioritätsregeln

1. Jede innerhalb von Klammern angegebene Operation hat Priorität gegenüber Operationen, die nicht in Klammern stehen. Insbesondere wenn eckige Klammern Anordnungen enthalten, in denen wiederum Klammern vorkommen, haben letztere Priorität gegenüber den eckigen Klammern.
2. Das Potenzieren hat Priorität gegenüber der Multiplikation und der Division.
3. Die Produkte und Quotienten haben Priorität gegenüber der Addition und der Subtraktion.

Synthese der Anordnungen

Analyse und Synthese der Zeichenreihen

Die systematische Anwendung der Substitutionen vermeidet es, alle linearen Zeichenreihen mühselig zu konstruieren, indem man obligatorisch von links nach rechts Zeichen für Zeichen fortschreitet. Im Gegensatz dazu geht man wie ein Autokonstrukteur vor, der das Chassis, den Motor, die Karosserie usw. getrennt herstellt und anschließend zusammenbaut.
Insbesondere sind gewisse Zeichenreihen Lehrsätze, welche, in neue Beweisführungen eingesetzt, neue Lehrsätze liefern.

X Über einige Inkohärenzen von Bezeichnungen

Unsere mathematische Sprache ist das Ergebnis einer Entwicklung; sie verewigt Inkohärenzen, die von alten, außer Gebrauch gekommenen Konzeptionen herrühren. Jeder Verbesserungsversuch ist ein Kompromiß zwischen Forderungen nach Klarheit, der Bemühung um Kürze und der Schwierigkeit, die Gewohnheiten zu ändern.
Folgende Beispiele betreffen Fälle, für die man zur Zeit noch keine völlig zufriedenstellende Lösung gefunden hat.

Bezeichnungen betreffs der Funktionen

Eine *Funktion* ist ein Tripel, das einen Vorbereich $\mathbf{E}$ (*Definitionsbereich* oder auch *Quelle* genannt), einen Nachbereich $\mathbf{E}'$ (*Wertebereich, Wertevorrat* oder auch *Ziel*) und eine einzige Zuordnung von $\mathbf{E}$ nach $\mathbf{E}'$ enthält

$$f\colon \mathbf{E} \to \mathbf{E}'.$$

Wenn man das $x \in \mathbf{E}$ zugeordnete Element von $\mathbf{E}'$ beschreiben will, schreibt man

$$x \mapsto f(x).$$

Einige mathematische Forscher haben berechtigte Gründe, zu wünschen, daß die Schreibweise $f(x)$ durch $x(f)$ ersetzt werde.

Man hat seit weniger als zwei Jahrzehnten die Schreibweise $y = f(x)$ für die Bezeichnung einer Funktion aufgegeben. Die Unterscheidung zwischen den Pfeilen $\to$ und $\mapsto$ ist noch jüngeren Datums (nachdem das Zeichen $\leadsto$ aus typographischen Gründen verworfen wurde). Es ist wichtig, eine Funktion f und ihren Funktionswert $f(x)$, der dem Element x entspricht, zu unterscheiden, selbst wenn man x als einen „nicht präzisierten Wert" oder einen „laufenden Punkt" ansieht. Leider wird die zähe Gewohnheit, von der Funktion $f(x)$ zu sprechen, noch lange anhalten.

Man muß mit den Funktionen sin, cos, log usw. arbeiten. Die Schreibweise $\{x \mapsto e^x\}$ ermöglicht keine solche Anpassung: man hilft dem ab, indem man die Exponentialfunktion durch exp bezeichnet.

Die identische Abbildung von E auf E $\{x \mapsto x\}$ wird durch I_E (oder bei sprachlichem Mißbrauch durch I oder I_d) wiedergegeben. Die Abbildung Diag_n: $E \to E^n$ ist durch $\{x \mapsto (x, x \ldots x)\}$ definiert. So wird, wenn f eine Funktion von zwei Variablen $\{(x, y) \mapsto f(x, y)\}$ ist, die Funktion $x \mapsto f(x, x)$ durch $f \circ \text{Diag}_2$ bezeichnet.

E sei eine Menge von Funktionen, die alle einen gleichen Definitionsbereich E und einen gleichen Wertebereich E' haben. Die Abbildung $\{(f, x) \mapsto f(x)\}$ von $E \times$ E nach E' heißt die Auswertungs-Funktion und wird mit E_v bezeichnet. Wenn E nur Bijektionen enthält, besitzt jede Abbildung $f \in E$ eine inverse Abbildung f^{-1} (von E' nach E). Die Abbildung $\{f \mapsto f^{-1}\}$ wird mit I_{nv} bezeichnet.

Diese Praxis könnte jedoch nicht ohne Nachteile verallgemeinert werden. Man müßte den Wortschatz verdoppeln und Funktionen wie $\{x \mapsto x^2\}$, $\{x \mapsto \sqrt{x}\}$ usw. spezielle Namen geben.

Jedoch kann man eine provisorische Terminologie verwenden, deren Gültigkeitsdauer auf den Text beschränkt bleibt, den man schreibt.

Wenn man darauf hinweisen will, daß man den Wert einer Funktion an einem *fixen* Punkt meint, ist es gebräuchlich, die Bezeichnung x_0 anstelle von x zu verwenden. In der früheren Terminologie war $f(x)$ eine Funktion und $f(x_0)$ eine Konstante. Aber es kommt häufig vor, daß man zu Beginn einer Beweisführung einen Parameter festlegt und dann im weiteren Verlauf „die Konstanten variieren" läßt. Schließlich läuft man Gefahr, nicht mehr zu wissen, ob es die Variablen sind, die konstant bleiben, oder die Konstanten, die variabel sind. Tatsächlich scheint es kein Bezeichnungssystem zu geben, das voll und ganz zufriedenstellt. Nachdem man dies alles wohl erwogen hat, wird man fortfahren, Bezeichnungen zu verwenden, deren Nachteile wir soeben gezeigt haben (und z. B. von der Funktion e^{-x^2} sprechen), aber man wird es in voller Sachkenntnis tun.

Differentiation

Wenn man Ableitungen und vor allem partielle Ableitungen bezeichnen will, wird die Sache kompliziert. Um die Ableitung der Funktion f einer Variablen zu bezeichnen, erscheint die Newtonsche Schreibweise f' als die beste, solange man keinen Wechsel der Variablen ins Auge faßt.

1.X.1 Übungsaufgabe Man erkläre, was $f'(\sin t)$ bedeutet. Man definiert $g = f \circ \sin$. Vorstehende Ableitung mit g' vergleichen.

Die Leibnizsche Schreibweise $\frac{df}{dx}$, empfohlen, um den Wechsel der Variablen zu erleichtern, enthält den Hinweis auf die Veränderliche x.

Da die Anordnungen $\{x \mapsto f(x)\}$ und $\{t \mapsto f(t)\}$ synonym sind, müßte man wahlweise $\frac{df}{dx}$ oder $\frac{df}{dt}$ schreiben können; schließlich scheint also der Buchstabe x (oder t) in der Schreibweise der Ableitung, außerhalb eines Zusammenhanges, keine Information zu vermitteln. Indessen stellt der Zusammenhang oft wieder den Vorteil der Schreibweise her.

1.X.2 Beispiel In einem physikalischen Versuch mißt man eine Größe Q, die eine Funktion einer Stromstärke ist. Die Ableitung der Größe Q nach der Stromstärke ist ein völlig klarer Begriff, der $\frac{dQ}{dI}$ oder $\frac{dQ}{dJ}$ geschrieben wird, je nachdem, ob im Kontext diese Stromstärke mit I oder J bezeichnet wird.

Die Schreibweisen $\frac{\delta}{\delta x}$ und $\frac{\delta}{\delta y}$ von partiellen Ableitungen enthalten von Natur aus eine Quelle von Irrtümern, wenn sie auf die Funktion $\{(x, y) \mapsto f(y, x)\}$ angewendet werden. Stellt $\frac{\delta}{\delta x}$ die Differentiation nach der Veränderlichen x (bei konstantem y) oder vielmehr die Differentiation nach der ersten der beiden Variablen (während die zweite konstant bleibt) dar? Im zweiten Fall wäre es besser, die Schreibweisen δ_1 und δ_2 zu verwenden. Aber mangels einer genaueren Angabe ist das Symbol $\frac{\delta}{\delta x} f(y, x)$ tatsächlich unrichtig.

1.X.3 Übungsaufgabe s sei die Symmetrieabbildung $(x, y) \mapsto (y, x)$. Die Formel $\delta_1 (f \circ s) = (\delta_2 f) \circ s$ interpretieren.

1.X.4 Übungsaufgabe Wenn g eine Funktion von drei Variablen ist

$$\{(x, y, z) \mapsto g(x, y, z)\},$$

ist das Symbol $\frac{\delta}{\delta x} g(x, x, z)$ unverständlich. Die verschiedenen Bedeutungen korrekt ausdrücken, die man ihm zuschreiben könnte.

XI „Stumme" Variable

In einer nicht formalisierten Sprache können zwei Zeichenreihen synonym sein, auch wenn eine von beiden eine gewisse Variable enthält.

1.XI.1 Beispiel In der üblichen Sprache der Algebra sind 0 und $x - x$ synonym. Entsprechende Bemerkung für 1 und $\sin^2 \theta + \cos^2 \theta$.

Dies kann in einer formalisierten Sprache, in der die Verwendung von Synonymen unzulässig ist, nicht vorkommen. Die Frage, ob ein gewisses Zeichen in einer gegebenen Zeichenreihe vorkommt oder nicht, wirft keinerlei Zweifel auf.

Man sagt, daß eine Variable X, die in einer Zeichenreihe a vorkommt, welche in einer gewissen Sprache S_1 ausgedrückt ist, „*stumm*" (bzw. *frei*) ist, wenn sie in der Übersetzung von a in eine formalisierte Sprache nicht vorkommt (bzw. vorkommt).

Wenn eine Variable X in einer Zeichenreihe a vorkommt und in der gleichen Sprache in einem Synonym von a nicht vorkommt, ist sie mit Sicherheit „stumm".

Man begegnet in der üblichen mathematischen Sprache häufig *„stumm machenden"* Zeichen, deren Wirkung darin besteht, gewisse Buchstaben, die mindestens zweimal in einer Zeichenreihe wiederholt werden, stumm zu machen.

1.XI.2 Beispiel Das Zeichen $\mapsto$ ist „stumm machend": die Variable x ist in der Zeichenreihe $\sin x$ frei. Aber sie ist in der Zeichenreihe $\{x \mapsto \sin x\}$, die übrigens mit $\{t \mapsto \sin t\}$ oder sin synonym ist, „stumm". Die Variable x ist in folgenden Zeichenreihen „stumm":

$$\int_a^b f(x)\,dx \qquad \operatorname*{Max}_{x \in [a,b]} f(x) \qquad \lim_a f(x)$$

1.XI.3 Beispiel Der Buchstabe i ist „stumm" in dem Ausdruck

$$C_\beta^\alpha = \sum_{i=1}^{n} a_i^\alpha b_\beta^i,$$

der die Multiplikationsregel zweier Matrizen a und b ausdrückt, während die Variablen α und β frei sind.

Es ist gleichgültig, ob man den Buchstaben i, j oder k als Summationsindex verwendet. Dagegen weist die Plazierung von i darauf hin, daß man ein Glied einer bestimmten Zeile mit dem Glied der Spalte gleichen Ranges verbindet; sie stellt außerdem die durch diese Formel vermittelte Information dar.

Man sollte sich Bezeichnungen zu eigen machen, die den Gebrauch von „stummen" Zeichen vermeiden. Gewisse Autoren befürworten *Plazierungszeichen:* □, ○, ?, usw. Wenn man z. B. $\{\square \mapsto \sin \square\}$ oder $\{? \mapsto e^?\}$ schreibt, kommt man nicht in Versuchung zu sagen, daß diese Zeichenreihen den Buchstaben □ oder ? enthalten, da diese Zeichen keine „Buchstaben" sind.

Ebenso schreiben manche die Formel (1.XI.3) in der Form

$$C_\beta^\alpha = \sum_{1}^{n} a_\cdot^\alpha b_\beta^\cdot,$$

wobei der Punkt ein Plazierungssymbol ist.

Summations-Technik

Die Handhabung der Summenzeichen Σ erfordert Training. Es gilt, die Aufmerksamkeit der Schüler auf den Vorgang des Wechsels des Summations-Indexes (entsprechend dem Wechsel der Variablen bei der Berechnung eines Integrals) und auf die Möglichkeit zu lenken, über sehr verschiedene Index-Mengen zu summieren.

1.XI.4 Übungsaufgabe Man bezeichnet mit A_n die Menge der geordneten Paare von ganzen Zahlen (i, j), wobei $0 \leqslant i \leqslant n$ und $0 \leqslant j \leqslant n$. (Laut Konvention sei A_0 die leere Menge.) Man möchte die Summe $S_n = \sum_{(i,j) \in A_n} (i \cdot j)$ nach zwei verschiedenen Methoden berechnen. (Wenn $n = 10$, erhält man die Summe aller Produkte, die in der Multiplikationstafel aufgeführt sind.)

Indem man nacheinander hinsichtlich eines jeden Indexes summiert, erhält man

$$S_n = \left(\sum_{i=1}^{n} i\right)^2 .$$

Indem man nacheinander hinsichtlich einer jeden der beiden Mengen $A_k - A_{k-1}$, für $k = 1, 2, \ldots, n$ summiert, findet man

$$S_n = \sum_{i=1}^{n} i^3 .$$

So ist also die Summe der n ersten Kubikzahlen gleich dem Quadrat der Summe der ersten n ganzen Zahlen.

2 Logik

I Die Wahrheit

Die Logik ist die Wissenschaft der Beweiskunst.

Früher definierte man die Logik eher als die Kunst, das Wahre und das Unwahre zu unterscheiden. Diese Auffassung beruhte auf dem Glauben an eine universelle Wahrheit, die der Mensch hinter trügerischem Schein zu entdecken trachtete.
Heutzutage gründet sich die Wissenschaft nicht mehr auf derart Absolutes: die Begriffe von Wahrheit und Irrtum erhalten in der Mathematik eine relative Bedeutung, die es zu analysieren gilt.

Grundlage der Semantik

Welche Tragweite räumt der Mathematiker seiner Sprache ein? Welches sind die bedeuteten Objekte, die die mathematischen Symbole darstellen sollen?

Seit Jahrtausenden stellen sich Philosophen und Theologen Fragen über die Natur der „Dinge an sich" und die „gedanklichen Begriffe": die Seele, die Materie, der Raum, die Zeit, der Zufall, die Kraft, usw. Glücklicherweise existiert eine Arbeitsmethode, die es erlaubt, die mathematische Wissenschaft auszuarbeiten, ohne abzuwarten, daß sich die Metaphysiker einig werden.

Diese Methode besteht darin, daß man sich hinter einer *relativen Semantik* verschanzt. Sie setzt die Zeichen, die eine Bedeutung tragen (Bedeutungsträger), mit anderen Zeichen, die die mathematischen Objekte sind (Bedeutungsinhalte) in Verbindung, und verbietet sich, darüber hinauszugehen. Sie versucht es nicht, den mathematischen Objekten an sich eine tiefere Bedeutung zuzuschreiben.

Die Haltung, die vom Standpunkt der theoretischen Darstellung aus am meisten befriedigt, leitet sich aus der *formalisierten Konzeption* der Mathematik ab. Diese basiert auf dem vorherigen Aufbau einer formalisierten Sprache *FS*.

Die Bedeutung, die man jedem mathematischen Symbol zuschreibt, ist seine Übersetzung in *FS*. Die Sprache *FS* wirft als solche kein einziges semantisches Problem auf, da eine jede ihrer Zeichenreihen nichts anderes als sich selbst bedeutet. Um zu entscheiden, ob zwei mathematische Symbole synonym sind, reicht es aus festzustellen, ob sie in *FS* die gleiche Übersetzung haben.

Diese Haltung betrifft nur die Kommunikation. Sie zeigt sich beim strengen Strukturieren eines Exposés. Ganz im Gegenteil steht jedoch nichts dagegen, daß der Mathematiker die verschiedensten geistigen oder materiellen Darstellungen benutzt, um seine Phantasie bei der Forschungsarbeit anzuregen.

Fundament der Logik

Einen Satz *aufzustellen* und ihm eine Bedeutung beizumessen heißt noch nicht, ihn zu *bejahen*; die grammatikalische und semantische Richtigkeit verleiht keinerlei Wahrheitswert.

2.I.1 Beispiel „Hermann der Cherusker wurde unter Kaiser Franz Joseph geboren" ist ein grammatikalisch und semantisch richtiger Satz. Jedoch sind sich die Historiker darin einig, daß er falsch ist.

2.I.2 Beispiel Folgende Beweisführung ist logisch richtig, wenn sie auch jeglicher Bedeutung entbehrt: „Jeder Fels ist fals; nun ist aber Fils ein Fels; also ist Fils fals!"

Manche Sätze scheinen derart sonnenklar zu sein, daß man versucht ist, sie als absolut wahr anzusehen. Die Geschichte der Mathematik hat diesen Standpunkt widerlegt: Seit der Entdeckung der nichteuklidischen Geometrien zählt man nicht mehr die Sätze, die richtig oder falsch sind, je nach der Theorie, in die sie sich einfügen.

Man kann sich fragen, ob nicht dennoch einige absolute Prinzipien bestehen bleiben, die jeder vernünftigen Überlegung eigen sind. Dies erscheint recht zweifelhaft.

Die Entfernung von A nach B ist nicht notwendigerweise gleich der Entfernung von B nach A.

2.I.3 Beispiel „Das Produkt zweier von Null verschiedener Faktoren ist nicht gleich Null" ist ein wahrer Satz in der Theorie der nullteilerfreien Ringe, aber ein falscher Satz in einem Zeroring. Schließlich hängt es bei jedem anderen Ring von der besonderen Wahl der Faktoren ab, ob das Produkt gleich Null ist oder nicht.

2.I.4 Beispiel In der euklidischen Geometrie ist die Entfernung eines Punktes A von einem Punkte B gleich der Entfernung von B nach A. Jedoch hängt alles davon ab, was man unter Entfernung versteht. Wenn man sich die ganz geläufige Geometrie zu eigen macht, in der die Entfernung zweier Dörfer in Weg-Stunden ausgedrückt wird, bemerkt man, daß in hügeligem Gelände der Hinweg länger sein kann als der Heimweg.

2.I.5 Beispiel Die Philosophen lehren, daß der Satz „Die Gesamtheit ist größer als ein Teil" eines der Axiome der Vernunft ist. Es ist möglich, diese vage Behauptung im Rahmen der Mengenlehre präzise zu formulieren. Jedoch ist sie dann alles andere als evident und wird falsch. Die unendlichen Mengen genügen ihr laut Definition nicht.

In der Mathematik ist die Wahrheit relativ. Man beurteilt eine Aussage nicht im Absoluten, sondern man untersucht, ob sie mit den Axiomen einer Theorie vereinbar ist. Die Auswahl dieser Axiome selbst ist keine allgemeine Selbstverständlichkeit, die aus Vernunftgründen klar zutage liegt. So ist das übliche Behauptungsschema in der Mathematik nicht „Der und der Satz ist wahr", sondern eher „Wenn man diese Hypothese gelten läßt, so ergeben sich daraus folgende Folgerungen".

2.I.6 Übungsaufgabe Den berühmten spöttischen Ausspruch von Bertrand Russel erklären: „Die Mathematik ist eine Wissenschaft, in der man weder weiß, wovon man redet, noch ob das, was man sagt, wahr ist".

Intuition und Beweisstrenge

Beim Untersuchen eines Problems gibt der Mathematiker den Symbolen, die er handhabt, einen semantischen Inhalt, der dazu geeignet ist, ergiebige Ideen-Assoziationen herbeizuführen. Selbst diejenigen, die sich ungern auf geometrische Figuren berufen, zögern nicht, ihre Zuflucht zu Schemata zu nehmen, welche die Beziehungen zwischen den verschiedenen verwendeten Begriffen hervorheben. Die Wahl der Bilder oder der Interpretationen ist subjektiv, sie ist individuell verschieden.

Dank dieser intuitiven Interpretationen errät der Forscher ein Ergebnis, bringt er Vermutungen zum Ausdruck, wägt er plausible Möglichkeiten ab. Wenn er eine Behauptung ausdrückt, die seinem gesunden Menschenverstand extravagant erscheint, muß er Verdacht auf einen Denkfehler hegen und seine Wachsamkeit verdoppeln.

Wenn jedoch eine Figur, eine Analogie, eine Metapher einen Beweis nahelegen können, so stellen sie nicht den Beweis an sich dar. Sobald die erfinderische Phase vorbei ist, handelt es sich darum, die Ergebnisse in aller Strenge darzulegen. Von da an muß der Rückgriff auf die sensible Intuition verbannt werden, und allein der formelle Beweisinhalt wird beurteilt. Eines der Ziele der Logik ist es, eine formale Beschreibung des streng logischen Schließens auszuarbeiten, welches unabhängig von jeder Interpretation in grammatikalischen Aussagen ausgedrückt wird.

II Mathematische Theorien

Es sei *S* eine Sprache, die unter anderem die Zeichen ⇒, *nicht, und, oder* benutzt. Eine mathematische Theorie *T*, die der Sprache *S* untergeordnet ist, wird, von einigen Aussagen ausgehend, ausgearbeitet, die in *S* abgefaßt sind und die *Axiome* von *T* genannt werden.

Deduktionsregeln

2.II.1

D_1 — Jedes Axiom von *T* ist ein Lehrsatz von *T*.

D_2 (Modus ponens oder Abtrennungsregel) — Wenn *P* und *Q* solche Aussagen von *T* sind, daß *P* sowie $\{P \Rightarrow Q\}$ Lehrsätze von *T* sind, so ist *Q* ein Lehrsatz von *T*.

D_3 (Substitutions- oder Einsetzungsregel) — Wenn ein Lehrsatz von *T* eine Zeichenreihe ist, die Aussagenvariable enthält, so erhält man einen anderen Lehrsatz, wenn man diese Variablen durch Zeichenreihen ersetzt und dabei die Grammatik von *S* befolgt.

Ein *formaler Beweis* ist eine endliche Folge von Aussagen $A_1, A_2, \dots A_k$, unter welchen einige *ausdrücklich erlaubte Aussagen* heißen, wobei sich jede andere A_j von den vorhergehenden A_i durch Anwendung von D_2 oder D_3 ableitet.

Die Regeln D_1, D_2 und D_3 sind die einzigen, die es erlauben, Lehrsätze von *T* zu beweisen; das bringt folgende Regel zum Ausdruck:

2.II.1a

D_4 — Eine Aussage von *S* ist nur dann ein Lehrsatz von *T*, wenn sie in einem formalen Beweis vorkommt, in dem die einzigen ausdrücklich erlaubten Aussagen die Axiome von *T* sind.

In der Praxis wären diese formalen Beweise zu lang, um in extenso aufgeschrieben zu werden. Man erhält weitaus handlichere formale Beweise, wenn man als ausdrücklich erlaubte Aussagen nicht nur die Axiome, sondern auch die bereits vorher bewiesenen Lehrsätze anerkennt, deren formalen Beweis, ausgehend von den Axiomen, man nicht mehr liefert.

2.II.2 Beispiel Das trivialste Beispiel für eine einer Sprache untergeordnete Theorie ist die widersprüchliche Theorie, in der jede Aussage von *S* ein Axiom, und folglich ein Lehrsatz ist. Eine solche Theorie ist nicht von Interesse. Einerseits gibt es nichts über sie zu sagen, jeder Lehrsatz läßt in ihr einen formalen Beweis zu, der aus einer einzigen Aussage besteht. Andererseits trifft sie keinerlei Auswahl unter den Aussagen und ist ungeeignet, das Richtige und das Falsche zu unterscheiden. Jedoch kann die widersprüchliche Theorie als Vergleichmittel dienen: Sie spielt in der Logik eine der diskreten Topologie ähnliche Rolle, für welche jede Menge offen und abgeschlossen ist.

Fragen des Vokabulars

2.II.3 Die Wörter *Aussage, Relation* und *Formel* sind Synonyme. Sie bezeichnen Zeichenreihen, die eine Aussagenvariable ersetzen können und den *Termen* (oder substantivischen Zeichenreihen) gegenüberstehen.

Das Wort *Lehrsatz* wird in zwei Bedeutungen verwendet. In seiner allgemeinen Bedeutung bezeichnet es jede im Rahmen einer Theorie *bewiesene Aussage*. Jedoch stellen die Mathematiker eine Rangfolge unter diesen bewiesenen Aussagen auf und benutzen zu diesem Zweck Synonyme mit verschiedenen Nuancen wie *Satz, Korollar, Lemma*, usw. Das Wort *Lehrsatz*, in seiner besonderen Bedeutung, bezeichnet einen Satz, den man für wichtig hält.

Die grundlegende Unterscheidung ist die zwischen Aussage und Lehrsatz. Es ist bedauerlich, daß in der französischen Fachliteratur über die Logik das Wort „*Proposition*" als Synonym für Aussage gebraucht wird und nicht, um einen weniger wichtigen Lehrsatz zu bezeichnen, und daß dort die Aussagenlogik mit „Logique des Propositions" bezeichnet wird, welche die Logik der Aussagen ohne substantivische Variablen ist (2.III).

Früher unterschied man sorgfältig zwischen *Axiomen* und *Postulaten*: Erstere wurden als einsichtiger angesehen als letztere. Seitdem diese Unterscheidung außer Gebrauch gekommen ist, wird das Wort Postulat immer weniger verwendet.

Modelle

Zum Vergleich von zwei Theorien, die in verschiedenen Sprachen formuliert sind, wird man sich auf den Begriff der *Übersetzung* einer Sprache S in eine Sprache S' berufen: wenn S und S' zwei formalisierte Sprachen sind, wird eine Übersetzung eine bijektive Zuordnung sein. Jede Zeichenreihe von S entspricht einer und nur einer Zeichenreihe von S'. Außerdem werden gewisse grammatikalische Vereinbarkeiten gefordert: Die Übersetzung eines Satzes von S kann erreicht werden, indem man Wort für Wort übersetzt und dann die Ergebnisse in der Sprache S' wieder zusammensetzt. Im Allgemeinfall nicht formalisierter Sprachen kann ein und dieselbe Zeichenreihe von S (bzw. S') mehrere Übersetzungen in S' (bzw. S) haben, jedoch sind diese untereinander synonym. So ist eine Übersetzung bis auf Synonymien bijektiv.

Man sagt, eine Theorie M, die der Sprache S' untergeordnet ist, sei ein Modell für die Theorie T (der Sprache S untergeordnet), wenn eine Übersetzung von S nach S' existiert, die so beschaffen ist, daß sich jeder Lehrsatz von T in einen Lehrsatz von M übersetzen läßt. Wenn außerdem jeder Lehrsatz von M die Übersetzung eines Lehrsatzes von T ist, so sagt man, daß M und T *isomorphe* Theorien sind. Falls M und T ein und derselben Sprache S untergeordnet sind, mit kanonischer Übersetzung von S in sich selbst, sagt man, daß M *stärker als* T (bzw. *äquivalent* zu T) ist, anstatt von Modell und Isomorphismus zu sprechen. Damit zwei Theorien äquivalent sind, ist es notwendig und hinreichend, daß jedes Axiom der einen ein Lehrsatz der anderen ist.

Jede Theorie läßt die widersprüchliche Theorie (2.II.2), die der gleichen Sprache S untergeordnet ist, als Modell zu. Diese widersprüchliche Theorie ist also die stärkste aller S untergeordneten Theorien.

Eine widerspruchsfreie Theorie ist *kategorisch*, wenn sie jedem ihrer widerspruchsfreien Modelle isomorph ist. Das ist bei den meisten klassischen mathematischen Theorien der Fall. Im entgegengesetzten Fall ist die Theorie *nicht kategorisch*.

2.II.3 Beispiel Die Theorie der komplexen Zahlen besitzt mehrere wohlbekannte Modelle: das geometrische Modell (die Gaußsche Ebene), das polynomische Modell ($\mathbb{C}$ ist dem Restklassenring $\mathbb{R}[X]/(X^2 + 1)$ isomorph, wobei (R [X] der Polynomring der Polynome in einer Unbestimmten X mit reellen Koeffizienten und $(X^2 + 1)$ das von $X^2 + 1$ erzeugte Ideal ist, das Matrizen-Modell ($\mathbb{C}$ ist dem Ring der reellen Matrizen vom Typ $\begin{pmatrix} a & -b \\ b & a \end{pmatrix}$ isomorph), usw. Alle diese Modelle sind untereinander isomorph.

2.II.4 Die Gruppentheorie läßt verschiedene Modelle zu, kommutative oder nicht kommutative, endliche oder nicht endliche, die nicht alle untereinander isomorph sind.

Die Verwendung der nicht-kategorischen Theorien ist von großem heuristischem Interesse, da sie Analogien zwischen wesentlich verschiedenen Situationen ans Licht bringt.

Nicht bewiesene Aussagen

Eine Aussage A gelangt zur Würde eines Lehrsatzes einer Theorie erst nach der Entdeckung eines Beweises. Manchmal geben heuristische Erwägungen zu berechtigten Hoffnungen Anlaß, einen Beweis zu finden: man sagt dann, daß A eine *Vermutung* ist.

Untersuchen wir verschiedene Möglichkeiten für eine Aussage A, deren Beweis noch nicht gelungen ist.

Wenn die Aussage nicht-A ist Lehrsatz von T ist, so beruht jedes Urteil über A auf einem Glauben an die Widerspruchsfreiheit der Theorie T. Wenn diese Widerspruchsfreiheit feststeht (siehe 2.III.11), wird man sagen, *daß A kein Lehrsatz ist*. Jedoch ist diese Behauptung (in einer Metasprache formuliert) im allgemeinen sinnlos.

Man sagt, daß eine Aussage A in einer Theorie T eine *Neutralität* ist, wenn man bewiesen hat, daß keine der zwei Aussagen A und nicht-A aus den Axiomen der Theorie gefolgert werden kann.

Im folgenden sei eine geeignete Methode angegeben, mit deren Hilfe festgestellt werden kann, daß eine Aussage eine Neutralität ist. Nehmen wir an, T lasse ein Modell M zu, das eine widerspruchsfreie Theorie ist und in dem die Übersetzung von A ein Lehrsatz ist. Man schließt sofort daraus, daß nicht-A nicht aus den Axiomen von T gefolgert werden kann, denn sonst wäre die Übersetzung von nicht-A auch ein Lehrsatz von M, was zu einem Widerspruch von M führen würde.

Um also zu beweisen, daß A in T eine Neutralität ist, genügt es, über zwei Modelle M_1 und M_2 zu verfügen, die jeweils widerspruchsfrei und so gestaltet sind, daß die Übersetzung von A (bzw. nicht-A) ein Lehrsatz von M_1 (bzw. M_2) ist (2.IV.2).

Häufig hat eine Aussage in zwei, einer gleichen Sprache untergeordneten Theorien einen verschiedenen Status. Das ist der Fall des euklidischen Postulats, dessen Negation ein Lehrsatz der Geometrie von Lobatschewski ist (2.IV.3).

III Die Aussagenlogik

Es handelt sich hier um eine besonders wichtige mathematische Theorie. Einerseits erlauben es die Einfachheit der sie untermauernden Sprache und Axiomatik, sie im Detail zu studieren. Andererseits werden die Lehrsätze der Aussagenlogik, welche man *Tautologien* nennt, in allen Zweigen der Mathematik laufend verwendet.

Die Sprache der Aussagenlogik

Die wesentliche Vereinfachung liegt im Fehlen von substantivischen Variablen und Termen. Alle Variable, die durch Großbuchstaben dargestellt werden, sind Aussagenvariable. Die einzigen Zeichen sind (außer den Klammern) *nicht, oder, und,* $\Rightarrow$, $\Leftrightarrow$. Jede grammatikalisch korrekte Zeichenreihe heißt eine *Aussage* (siehe 2.II.3). Die Grammatik beschränkt sich im wesentlichen auf folgende Regeln:

Grammatik der Sprache der Aussagenlogik

2.III.1

GSA_1 Jeder Buchstabe ist eine Aussage.

GSA_2 Die Zeichenreihen (P und Q); (P oder Q); (P $\Rightarrow$ Q); (P $\Leftrightarrow$ Q); (nicht-P) sind Aussagen.

GSA_3 In einer Aussage kann jeder Buchstabe durch jede Aussage ersetzt werden.

Tatsächlich muß diese Grammatik durch Vereinbarungen bezüglich des Gebrauchs der Klammern vervollständigt werden. Da diese Regeln jenen analog sind, die in der Algebra vorkommen, bringen wir sie hier nicht näher zum Ausdruck [D 4].

2.III.2 Übungsaufgabe Nachprüfen, daß folgende Zeichenreihe eine Aussage ist:
(P oder Q) $\Rightarrow$ [(nicht-[P $\Rightarrow$ (nicht-Q)]) $\Rightarrow$ (P und Q)]. Man wird nacheinander nachprüfen, daß
A $\Rightarrow$ A′; A $\Rightarrow$ [B $\Rightarrow$ C]; (P oder Q) $\Rightarrow$ [B $\Rightarrow$ C] usw. Aussagen sind.

Man kann jede Aussage mit weniger Zeichen umschreiben, indem man folgende Vereinbarungen über Synonyme verwendet:

2.III.3 Abkürzungen

(P und Q) ist synonym zu nicht-[(nicht-P) oder (nicht-Q)].
(P $\Rightarrow$ Q) ist synonym zu (nicht-P) oder Q.
(P $\Leftrightarrow$ Q) ist synonym zu [(P $\Rightarrow$ Q) und (Q $\Rightarrow$ P)].

Axiome der Aussagenlogik

Verschiedene Axiomensysteme, die zu äquivalenten Theorien führen, sind vorgeschlagen worden (siehe [D 2, D 5]). Eines der handlichsten verwendet die Abkürzungen (2.III.3) und die vier folgenden Axiome:

2.III.4 Axiome

AL_1 (P oder P) $\Rightarrow$ P;
AL_2 P $\Rightarrow$ (P oder Q)
AL_3 (P oder Q) $\Rightarrow$ (Q oder P)
AL_4 (P $\Rightarrow$ Q) $\Rightarrow$ [(R oder P) $\Rightarrow$ (R oder Q)].

2.III.5 Übungsaufgabe Der angehende Lehrer ist aufgefordert, selbst die nachfolgenden wichtigsten Tautologien zu beweisen, indem er (2.III.4), (2.III.3) und (2.II.1) verwendet (siehe [D 2, D 5]).

Haupt-Tautologien

T_1 $P \Longleftrightarrow (P \text{ oder } P)$
T_2 $P \Longleftrightarrow P$
T_3 $[(P \Rightarrow Q) \text{ und } (Q \Rightarrow R)] \Rightarrow (P \Rightarrow R)$
T_4 $P \text{ oder } (\text{nicht-}P)$
T_5 $P \Longleftrightarrow \text{nicht } (\text{nicht-}P)$
T_6 $(P \Rightarrow Q) \Longleftrightarrow [(\text{nicht-}Q) \Rightarrow (\text{nicht-}P)]$
T_7 $[P \text{ und } (\text{nicht-}P)] \Rightarrow Q$
T_8 $P \Rightarrow (Q \Rightarrow P)$.

Logische Wahrheitswerte

Die Aussagenlogik, die hier in formalistischer Art und Weise dargeboten wurde, erhält eine interessante semantische Interpretation, wenn man den *Ring LW* der *logischen Wahrheitswerte* verwendet.

2.III.6 *LW* ist die Menge der zwei Buchstaben W und F (Anfangsbuchstaben von wahr und falsch). Das Zeichen *nicht* wirkt dort nach der Regel

nicht W = F   nicht F = W.

LW ist mit der Verknüpfung *oder* versehen, deren Wahrheitstafel folgendermaßen gegeben ist:

W oder W = W   W oder F = W   F oder W = W   F oder F = F,

sowie mit den Verknüpfungen *und*, $\Rightarrow$, $\Longleftrightarrow$, die man daraus mit Hilfe der Regeln für Synonyme (2.III.3) folgert, die in *LW* verwendet werden.

2.III.7 Übungsaufgabe Die Wahrheitstafeln der Verknüpfungen *und*, $\Rightarrow$ und $\Longleftrightarrow$ aufstellen. Eine *logische Interpretation* einer Aussage *A* (der Sprache der Aussagenlogik) wird erhalten, indem man jede Variable, die in der Zeichenreihe *A* vorkommt, durch einen der beiden Buchstaben W oder F ersetzt. Indem man dann in *LW* gemäß (2.III.6) und (2.III.7) rechnet, gelangt man zu einem der Symbole W oder F, das der Wahrheitswert von *A* in der ins Auge gefaßten logischen Interpretation ist.

Man sagt, eine Aussage sei *allgemeingültig*, wenn sie den Wert W für jede logische Interpretation annimmt.

2.III.8 Beispiel Um zu prüfen, daß (P und (nicht-P)) $\Rightarrow$ Q allgemeingültig ist, reicht es aus, in *LW* die vier Ausdrücke (W und F) $\Rightarrow$ W; (W und F) $\Rightarrow$ F; (F und W) $\Rightarrow$ W; (F und W) $\Rightarrow$ F zu berechnen und festzustellen, daß man in jedem Falle W findet.

2.III.9 Übungsaufgabe Beweisen, daß jede Tautologie allgemeingültig ist, indem man die Axiome (2.III.4) und die Deduktionsregeln (2.II.1) untersucht.

Wir werden demgegenüber das folgende wichtige Ergebnis als richtig annehmen ([D 2, D 4, D 3]).

2.III.10 Der Metalehrsatz der semantischen Vollständigkeit

Die Allgemeingültigkeit einer Aussage ist eine notwendige und hinreichende Bedingung dafür, daß sie eine Tautologie ist.

Diese Aussage ist kein Lehrsatz der Aussagenlogik (eine Tautologie), sondern sie drückt in der Metasprache dieser Theorie eine Charakterisierung der Tautologien aus. Sie ist ein Metalehrsatz.

Dieser Metalehrsatz liefert ein gutes praktisches Prüfverfahren, ob eine Aussage A eine Tautologie ist. Anstatt A aus den Axiomen zu folgern, was eine Wahl von scharfsinnigen Substitutionen erfordert, reicht es in der Tat aus, nacheinander die verschiedenen logischen Interpretationen zu untersuchen, deren Anzahl 2^p ist (wenn A p Variablen enthält) und in LW Rechnungen durchzuführen, die systematisch genug sind, um sie einem Computer anvertrauen zu können.

2.III.11 Metakorollar Die Aussagenlogik ist eine widerspruchsfreie Theorie.

In der Tat können eine Aussage A und ihre Negation nicht-A nicht gleichzeitig allgemeingültig sein.

2.III.12 Übungsaufgabe Finden Sie Beispiele von Aussagen, die für zwei angemessene logische Interpretationen verschiedene logische Wahrheitswerte annehmen. Solche Aussagen sind in der Aussagenlogik *Neutralitäten*.

IV Andere Beispiele mathematischer Theorien

Euklidische Geometrie

Die Sprache der Geometrie gebraucht Wörter wie *Punkte, Geraden, Ebenen, Raum, Parallele, Gleichheit*, usw. sowie Begriffe der *Inzidenz*, der *Anordnung*, usw. Die Idee, die Geometrie in axiomatischer Form darzustellen, indem man mit einem vollständigen Inventar der gültigen Axiome und Postulate beginnt und danach jeden weiteren Rückgriff auf die Intuition verweigert, um unbewiesene Behauptungen zu rechtfertigen, ist von Euklid in den „Elementen“ klar ausgesprochen worden. Aber erst 1899 wird dieses anspruchsvolle Programm von David Hilbert verwirklicht. Er legt eine kohärente Darstellung vor, [E 9], die sich auf etwa 30 Axiome gründet, deren Unabhängigkeit er im übrigen diskutiert. Seitdem sind zahlreiche Versuche unternommen worden, den Hilbertschen Aufbau durch ein handlicheres Axiomensystem zu ersetzen [E 10, E 11, E 12, E 13].

Wir untersuchen hier nur Hilberts erste auf die ebene Geometrie beschränkte Axiomengruppe: die *Inzidenz-Axiome*.

2.IV.1

Zu zwei verschiedenen Punkten gibt es genau eine Verbindungsgerade.

Auf jeder Geraden liegen wenigstens zwei verschiedene Punkte.

Es gibt wenigstens drei Punkte, die nicht auf einer Geraden liegen.

Wenn man die mathematische Theorie T studiert, die nur diese Axiome enthält (zusätzlich zu den Axiomen der Logik, die Hilbert implizit verwendet), stellt man fest, daß diese Theorie zahlreiche Modelle besitzt, die untereinander nicht isomorph sind. Gerade deswegen sind diese drei Axiome gänzlich unzureichend, um die ebene euklidische Theorie zu begründen.

Das bekannteste Modell ist die analytische Geometrie von Descartes. Jeder geometrische Begriff erhält dort eine Übersetzung in die algebraische Sprache.

2.IV.2 Übungsaufgabe Verschiedene einander nicht isomorphe Modelle der Theorie T sind so zu konstruieren, daß das Wort *Ebene* dort durch $\mathbb{K}^2$ übersetzt wird, wobei $\mathbb{K}$ ein Körper ist, der nicht notwendig der Körper $\mathbb{R}$ ist. Zeigen Sie, daß in der Theorie T die Aussage „Auf jeder Geraden liegen unendlich viele Punkte" eine Neutralität ist.

Geometrie von Lobatschewski

Wir stellen nun ein Modell der nicht-euklidischen Geometrie von Lobatschewski vor, das von Henri Poincaré erfunden wurde. In dieser Theorie werden wir die Wörter *Pseudo-Ebene, Pseudo-Gerade*, usw. verwenden. Nachstehend folgt eine Gegenüberstellung, die die Bedeutung einiger *Pseudo-Begriffe* in der Sprache der üblichen euklidischen Geometrie aufzeigt.

2.IV.3

Nicht-euklidische Geometrie	*Euklidische Interpretation*
Die Pseudo-Ebene Π	Die offene Halbebene Π, die von der Geraden Δ begrenzt wird.
Ein Pseudo-Punkt	Ein in Π gelegener Punkt.
Eine Pseudo-Gerade	Durchschnitt mit Π eines Kreises Γ, dessen Mittelpunkt auf Δ liegt (oder einer zu Δ senkrechten Geraden G)
Ein uneigentlicher Pseudo-Punkt (liegt nicht in Π)	Ein auf Δ gelegener Punkt
Die uneigentliche Pseudo-Gerade	Die Gerade Δ
Pseudoparallele Pseudo-Geraden	Pseudo-Geraden, deren abgeschlossene Hüllen einen uneigentlichen Punkt gemeinsam haben (es sei denn, es handele sich um zwei parallele Geraden G und G').

2.IV.4 Übungsaufgabe Es ist nachzuprüfen, daß die Halbebene von Poincaré ein Modell für die Theorie T darstellt, die den Axiomen (2.IV.1) genügt. Außerdem gilt in diesem Modell noch zusätzlich: „Zu einer Pseudo-Geraden Γ gibt es durch jeden nicht auf ihr gelegenen Pseudo-Punkt A zwei Pseudo-Parallelen" (Postulat von Lobatschewski).

Natürlich muß das Studium des Modells von Poincaré durch die Einführung zahlreicher anderer Pseudo-Begriffe fortgesetzt werden: Pseudo-Bewegungen, Pseudo-Gleichheit, Pseudo-Länge, Pseudo-Winkel. Wir wollen lediglich angeben, daß der Pseudo-Winkel zweier Pseudo-Geraden als der Winkel der sie darstellenden Kreise (oder Geraden) erklärt wird. Man stellt fest, daß die Summe der Winkel eines Pseudo-Dreiecks größer als ein gestreckter Winkel ist.

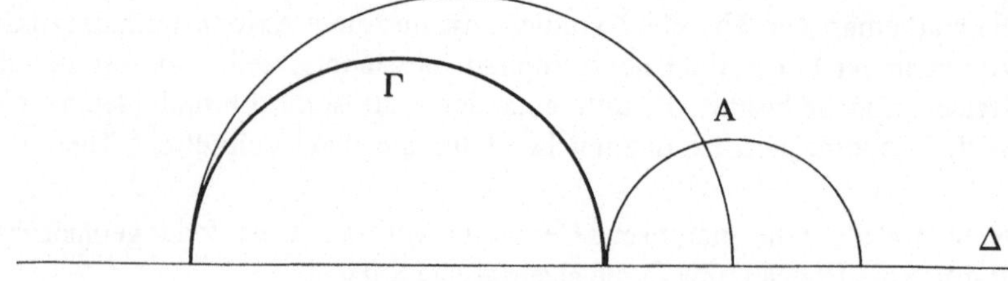

Die Ausarbeitung des Modells von Poincaré hat endgültig die Unmöglichkeit bewiesen, das Postulat von Euklid aus den übrigen Axiomen der euklidischen Geometrie zu folgern. In der Tat müßte ein solcher Beweis im Modell von Poincaré seine Erklärung finden, worin jedoch das Postulat von Euklid durch das Postulat von Lobatschewski ersetzt ist [E 14].

Projektive Geometrie

Wenn man die euklidische Ebene durch uneigentliche Punkte (siehe 4.VIII) vervollständigt, kann man eine ebene Geometrie konstruieren, in der der Begriff des Parallelismus nicht mehr vorkommt. Zwei verschiedene Geraden schneiden sich dort immer, sei es auch nur auf der uneigentlichen Geraden. Die Inzidenz-Axiome dieser *projektiven Geometrie* unterscheiden sich von den Axiomen (2.IV.1). Diese werden ersetzt durch:

2.IV.5

Zwei verschiedene Punkte liegen auf genau einer gemeinsamen Geraden.

Zwei verschiedene Geraden gehen durch genau einen gemeinsamen Punkt.

Jede Gerade geht durch mindestens drei verschiedene Punkte.

Jeder Punkt liegt auf mindestens drei verschiedenen Geraden.

Die ebene projektive Geometrie kann als ihr eigenes Modell angesehen werden, wenn man ihre Sprache wie folgt übersetzt:

Ursprüngliche Sprache	*Übersetzung*
Punkt	Gerade
Gerade	Punkt
Gehen durch	Liegen auf
Liegen auf	Gehen durch

Man stellt fest, daß das Axiomensystem (2.IV.5) gegenüber dieser Übersetzung invariant ist. Es folgt daraus, daß jedem Lehrsatz der projektiven Geometrie ein anderer dualer Lehrsatz entspricht. Jeder Eigenschaft der harmonischen Punkte entspricht eine Eigenschaft der harmonischen Büschel. Und diese Verdoppelung der Eigenschaften ist bereits in den Axiomen der projektiven Geometrie sichtbar.

Das Dame-Spiel

Folgendes Beispiel ist keine mathematische Theorie im Sinne von (2.II), aber die Analogie hat einen gewissen pädagogischen Reiz.

Die Anordnungen der weißen (oder schwarzen) Steine (oder Damen) auf dem Schachbrett gemäß den wohlbekannten Regeln des Dame-Spiels stellen die Anordnungen der dahinterstehenden Sprache dar. Die Zeichen *gewinnend* oder *nicht-gewinnend* spielen die Rolle der logischen Wahrheitswerte W und F (wahr und falsch). Die Axiome zählen die Positionen auf, die für Weiß gewinnend sind, wenn Schwarz am Zug ist: es sind die Positionen, bei denen Schwarz nicht mehr spielen kann, weil seine Steine blokkiert oder weggenommen sind.

Die Theorie verwendet folgende Deduktionsregel:

„Wenn, von einer Position P ausgehend, jedem beliebigen schwarzen Zug ein geeigneter weißer Zug folgen kann, der eine gewinnende Position herbeiführt, so ist die Position P gewinnend."

Die Theorie nimmt sich dann vor, einen Katalog der Lehrsatz-Positionen aufzustellen, die infolge eines klugen Spiels von Weiß und gegen jede beliebige Abwehr von Schwarz eine Axiom-Position herbeiführen.

Man wird bemerken, daß die gleiche Sprache und die gleiche Deduktionsregel zu einer völlig verschiedenen Theorie führt, wenn man sich nicht die gleichen Axiome zu eigen macht: das geschieht, wenn man Schlagdame spielt (siehe „Was spielen wir" S. 241 von Rudolph Dietz, Verlag Tribüne, Berlin 1974).

V Quantoren

Die Prädikatenlogik

Sie ist eine Erweiterung der Aussagenlogik; sie ist ferner eine mathematische Theorie, die einer Sprache S untergeordnet ist, welche *substantivische Variablen* und *Terme* benutzt. Die *Prädikatensprache* S läßt alle Zeichenreihen der Aussagensprache zu; außerdem gebraucht sie *Prädikate, freie Variablen, Individuen-Variablen, Quantoren*, usw.

Ein *Prädikat* ist ein Ausdruck von S, in dem freie substantivische Variable vorkommen. Mit jeder in einem solchen Prädikat $P(x, y, z)$ vorkommenden Variablen x, y, z usw. ist ein *Bereich* X, Y, Z usw. verbunden, der aus den Termen von S besteht und die dazu geeignet sind, diese Variable gemäß der Grammatik von S zu ersetzen. Man schreibt $T \in X$ um auszudrücken, daß der Buchstabe x durch den Term T ersetzt werden kann.

Wenn man versucht, die Grammatik der Prädikatensprache zu formalisieren, ist es notwendig, ganz genau anzugeben, was diese Bereiche X, Y, Z tatsächlich sind, ohne Zuflucht zu intuitiven oder semantischen Interpretationen zu nehmen.

Dazu ist ein großer Aufwand an Analyse notwendig, den wir in diesem Werk nicht unternehmen können. Die Substitutionsregeln sind sehr subtil und führen Unterscheidungen zwischen freien Variablen und Individuen-Variablen ein. Wir wollen hier nur die Natur der Schwierigkeiten erklären, die eine strenge Formalisierung zu überwinden hätte, und wollen auf intuitive Art und Weise die Handhabung der Prädikate und der Quantoren beschreiben.

Variable und Unbekannte

Die Auflösungen von Gleichungen in der elementaren Algebra liefert eine gute Motivation für die Einführung der Idividuenvariablen [D 4, D 3]. Um ein Problem algebraisch zu lösen, beginnt man damit, einige Eigenschaften der noch unbekannten Antwort in Betracht zu ziehen. Man stellt zum Beispiel fest, daß es eine reelle positive Zahl sein wird, oder eine Matrix, oder eine Funktion usw. Dies ermöglicht es von vornherein, die formalen algebraischen Operationen genau anzugeben, denen man sie unterwerfen könnte, wenn man sie kennte. Nachdem man die Unbekannte mit einem Buchstaben bezeichnet hat, führt man mit letzterem die von der elementaren Algebra kodifizierten Rechnungen durch. Manchmal stellt man am Ende der Untersuchung fest, daß die vorgegebene Gleichung gar keine Lösung hatte, was die vorausgehenden Rechnungen suspekt erscheinen lassen könnte, die ja mit einem Symbol ausgeführt wurden, das sich als bedeutungslos herausstellt.

Die Formalisierung der Algebra kümmert sich nicht um diesen semantischen Inhalt. Sie versucht, die Verwendung der Unbekannten genau anzugeben: Ein Computer könnte sie handhaben, ohne verstehen zu müssen.

Ein Buchstabe, der eine Unbekannte darstellt, darf jedoch trotz des scheinbar gleichen Aussehens nicht wie eine freie Variable behandelt werden. Es ist nicht erlaubt, eine Unbekannte durch einen beliebigen Ausdruck aus dem Bereich, in dem man nach der Lösung sucht, zu ersetzen.

In der Praxis der elementaren Algebra trifft der Schüler diese Unterscheidungen instinktiv dank des semantischen Kontextes. In einer korrekten Formalisierung müßte man Variable und Unbekannte durch verschiedene Symbole darstellen. Gewisse Logiker benutzen dafür verschiedene Alphabete.

David Hilbert befürwortet den Gebrauch des „stumm machenden" Symbols τ_X, um das Ersetzen der Variablen x durch eine Unbekannte zu symbolisieren: wenn z. B. $P(x) = 0$ eine Gleichung darstellt, wird $\tau_X \{P(x) = 0\}$ in gewöhnlicher Sprache durch den Satz übersetzt „Betrachten wir eine Wurzel der Gleichung $P(x) = 0$". Falls die gegebene Gleichung keine Wurzel hätte, stellt dieses Symbol $\tau_X \{P(x) = 0\}$ dagegen eine beliebige Individuenvariable dar, die in dem Bereich X der Elemente gewählt wird, durch die x ersetzt werden kann [D 8].

Wir verzichten darauf, die Prädikatenlogik in korrekt formalisierter Weise vorzustellen; wir beschränken uns darauf, sie in heuristischer Form darzulegen, indem wir logische Wahrheitswerte benutzen. Im Rahmen einer mathematischen Theorie T werden wir sagen, daß eine Aussage A *wahr* (bzw. *falsch*) ist, wenn A (bzw. *nicht-A*) ein Lehrsatz von T ist.

Die Quantoren

Ein Prädikat $P(x)$ kann „wahr" sein, wenn man x durch gewisse Individuenvariablen des Feldes X ersetzt, und „falsch" für eine andere Wahl. Man nennt *Quantor* (zusammengezogen aus Quantifikator) jedes Symbol, das eine Information über den Teil des Feldes X liefert, für den ein Prädikat „wahr" ist.

Wenn dieser Teil in seiner Gesamtheit X ist, benutzt man den *Allquantor* und schreibt $\forall\, x \in X\ P(x)$.

Wenn dieser Teil nicht leer ist, benutzt man den *Existenzquantor* und schreibt $\{\exists\, x \in X\ P(x)\}$.

Man hat oft behauptet, daß es in der Logik nur zwei Quantoren gäbe. Dies ist in doppelter Weise falsch. Einerseits kann man $\forall$ als ursprüngliches Zeichen und $\exists$ als Abkürzung auffassen. So ist $\{\exists x \in X\ P(x)\}$ zu {nicht ($\forall\, x \in X$ nicht-$P(x)$)} synonym.

Ein einziger Quantor kann also ausreichen.

Es könnten auch andere Quantoren ins Auge gefaßt werden. In der Umgangssprache spielen folgende Wörter oder Ausdrücke die Rolle von Quantoren: *keiner, niemand, nichts, mehrere, einige, andere, jeder, viel, wenig, nie, immer, mehr als einer, ein einziger,* usw. Jedoch ist es möglich, sie mit Hilfe eines Symbols $\exists$ oder $\forall$, kombiniert mit anderen Zeichen, zu übersetzen.

2.V.1 Übungsaufgabe Folgende Aussage ist in die übliche Sprache zu übersetzen:

$$\{\exists x \in X \quad P(x) \quad \text{und} \quad (\forall\, y \in X\ [y \neq x] \Rightarrow [\text{nicht-}P(y)])\}.$$

2.V.2 Übungsaufgabe P sei ein Polynom nicht gleich Null mit komplexen Koeffizienten, und bezeichnen wir mit E ($\mathbb{C}$) die Menge der endlichen Teilmengen von $\mathbb{C}$. Welches ist der klassische Lehrsatz, der durch folgende Behauptung ausgedrückt wird:

$$\{\exists A \in E(\mathbb{C}) \quad \forall z \in \mathbb{C} - A \; P(z) \neq 0\} \; ?$$

2.V.3 Formeln Folgende Aussagen sind Lehrsätze der Prädikatenlogik:

$$\{\forall x \in X \quad \forall y \in Y \quad R(x, y)\} \Leftrightarrow \{\forall y \in Y \quad \forall x \in X \quad R(x, y)\}$$

$$\{\exists x \in X \quad \exists y \in Y \quad R(x, y)\} \Leftrightarrow \{\exists y \in Y \quad \exists x \in X \quad R(x, y)\}$$

Also sind zwei Quantoren gleicher Art vertauschbar; dem ist aber nicht so bei zwei verschiedenen Quantoren.

2.V.4 Übungsaufgabe Sind folgende Aussagen Lehrsätze der Theorie der reellen Zahlen:

$$\{\forall x \in \mathbb{R} \, \exists y \in \mathbb{R} \, y > x\}; \qquad \{\exists y \in \mathbb{R} \forall x \in \mathbb{R} \, y > x\}$$

$$\{\forall x \in \mathbb{R} \, \exists y \in \mathbb{R} \; x + y = 0\}; \quad \{\exists y \in \mathbb{R} \forall x \in \mathbb{R} \; xy = 0\}$$

2.V.5 Übungsaufgabe Folgende Behauptungen vergleichen: „Es gibt im Krankenhaus immer einen Arzt, der Dienst hat“ und „Es gibt im Krankenhaus einen Arzt, der immer Dienst hat“.

2.V.6 Folgende Implikationen sind Lehrsätze der Prädikatenlogik:

$$\{\exists x \in X \quad R(x) \text{ oder } S(x)\} \Leftrightarrow \{[\exists x \in X \quad R(x)] \text{ oder } [\exists x \in X \quad S(x)]\}$$

$$\{\forall x \in X \quad R(x) \text{ und } S(x)\} \Leftrightarrow \{[\forall x \in X \quad R(x)] \text{ und } [\forall x \in X \quad S(x)]\}$$

Außerdem

$$\{[\forall x \in X \; R(x)] \text{ oder } [\forall x \in X \quad S(x)]\} \Rightarrow \{\forall x \in X \quad R(x) \text{ oder } S(x)\}$$

$$\{\exists x \in X \quad R(x) \text{ und } S(x)\} \Rightarrow \{[\exists x \in X \quad R(x)] \text{ und } [\exists x \in X \; S(x)]\}$$

Jedoch Vorsicht! Die Umkehrungen der Implikationen sind ungültig. Einfache Gegenbeispiele angeben.

2.V.7 Die zwei folgenden Negationsformeln sind Lehrsätze der Prädikatenlogik:

$$\text{nicht-}\{\exists x \in X \quad R(x)\} \Leftrightarrow \{\forall x \in X \text{ nicht-}R(x)\}$$

$$\text{nicht-}\{\forall x \in X \quad R(x)\} \Leftrightarrow \{\exists x \in X \text{ nicht-}R(x)\}.$$

Und allgemeiner:

2.V.8 Lehrsatz der Negation Man erhält die Negation einer Aussage, die eine gewisse Anzahl von Quantoren enthält, denen ein Prädikat folgt, indem man jeden $\forall$ durch $\exists$ ersetzt und umgekehrt und das Prädikat durch seine Negation.

Der rechte Gebrauch der Quantoren

Die Quantoren sind unentbehrlich, wenn man auf logische Schwierigkeiten stößt. Dagegen soll man sie in einem Text, in dem die Beweisstrenge nicht das Haupthindernis ist, nicht zu häufig gebrauchen. Die Erfahrung lehrt, daß zahlreiche Studenten (bzw. Lehrbücher) das, was sie zu Papier bringen, mit logischen Symbolen spicken, aber ausgerechnet nicht dort, wo ihr Vorhandensein zwingend ist! Besonders rückt man die praktische Bedeutung des Lehrsatzes der Negation nicht genügend ins rechte Licht; er ermöglicht es, automatisch Fragen zu lösen, die vor kurzem noch als sehr schwierig angesehen wurden (siehe Übungsaufgaben 2.V.9, 2.V.10, 2.V.11). Nun muß man aber jedesmal dann Aussagen verneinen, wenn man einen Beweis führt, in dem man das Gegenteil des zu Beweisenden ad absurdum führt.

Der Lehrsatz der Negation muß mit Vorsicht angewandt werden. Man muß sich zuerst vergewissern, daß die Aussage, die man verneinen möchte, korrekt und ohne jede übermäßige sprachliche Vereinfachung formalisiert ist.

Z. B. wird man anstelle von „Die Summe der Winkel eines Dreiecks ist gleich einem gestreckten Winkel“ sagen müssen „Die Summe der Winkel *jedes* Dreiecks ...“ oder „In einem beliebigen Dreieck ist die Winkelsumme ...“.

Man wird die synonymen Aussagen (2.III.3) benutzen, um die Verwendung der Zeichen $\Rightarrow$ und $\Leftrightarrow$ ebenso zu vermeiden wie die Formeln (2.V.6). Man darf nicht vergessen, daß die Verneinung von $\{x < y\}$ $\{x \geqslant y\}$ ist, wenn x und y reelle Zahlen (oder Elemente einer vollständig geordneten Menge) sind.

2.V.9 Übungsaufgabe Die Definition einer monoton wachsenden reellwertigen Funktion einer reellen unabhängigen Variablen unter Benutzung der Quantoren niederschreiben. Was ist eine nicht monoton wachsende Funktion? Auf welchen Fehler muß man bei einem Schüler gefaßt sein, dem dieser Begriff noch neu ist?

2.V.10 Übungsaufgabe Was ist eine reellwertige Funktion einer reellen unabhängigen Variablen, *die nicht beschränkt ist*? Diese Eigenschaft mit der Eigenschaft vergleichen, nach unendlich zu streben, wenn die Variable unbegrenzt zunimmt.

2.V.11 Übungsaufgabe Was ist eine Zahlenfolge, die *keine Folge von Cauchy* ist?

VI Übliche Logik

Das oben Gesagte ist nicht streng genug, um den Logiker zufriedenzustellen; aber es ist zu formal, um im Unterricht der höheren Schulen eingesetzt zu werden, wo man fortwährend die Umgangssprache mit ihren unvermeidlichen Mehrdeutigkeiten benutzt. Unsere Absicht ist es, einen annehmbaren Mittelweg zwischen diesen beiden extremen Standpunkten aufzuzeigen.

Annehmbare Aussagen

Zahlreich sind die Aussagen der Umgangssprache, die sich nicht für eine strenge Anwendung der Tautologien eignen. Wir werden sagen, daß eine Aussage annehmbar ist, wenn man ihr einen logischen Wahrheitswert zuschreiben kann, ohne dabei auf Sophismen zu stoßen.

Zunächst muß eine solche Aussage grammatikalisch korrekt sein.

2.VI.1 Beispiel Die Behauptung „Die Zahl 1 ist Wurzel der Gleichung $(x-1)\sqrt{x-2}=0$“ könnte weder wahr noch falsch sein, weil das Symbol $\sqrt{-1}$ inkorrekt ist, selbst im Körper der komplexen Zahlen. Zu jeder Gleichung gehört eine „Existenz-Menge“, in welcher die Wurzeln zu suchen sind.

Zahlreich sind die geläufigen Fragen – von Volksentscheiden ganz abgesehen – auf die man unmöglich mit ja oder nein antworten kann. Ein typisches Beispiel bietet sich jeden Tag in den Justizpalästen an, wenn man sich die Frage stellt: „War der Angeklagte im Besitz aller seiner geistigen Fähigkeiten? Ja oder nein?"

Ein anderer Typ logischer Inkorrektheit kommt bei der Verwendung von Aussagen vor, die nicht quantifizierte Variablen enthalten. Im Rahmen der euklidischen Geometrie erhält die Frage „Ist das Dreieck ABC gleichschenklig?", außerhalb jeden Zusammenhangs formuliert, keine Antwort.

Im folgenden ein subtileres Beispiel einer unannehmbaren Aussage.

2.VI.2 Beispiel *Das Paradoxon des Lügners.* Betrachten wir eine Theorie, die folgendes Axiom enthält:

A) „Epimenides sagt, daß er im Begriff ist, zu lügen".

Man kann der Aussage „Epimenides ist im Begriff, zu lügen" keinen logischen Wahrheitswert zuschreiben.

In der Tat, wenn Epimenides die Wahrheit sagt, ist er im Begriff zu lügen; und wenn er nicht die Wahrheit sagt, ist er nicht im Begriff, zu lügen.

Dieses Paradoxon ist mit folgenden Übungsaufgaben zu vergleichen, die keineswegs paradox sind.

2.VI.3 Übungsaufgabe Eine Theorie sei auf die Prädikatenlogik und folgendes Axiom gegründet: „Epimenides sagt, daß er ein Lügner ist."

Wenn man sich folgende Definition zu eigen macht: Ein Lügner ist ein Mensch, der *niemals* die Wahrheit sagt, kann man folgenden Lehrsatz formulieren: „Epimenides ist kein Lügner". Aber wenn man sich folgende Definition zu eigen macht: „Ein Lügner ist ein Mensch, der nicht *immer* die Wahrheit sagt", kann man dagegen den Lehrsatz beweisen: „Epimenides ist ein Lügner".

2.VI.4 Übungsaufgabe Betrachten wir eine Theorie, in welcher der Prädikatenlogik noch folgende drei Axiome hinzugefügt werden:

Axiom 1. „Epimenides sagt, daß die Kreter Lügner sind".
Axiom 2. „Epimenides ist Kreter".
Axiom 3. „Jeder Mensch, der nicht immer die Wahrheit sagt, sagt nie die Wahrheit".

Wenn Sie laut Definition wissen, daß ein Lügner nicht immer die Wahrheit sagt, erscheint Ihnen dann diese Theorie widersprüchlich?

Kontradiktion

Die Tautologie T_7 (P und (nicht-P)) $\Rightarrow$ Q zieht folgende fundamentale Konsequenz nach sich:

2.VI.5 Metalehrsatz Wenn in einer Theorie T eine gewisse Aussage A ebenso wie ihre Negation *nicht-A* ein Lehrsatz ist, dann ist diese Theorie widersprüchlich (das heißt, jede andere Aussage ist ein Lehrsatz).

Lemma: Wenn P und Q Lehrsätze von T sind, dann ist auch $\{P$ und $Q\}$ ein Lehrsatz von T

In der Tat, man prüft nach, daß die Aussage {Q $\Rightarrow$ (P $\Rightarrow$ [P und Q])} allgemeingültig ist; es ist also eine Tautologie (2.III.10).

Ersetzen wir P und Q durch die Lehrsätze P und Q der Theorie T. Also $\{Q \Rightarrow (P \Rightarrow [P$ und $Q])\}$. Indem man den modus ponens zweimal hintereinander anwendet, folgert man daraus, daß $\{P \Rightarrow (P$ und $Q)\}$ ebenso wie $\{P$ und $Q\}$ Lehrsätze von T sind.

Die Hypothesen des Lehrsatzes (2.VI.5) implizieren, daß $\{P$ und (nicht-$P)\}$ ein Lehrsatz ist. Indem man in T_7 P durch P und Q durch eine beliebige Aussage R ersetzt, schließt man dank modus ponens, daß R ein Lehrsatz von T ist. Ebenso würde man beweisen, daß nicht-R ein Lehrsatz von T ist. Dieser Metalehrsatz bringt ein Gesetz des Alles-oder-Nichts zum Ausdruck. Die einzigen interessanten Theorien sind jene, in welchen zwei entgegengesetzte Behauptungen niemals gleichzeitig Lehrsätze sind. Sobald dies für ein einziges Paar entgegengesetzter Aussagen der Fall ist, erobert der Widerspruch die ganze Theorie.

Der Lehrer wird sich die Denkfehler, die seine Schüler von Zeit zu Zeit begehen, zunutze machen, um den vorausgehenden Lehrsatz zu illustrieren. Nehmen wir z. B. an, daß ein Schüler infolge eines Rechenfehlers zu dem Resultat $0 = 1$ gelangt. Man wird sich nicht beeilen, diesen Lapsus zu beheben. Wenn man z. B. vorschlägt, beide Seiten mit $\pi - 3$ zu multiplizieren, wird man daraus $\pi = 3$ oder irgendein anderes absurdes Ergebnis folgern.

2.VI.6 Beispiel Wir wollen eine inkorrekte Schlußfolgerung angeben, welche es ermöglicht, diese Art von Übungen einzuführen. Man wird „beweisen", daß $0 = 1$ ist, indem man folgendes Schema benutzt, dessen fehlerhaftes Element man herausfinden wird:

$$\{25 - 45 = 16 - 36\} \Rightarrow \left\{25 - 45 + \frac{81}{4} = 16 - 36 + \frac{81}{4}\right\}$$
$$\Rightarrow \left\{\left(5 - \frac{9}{2}\right)^2 = \left(4 - \frac{9}{2}\right)^2\right\} \Rightarrow \left\{5 - \frac{9}{2} = 4 - \frac{9}{2}\right\}$$
$$\Rightarrow \{5 = 4\} \Rightarrow \{1 = 5 - 4 = 0\}.$$

2.VI.7 Beispiel *Das Paradoxon des Barbiers*

In einem Dorf D rasiert ein Barbier B jeden Einwohner, der sich nicht selbst rasiert, und keinen anderen. Man fragt: „Rasiert sich der Barbier selbst?"

Wenn er sich nicht selbst rasierte, würde ihn B (d. h. er selbst) rasieren.

Wenn er sich selbst rasierte, würde ihn B nicht rasieren.

Um dieses Paradoxon zu entzaubern, wollen wir festhalten, daß wir eine Theorie mit folgenden drei Axiomen vor uns haben:

B_1 $\{\forall\, e \in D$ (nicht-[e rasiert sich]) $\Rightarrow$ [B rasiert e]$\}$

B_2 $\{\forall\, e \in D$ [e rasiert sich] $\Rightarrow$ (nicht-[B rasiert e])$\}$

B_3 $\{B \in D\}$.

Die vorausgehende Überlegung zeigt, daß diese Theorie widersprüchlich ist; anders gesagt, durch den Beweis der Widersinnigkeit der Behauptungen haben wir gezeigt, daß (B_1 und B_2) $\Rightarrow$ (nicht-B_3), daß der Barbier also nicht im Dorf wohnt.

Die Implikation

Wir wollen nun mit Nachdruck auf einige wichtige Punkte hinweisen, die die Grundlage jeder mathematischen Erziehung ausmachen sollten; sie werden gegenwärtig eher synkretistisch betrachtet, verdienten aber eine analytischere Behandlung.

Vom grammatikalischen Standpunkt aus ist die Aussage $\{P \Rightarrow Q\}$ dann und nur dann korrekt, wenn P und Q grammatikalisch korrekte Aussagen sind. Sie ist ein Synonym von (*nicht-P*) *oder* Q. Keinerlei semantische oder logische Einschränkung wird P und Q auferlegt.

2.VI.8 Übungsaufgabe Zusammengesetzte Implikationen konstruieren (das heißt P und Q können selbst Implikationen sein), indem man verschrobene, jedoch grammatikalisch korrekte Aussagen verwendet, wie „Das Auto ist ein Hartflügler" oder „$x \neq x$" [D 13].

Die Aussage $P \Rightarrow Q$ kann ein Lehrsatz einer Theorie T sein, ohne daß dadurch den beiden Aussagen P oder Q für sich betrachtet irgendeine logische Beschränkung auferlegt würde.

2.VI.9 Übungsaufgabe In der elementaren Algebra oder Arithmetik sind Beispiele für Lehrsätze der Form $\{P \Rightarrow Q\}$ zu suchen, wobei P und Q für sich genommen einen unterschiedlichen logischen Status haben.

Zum Beispiel ist $\{(0 = 1) \Rightarrow (\pi = 3)\}$ ein Lehrsatz der Theorie der reellen Zahlen, im Gegensatz zu $\{0 = 1\}$ und $\{\pi = 3\}$.

Methodik der Implikation

Oft liegt der Wortlaut eines Lehrsatzes in der Form $H \Rightarrow K$ vor, wobei H die Hypothese und K die Konklusion ist; das heißt, man hat oft eine Implikation zu beweisen.

In einem solchen Beweis kommen zwei Methoden vor, die mehr oder weniger miteinander kombiniert sind.

Die Methode der Substitution

Sie stützt sich auf im Vorausgehenden bewiesene Implikationen, die freie Variablen enthalten. Wenn man diese Variablen durch entsprechende Anordnungen ersetzt, erhält man neue Lehrsätze. So benutzt man in der elementaren Algebra die Implikationen $\{(a = b) \Rightarrow (a + c = b + c)\}$ oder auch $\{(ac = bc$ und $c \neq 0) \Rightarrow (a = b)\}$, usw.

Die Methode der Hilfs-Hypothese

Man betrachtet die Theorie TH, die man durch Anfügen der Aussage H an die Axiomenliste von T erhält. Um $\{H \Rightarrow K\}$ im Rahmen der Theorie T zu beweisen, genügt es, K im Rahmen der Theorie TH zu beweisen.

In der Praxis wird eine derartige Überlegung durch den Satz „Nehmen wir H als wahr an" eingeleitet. Man zeigt so den Übergang von der Theorie T zur Theorie TH an. Wenn der Beweis abgeschlossen ist, kehrt man stillschweigend zu T zurück, ohne dies anzukündigen.

Es ist ratsam, den jeweiligen logischen Status von H und K im Rahmen der zwei Theorien T und TH sorgfältig zu analysieren.

Wenn z. B. die Aussage nicht-H ein Lehrsatz von T ist, so ist die Theorie TH dem Meta-Lehrsatz (2.VI.5) zufolge widersprüchlich. Es ergibt sich daraus, daß in T $\{H \Rightarrow K\}$ gilt, für jede beliebige Wahl der Aussage K. *Man kann jeden beliebigen Unsinn aus falschen Voraussetzungen folgern.*

Auf diesem Prinzip gründet eine falsche oder unehrliche Argumentation, die die beliebteste Waffe der Sophisten, Kasuisten und Demagogen ist. Sie besteht darin, mit allen Hilfsmitteln der Rhetorik den Unterschied zwischen T und TH zu verschleiern. Wenn man behauptet „Nehmen wir H als wahr an", vermeidet man den direkt sichtbaren Gebrauch des Konjunktivs von Verben in der übrigen Beweisführung. Durch den Mißbrauch von modus ponens deduziert man jede günstige Schlußfolgerung.

2.VI.10 Übungsaufgabe Beispiele für dieses Verfahren in der Demagogie bei Wahlkämpfen finden.

In anderen Fällen ist K ein Lehrsatz von T, und folglich auch von TH. Es folgt daraus, daß $\{H \Rightarrow K\}$ ein Lehrsatz von T ist. *Jede wahre Konklusion wird durch jede beliebige Prämisse impliziert.*

2.VI.11 Übungsaufgabe Um $a + b$ mit $a - b$ zu multiplizieren, verwendet ein Neuling kuriose Rechenregeln: a multipliziert mit a ergibt a^2; + multipliziert mit – ergibt –; b mal b ergibt b^2. Man braucht dann nur noch das Ergebnis $a^2 - b^2$ einzurahmen, um die korrekte Antwort zu erhalten!

Der angehende Lehrer wird anhand dieses Beispiels feststellen, daß man sich beim Korrigieren einer Aufgabe nicht damit begnügen darf, lediglich die Antworten zu lesen.

Wenn die Prämissen und Konklusionen freie Variablen enthalten, wobei unter Umständen Quantoren vorkommen, so stößt man auf andere Schwierigkeiten:

2.VI.12 Übungsaufgabe Laut Definition gilt: „Ein Königreich ist ein Land, in dem ein König regiert", was wie folgt formuliert werden kann: $\{m$ regiert über $l\} \Rightarrow \{$l ist ein Königreich$\}$ wobei die Felder der freien Variablen m und l durch die Menge der Menschen und der Länder gebildet werden.

Wenn man m durch Baudoin oder Charlie Chaplin bzw. l durch Belgien oder die Schweiz ersetzt, erhält man vier Spezialfälle dieser letzten Implikation, deren Untersuchung gefragt ist.

Logisches Schließen durch den Beweis der Absurdität der Gegenbehauptung

(im folgenden kurz Absurditätsbeweis genannt)

Er gründet sich auf die Tautologie $\{[(\text{H } und\ (nicht\text{-}K)) \Rightarrow (\text{A } und\ nicht\text{-}A)] \Rightarrow (\text{H} \Rightarrow \text{K})\}$. Anders ausgedrückt, wenn man einen Widerspruch aus der Konjunktion von H und *nicht-K* folgern kann, schließt man daraus, daß $H \Rightarrow K$. Ein Sonderfall des Absurditätsbeweises wird aus der Tautologie T_6 abgeleitet: $(\text{H} \Rightarrow \text{K}) \Leftrightarrow (nicht\text{-K} \Rightarrow nicht\text{-H})$.

Die Technik des Absurditätsbeweises wird oft auf synkretistische Art und mit enttäuschenden Ergebnissen erworben. Wir wollen die verschiedenen Schwierigkeiten analysieren, die der Schüler überwinden muß.

Zunächst ist es gut, sich mit der Tautologie T_6 vertraut zu machen. Man wird ihr einen vertrauteren semantischen Inhalt geben, wenn man den Buchstaben H durch „es regnet" und K durch „es ist bewölkt" ersetzt und Beispiele untersucht, die dem Sprichwort „Kein Rauch ohne Feuer" entsprechen.

Anschließend wird man sich darin üben, die Negation einer Aussage zu konstruieren (siehe die Wichtigkeit der Formulierung der Negation (2.V.10)).

Wenn man *nicht-K* ⇒ *nicht-H* mit der Substitutionsmethode beweist, begegnet man keinen besonderen Schwierigkeiten. Wenn man jedoch die Methode der Hilfshypothese anwendet, wird man mit neuen psychologischen Hindernissen konfrontiert.

Jedesmal wenn $H \Rightarrow K$ tatsächlich ein Lehrsatz von T ist, wird sich die Theorie, die man durch Hinzufügen von *nicht-K* zu T erhält, als widersprüchlich erweisen (man sagt auch *absurd*).

Der Anfänger verspürt manchmal einen gewissen Widerwillen, auf diese Weise mit Prämissen umzugehen, deren semantischer Inhalt dem gesunden Menschenverstand widerspricht. Das

Unbehagen wird durch den provisorischen Charakter der Hilfshypothese verschlimmert; es ist peinlich, K für falsch zu erklären, um daraus einige Augenblicke später zu folgern, daß K wahr ist.

Selbstverständlich besteht der pädagogische Irrtum darin, daß man den stillschweigend vorgenommenen Wechsel der Theorien verbirgt, oder daß man den Gegensatz zwischen Konjunktiv und Indikativ nicht klar hervorhebt.

Das pädagogische Heilmittel ist leicht zu finden: Durch Dialoge analysiert man die Art der Schwierigkeiten, die der Schüler hat. Man bewirkt so ein Bewußtwerden, das beim Schüler Fortschritte herbeiführt. Außerdem muß man den Schüler darin üben, in einer Beweisführung die logische Form und den semantischen Inhalt auseinanderzuhalten. Der Umgang mit Syllogismen bezüglich verschrobener Texte [D 13] ist eine wichtige Übung, um zu diesem Ziel zu gelangen.

Nichtsdestoweniger ist die Lektüre eines Absurditätsbeweises oft unangenehm (das hängt vom Geschmack ab). Sie zwingt zum stillschweigenden, akrobatischen Wechsel von Hilfstheorien während der Beweisführung. Nun ist es aber oft ein Leichtes, einen Beweis zu Papier zu bringen, ohne auf provisorische, absurde Hypothesen zurückzugreifen, und das ist auf alle Fälle eine fruchtbare Übung.

2.VI.13 Beispiel Um den Beweis des Satzes von Euklid „Die Folge der Primzahlen bricht nicht ab" zu erbringen, beginnt man im Gegenteil mit der Annahme, daß es eine Primzahl P gibt, die größer ist als alle anderen. Das Studium der Zahl P! + 1 führt dann zu einem Widerspruch.

Man kann auch eine beliebige ganze Zahl n betrachten und dann beweisen, daß die Zahl $n! + 1$ durch eine Primzahl teilbar ist, die größer als n ist. In dieser Darstellung ist die absurde Hypothese nicht mehr vorhanden.

2.VI.14 Beispiel „Die Verbindungsgerade zweier Mittelpunkte I und J von zwei Seiten eines Dreiecks ist zur dritten Seite parallel." Verschiedene Lehrbücher beweisen diesen Satz, indem sie zunächst I mit J verbinden (was unnötig ist) und dann durch I eine Parallele IJ′ zur dritten Seite ziehen. Man beweist dann, daß J′ mit J identisch ist.

Man führt diesen Beweis durch, indem man absichtlich eine falsche Figur zeichnet, in der J′ a priori von J verschieden ist, wonach sich herausstellt, daß sie identisch sind. Man wird sich davon überzeugen, daß die Verwendung des Absurditätsbeweises leicht vermieden werden kann.

Das Dilemma

Das Dilemma oder die disjunktive Beweisführrung beruht auf der Tautologie:

$$\{([(\mathrm{H}\ \textit{und}\ \mathrm{A}) \Rightarrow \mathrm{K}]\ \textit{und}$$
$$[(\mathrm{H}\ \textit{und}\ \mathrm{B}) \Rightarrow \mathrm{K}]\ \textit{und}$$
$$[\mathrm{A}\ \textit{oder}\ \mathrm{B}]) \Rightarrow (\mathrm{H} \Rightarrow \mathrm{K})\}.$$

In der Praxis sagt man, daß man zwei (oder unter Umständen mehrere) Fälle unterscheidet, um $H \Rightarrow K$ zu beweisen. Man beginnt damit nachzuprüfen, daß $\{A\ \textit{oder}\ B\}$ ein Lehrsatz ist, was bedeutet, daß man tatsächlich alle Möglichkeiten ausgeschöpft hat. Danach beweist man unabhängig voneinander die Lehrsätze $\{(H\ \textit{und}\ A) \Rightarrow K\}$ und $\{(H\ \textit{und}\ B) \Rightarrow K\}$.

Diese Beweisführung ist nur dann von Interesse, wenn beide Fälle verschieden behandelt werden.

Dies ist kein Dilemma.

2.VI.15 Beispiel In der Tragödie „Athalie" von Racine bemüht sich Mathan, die Königin von der Notwendigkeit zu überzeugen, Joas umzubringen. Er unterscheidet zwei Fälle, die er mit verschiedenen Argumenten angeht:

> „Wenn er berühmten Eltern sein Leben verdankt,
> muß der Glanz seines Schicksals seinen Niedergang beschleunigen.
> Wenn ihn jedoch das Schicksal ins gemeine Dunkel geworfen hat,
> was kann dann schon das zufällige Vergießen seines gemeinen Blutes bedeuten."

Wenn beide Beweisführungen analog sind, ist es wichtig, das Dilemma durch einen Trick zu vermeiden. Die sogenannte Chasles-Formel (für 3 beliebige Punkte A, B, C einer Geraden gilt: $\overline{AB} + \overline{BC} = \overline{AC}$) ermöglicht es, gleichzeitig Addition und Subtraktion zu behandeln. Die Abkürzung (bzw. ...) erübrigt unnötige Wiederholungen.

Descartes empfiehlt, „überall so vollständige Aufzählungen zu machen und so generelle Überblicke zu schaffen, daß man sicher ist, nichts auszulassen". Die Fähigkeit, korrekte und vor allem systematische Klassifizierungen vorzunehmen, ist den Schülern keineswegs angeboren. Sie muß durch den Lernprozeß methodisch entwickelt werden. Wenn man Klassifikationsaufgaben (manchmal *Diskussion* von Problemen genannt) vorschlägt, wird man besonders auf der Notwendigkeit einer Methode bestehen, die zunächst eine grobe Einteilung vornimmt, auf welche eine feinere Unterteilung folgt, die keinen Sonderfall ausläßt. Wenn man dann jeden einzelnen Fall behandelt, ist es erlaubt, die Punkte, die keine Schwierigkeit aufwerfen, rasch zu streifen, oder sogar die uninteressanten Fälle nicht zu behandeln. Trotzdem durfte die Klassifizierung zu Beginn keine einzige Lücke aufweisen.

2.VI.16 Übungsaufgabe Die Vereinigung zweier im dreidimensionalen euklidischen Raum gezeichneten Kreise ist im allgemeinen eine asymmetrische Figur. Aber ausnahmsweise kann sie Symmetrie-Elemente aufweisen: Ebenen, Achsen, Zentren. Ein vollständiges Verzeichnis aller dieser Symmetrie-Fälle ist aufzustellen.

VII Der Syllogismus

Das ist die typische mathematische Beweisführung.

Sie stützt sich hauptsächlich auf die Tautologie T_3, Transitivität der Implikation. Um $\{H \Rightarrow K\}$ zu beweisen, genügt es $\{H \Rightarrow M\}$ sowie $\{M \Rightarrow K\}$ nacheinander einzeln zu beweisen und das Lemma (2.VI.5), gefolgt von T_3, anzuwenden.

Schwierigkeit der Mathematik

Descartes hat den kreativen Wert des Syllogismus angezweifelt. Es ist richtig, daß die Durchführung eines Syllogismus bei Vorhandensein der Ausdrücke H, M und K automatisch geschieht. Jedoch sind im allgemeinen lediglich H und manchmal K gegeben: Die Entdeckung des *mittleren Gliedes* M stellt die wirklich fruchtbare Phase dar, und in den schwierigen Fällen muß man dabei Einfallsreichtum an den Tag legen.

2.VII.1 Beispiel In der Geometrie ist es oft nützlich, Figuren einzuführen, von denen im Aufgabentext keineswegs die Rede ist. Die Hilfskonstruktionen dienen lediglich dazu, das mittlere Glied klar herauszustellen.

2.VII.2 Beim Studium der Gleichung zweiten Grades $ax^2 + bx + c = 0$ erfordert das mittlere Glied die Konstruktion der kanonischen Form $a\,[(x + b/2a)^2 + (4ac - b^2)/4a^2]$. In der Entdeckung dieses Zwischengliedes der Beweisführung besteht die einzige Schwierigkeit dieser Frage.

Man bezeichnet häufig einen Lehrsatz als *trivial*, einen anderen als *profund*: Es handelt sich hier um ein Werturteil, das hauptsächlich vom Publikum abhängt, an das man sich wendet. Aber ein schriftlich fixierter Lehrsatz ist mit Sicherheit trivial, wenn alle für seinen Beweis benötigten mittleren Glieder sich leicht aus Ergebnissen konstruieren lassen, die auf der gleichen Seite stehen, oder lediglich Überlegungen benutzen, die dem Leser vertraut sind.

2.VII.3 Beispiel Betrachten wir dagegen den Satz, der aussagt, daß das reguläre 17-Eck (bzw. 7-Eck) mittels Zirkel und Lineal konstruiert (bzw. nicht konstruiert) werden kann. Die Aussage ist in der Sprache der sehr elementaren Geometrie ausgedrückt. Der im Jahre 1796 vom neunzehnjährigen Gauß entdeckte Beweis benutzt die Hilfsmittel der Gruppentheorie, die übrigens zur damaligen Zeit noch keinen systematischen Aufbau erfahren hatte. Keiner zweifelt daran, daß es sich um eine tiefgründige Beweisführung handelt.

Zur Entdeckung gewisser Verfahren der Beweisführung waren manchmal viel Einfallsreichtum und Scharfsinn erforderlich. Sobald jedoch der „Trick“ weit genug verbreitet ist, wird seine Anwendung zu einer Routineangelegenheit. „Eine Methode“, sagt Polya, „ist ein Trick, den man mehrmals verwendet hat.“

So ist das Werk von Archimedes in seiner Tiefgründigkeit bewunderswert. Jedoch heutzutage ist die Quadratur der Parabel zu einer trivialen Übungsaufgabe für zukünftige Abiturienten geworden.

Akkumulierte Schwierigkeiten

Ein Beweis kann schwierig sein, wenn er eine Kette von Syllogismen enthält, von denen jeder mehr oder weniger trivial sein mag.

2.VII.4 Beispiel Betrachten wir den Beweis der verschiedenen Tautologien (Übungsaufgabe 2.III.5). Die Folgerung von T_5 aus den Axiomen erfordert [D 5] etwa 15 Zwischenetappen, von denen eine jede mit Sicherheit trivial ist. Jedoch, wenn man dem Forscher keinerlei Anweisung gibt, so wird er zweifellos mehrere Tage suchen müssen, um den richtigen Weg durch den Dschungel der Zwischenergebnisse zu finden. Wenn man umgekehrt dem Suchenden eine mehr oder weniger umfangreiche Liste von Zwischenetappen liefert, erleichtert man ihm die Arbeit erheblich.

Vom pädagogischen Standpunkt aus gesehen wird man beim Abfassen von Aufgabentexten feststellen, daß man die Schwierigkeit einer Frage an der Anzahl der Zwischenetappen ablesen kann, die der Schüler wieder auffinden muß. Ein Oberschüler, der regelmäßig Probleme der Art $H \Rightarrow M_1 \Rightarrow M_2 \Rightarrow M_3 \Rightarrow K$ löst und ohne Hilfe die mittleren Glieder M_1, M_2 und M_3 entdeckt, ist außergewöhnlich begabt. Aber es ist gut, außerhalb der Examen häufig Probleme der Art $H \Rightarrow M_1 \Rightarrow M_2 \Rightarrow K$ zu stellen, indem man immer weniger Anhaltspunkte für die Auffindung von M_1 und M_2 gibt; nur um diesen Preis wird man den Erfindungsgeist der Schüler nicht völlig verkümmern lassen. Die sorgfältig zerstückelten Aufgabentexte, in denen man „den Schüler an der Hand führt“, spielen eine unglückliche Rolle in der Mathematik.

Das Notwendige und das Hinreichende

Hier soll eine Brücke von mittleren Gliedern zwischen der Hypothese H und der Konklusion K geschlagen werden.

Man kann dazu *mittels notwendiger Bedingungen Schlüsse ziehen*, d. h. systematisch nach Konsequenzen von H suchen: $H \Rightarrow N_1 \Rightarrow N_2$ usw. Man kann das Problem auch anders herum analysieren ... $G_2 \Rightarrow G_1 \Rightarrow K$ und *mittels hinreichender (genügender) Bedingungen Schlüsse ziehen.*

Selbstverständlich besteht die beste Methode darin, diese Untersuchungen von beiden Seiten her anzugehen.

Man hat beobachtet, daß unsere Schüler die Suche nach hinreichenden Bedingungen weniger spontan vornehmen und darin weniger Erfolge erzielen. Man denke jedoch an die Rolle der Technik des Auffindens von Majoranten in der mathematischen Analysis, und man wird verstehen, daß eine besondere pädagogische Bemühung dringend notwendig ist, um die Fähigkeit zu entwickeln, mit Hilfe von hinreichenden Bedingungen logische Schlüsse zu ziehen.

2.VII.5 Beispiel Einen typischen Beweis der Analysis im einzelnen untersuchen, der hintereinander mehrere Majoranten sowie ein kluges Auseinandernehmen der ϵ verwendet. Die Suche nach den hinreichenden Bedingungen klar herausstellen.

2.VII.6 Übungsaufgabe Beim Pikettspiel (Jeu du piquet de cheval) fügt abwechselnd jeder Spieler der Gesamtsumme eine ganze positive Zahl zu, die kleiner als oder gleich 10 ist. Der Gewinner ist derjenige, der 100 sagt. Um 100 (bzw. 89 bzw. 78) sagen zu können, ist es *hinreichend* 89 (bzw. 78 bzw. 67 ...) zu sagen.

VIII Das Gegenbeispiel

Betrachten wir im Rahmen einer Theorie T eine Aussage A, die einen Allquantor enthält: $A = \{\forall x \in \mathrm{X}\ \mathrm{R}(x)\}$. Wenn man vermutet, daß *nicht-A* ein Lehrsatz von T ist, so genügt es, nach dem Lehrsatz der Negation (2.V.8) ein solchermaßen beschaffenes Element $a \in \mathrm{X}$ zu finden, daß {nicht-R(a)} ein Lehrsatz von T ist. Ein solches Element heißt ein Gegenbeispiel zur Vermutung A.

Die Aufstellung von Gegenbeispilen ist eine Technik des Dialogs: man muß sich darin üben, solche Widerlegungen spontan zu suchen, sobald eine bestreitbare Behauptung aufgestellt wird.

2.VIII.1 Beispiel Sobald der Lehrer Aussagen hört wie „jede nicht monoton wachsende Funktion ist monoton fallend" oder „jedes Viereck, das zwei gleiche Seiten und zwei parallele Seiten besitzt, ist ein Parallelogramm", muß er seine Entrüstung im Zaume halten und die gemeinsame Suche nach einem trivialen Gegenbeispiel veranlassen.

Historisches

Es erscheint überraschend, daß man erst seit Ende des 19. Jahrhunderts scharfsinnige Widerlegungen von eiligen Vermutungen systematisch veröffentlicht. Ehemals bemühte sich der mit Geometrie beschäftigte Mathematiker, die „mathematische Wahrheit" freizulegen, und

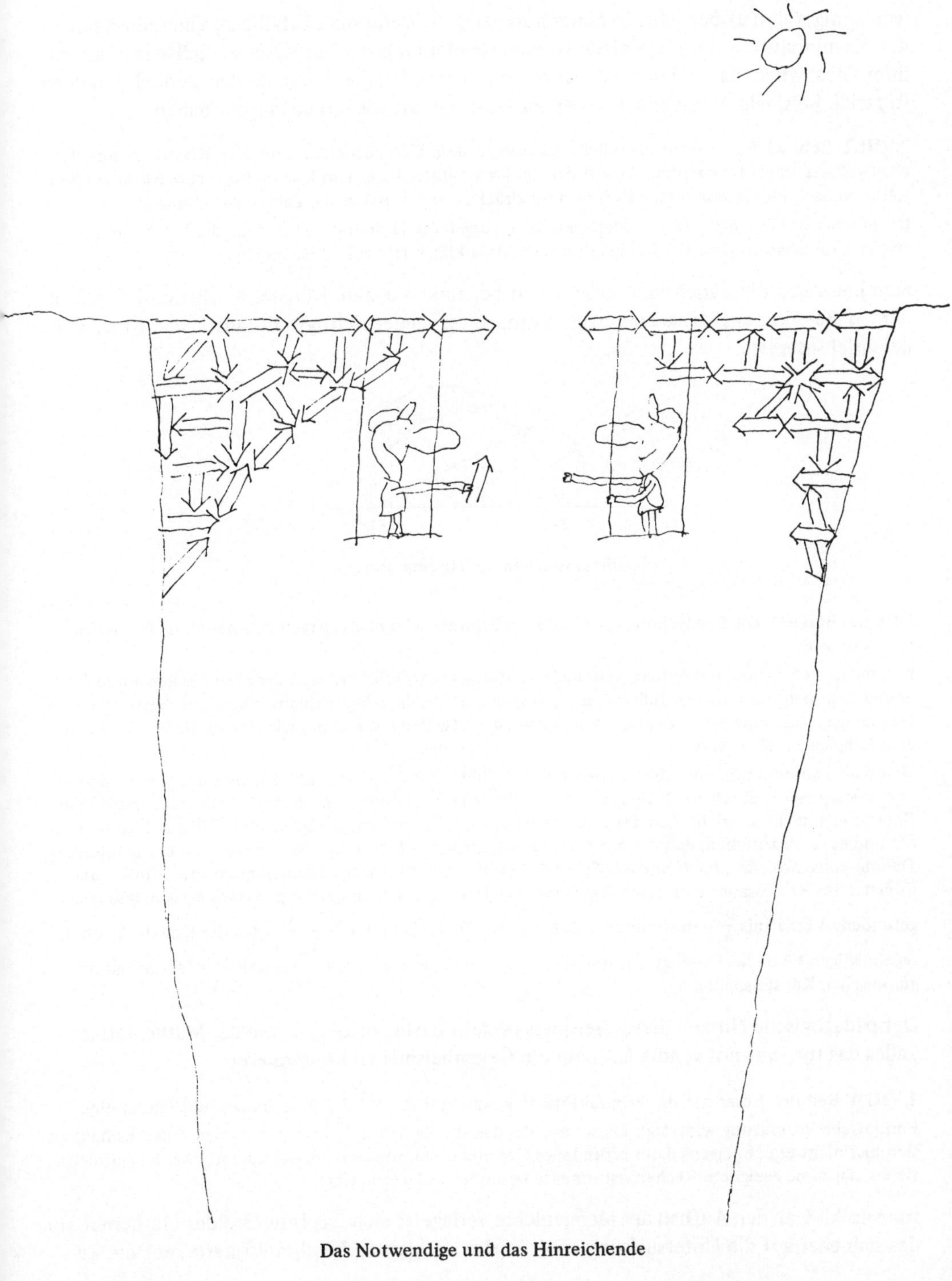

Das Notwendige und das Hinreichende

war weniger darauf bedacht, Irrtümer aufzuzeigen. Wenn man zufällig zu einer überraschenden Kombination gelangte, welche vorgefaßte Meinungen widerlegte, so stellte man sie um ihrer selbst willen dar und nicht als Antwort auf eine falsche Ausgangsidee. Jedoch scheinen folgende Beispiele Ausnahmen dessen zu sein, was wir soeben behauptet haben.

2.VIII.2 Beispiel Es ist wahrscheinlich, daß die antiken Geometrielehrer an eine Klassifizierung der ebenen Flächeninhalte dachten, die auf der Zahl π beruhte. Jeder von Kurven begrenzte Flächeninhalt sollte, so dachten sie, durch eine Formel ausgedrückt werden, in der die Zahl π vorkommt.

Die *Möndchen des Hippokrates* widerlegen diese vorgefaßte Meinung: die Summe der Flächeninhalte zweier Möndchen ist dem Flächeninhalt des rechtwinkligen Dreiecks ABC gleich.

Man kann sich die Beliebtheit dieser Figur bei einer Vielzahl früherer Mathematiker nur in dem Maße erklären, als sie eine irrige Vermutung wieder richtigstellt, ansonsten ist sie von keinerlei Interesse.

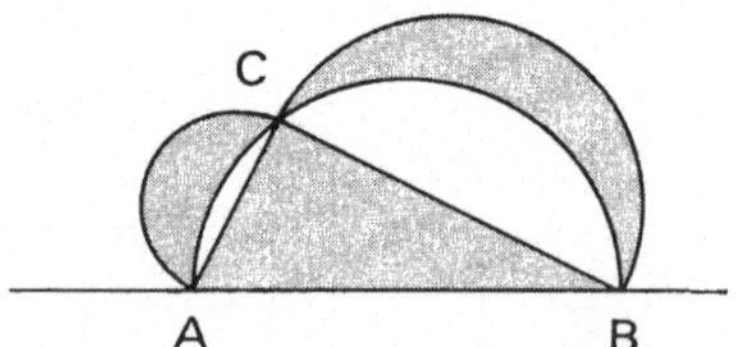

Die Möndchen des Hippokrates.

2.VIII.3 Beispiel Die Entdeckung des Goldenen Schnitts scheint das Ergebnis eines ähnlichen Abenteuers zu sein.

Es handelt sich darum, die pythagoreische Vermutung zu widerlegen, nach der zwei Längen a und b immer kommensurabel seien. Indem man sich vom euklidischen Algorithmus leiten läßt, bestimmt man eine Länge r und eine ganze Zahl q so, daß $a = qb + r$ (wobei $r < b$), und wiederholt die Operation mit dem Längenpaar (b, r) usw.

Man wird zwei inkommensurable Längen a und b finden, wenn dieser euklidische Algorithmus, oder besser gesagt seine durch Analogie für Längen erhaltene Erweiterung, nach einer endlichen Anzahl von Operationen nicht abbricht. Um das Gegenbeispiel zu konstruieren, *genügt es*, den Fall $q = 1$ zu betrachten und es so einzurichen, daß $a = b + r$ der Gleichung $a/b = b/r$ genügt. Man kommt zu der berühmten *Teilung einer Strecke „im Goldenen Schnitt"*, welche auf zahlreiche Mathematiker der Antike und Künstler des Renaissance eine echte Anziehungskraft gehabt hat. In der Folge erwies es sich, daß das gefundene Verhältnis $\frac{a}{b}$ – die berühmte Zahl des Goldenen Schnitts $\frac{\sqrt{5}-1}{2}$ – bei der Konstruktion des regelmäßigen Fünfecks beteiligt war und daß diese Zahl eine Rolle in der Ästhetik der Musik und der graphischen Künste spielte.

Der pädagogische Nutzen dieses Beispiels besteht darin, zu zeigen, wie der Mathematiker „alles das tut, was notwendig ist", um ein Gegenbeispiel zu konstruieren.

2.VIII.4 Beispiel Euler hat die Primfaktorzerlegung der Zahl $2^{(2^5)} + 1$ gefunden und hat so eine Fermatsche Vermutung widerlegt. Dieser dachte, daß die Zahlen $2^{(2^n)} + 1$ Primzahlen seien. Es handelt sich hier nicht um ein eigens dafür erfundenes Gegenbeispiel, sondern um ein numerisches Experimentieren, das ohne geeignete Recheninstrumente besonders schwierig war.

Im Anschluß an den Aufbau der Mengenlehre verlagerte sich das Interesse der Mathematiker, das sich eher auf die Untersuchung von einzelnen Objekten beschränkt hatte, auf die Betrachtung ausgedehnter Elementklassen, deren allgemeine Eigenschaften man erforschte. Unter dem Einfluß von Cauchy, Weierstrass, Lebesgue und vor allem Peano brach das goldene Zeitalter des Gegenbeispiels an, das nun als interessante und würdige Gattung gepflegt wurde.

Einige der berühmtesten Meisterwerke werden im Kapitel 4 beschrieben. Wir wollen auf die Anthologie [D 14] hinweisen.

Häufig handelt es sich um künstliche Konstruktionen, deren einziger Zweck darin zu bestehen scheint, gewisse Aussagen als unrichtig zu erweisen. Man bezeichnet sie oft als „pathologisch" oder „teratologisch".

Man stellt jedoch angesichts dieser ungewöhnlichen Beispiele ein Phänomen fest, das demjenigen gleicht, das zu allen Zeiten gegenüber künstlerischen Neuerungen stattgefunden hat: Es genügt, das Ableben einiger verkalkter Kritiker abzuwarten, damit die neue Generation in das Kulturgut integrieren kann, was die vorhergehende Generation mit Entrüstung verwarf.

Ein Möbiussches Band z. B. ist eine Schöpfung von großer Einfachheit, und es ist kein Wunder, daß nicht-orientierbare Flächen (siehe Kapitel 4) in völlig klassischen Figuren gefunden werden, wo man sie vorher nicht bemerkt hatte.

Die Treppenfunktionen hatten zu Beginn des Jahrhunderts keine Existenzberechtigung, obwohl ihre Einführung in der Theorie der Integration besonders natürlich ist.

Die von Cauchy vorgeschlagene nicht analytische, jedoch unendlich oft differenzierbare Funktion $x \mapsto \exp(-1/x^2)$ wurde früher als eine Kuriosität ohne praktische Anwendung angesehen. Heutzutage wird sie als ebenso wichtig wie der Sinus oder Logarithmus beurteilt.

Pädagogik des Gegenbeispiels

Die Pädagogik im Unterricht verhindert es, daß Fehler gemacht werden. Die Pädagogik des Dialogs verwendet die laufend gemachten Fehler, um die Klasse in der Selbstkorrektur zu üben. Manchmal führt diese Pädagogik sogar absichtlich Fehler herbei, wenn diese Anlaß zu einer instruktiven Widerlegung geben.

Oft wird man *offene Probleme* vorschlagen, d. h. Probleme, deren Antworten nicht von vornherein gegeben sind.

2.VIII.5 Übungsaufgabe Betrachten wir folgende vier Behauptungen über n-Ecke, die einem Kreis einbeschrieben oder umbeschrieben sind (d. h. im letzteren Fall, daß die Seiten Tangenten des Kreises sind).

B_1 Ein einbeschriebenes n-Eck mit gleichen Seiten ist regelmäßig.
B_2 Ein umbeschriebenes n-Eck mit gleichen Seiten ist regelmäßig.
B_3 Ein einbeschriebenes n-Eck mit gleichen Winkeln ist regelmäßig.
B_4 Ein umbeschriebenes n-Eck mit gleichen Winkeln ist regelmäßig.

Offensichtlich sind einige dieser Behauptungen richtig und andere falsch. Es gilt zu bestimmen, welche Behauptungen richtig und welche falsch sind. Zudem erhält man vier Lehrsätze, wenn man eine zusätzliche Hypothese bezüglich n hinzufügt.

Ebenso leichte, jedoch auch ebenso instruktive Probleme sollten selbstverständlich zu einem festen Bestandteil der Lehrtätigkeit in unseren Oberschulen werden.

2.VIII.6 Übungsaufgabe Bei einem gegebenen Dreieck ABC den Punkt M der Ebene auffinden, für den die Summe der Entfernungen MA + MB + MC minimal ist.

Die Existenz eines solchen Punktes ergibt sich aus dem Lehrsatz von Weierstraße über das Minimum einer stetigen Funktion, die auf einer kompakten Menge definiert ist. Wenn die Winkel des Dreiecks alle drei kleiner als 120° sind, beweist man in sehr elementarer Weise, daß M der „Punkt von Torricelli" ist, von dem aus man die drei Seiten des Dreiecks unter einem Winkel von 120° sieht. Wenn jedoch das Winkelmaß des Winkels A größer als 120° ist, zeigt eine sehr oberflächliche Untersuchung, daß der Punkt M mit A zusammenfallen muß.

Zahlreiche Lehrbücher schlagen das vorstehende Problem vor, wobei sie sich auf den Fall beschränken, in dem die drei Winkel spitz sind.

Das ist unserer Meinung nach ein schwerwiegender pädagogischer Fehler. Diese Haltung trägt dazu bei, das falsche Bild einer Mathematik zu verbreiten, in der natürliche Probleme nie zu Singularitäten führen.

Eine weniger verwerfliche Darstellung würde darin bestehen, im Aufgabentext die kritische Rolle des Winkels von 120° anzugeben. Aber es ist besser, das Problem ohne irgendeine Vorwarnung vorzuschlagen. Und wenn der Fall des Dreiecks, das einen sehr stumpfen Winkel besitzt, den meisten Schülern entgangen ist, wird man die Korrekturstunde in eine Suche nach Gegenbeispielen verwandeln.

3 Mengenlehre

I Der naive Standpunkt und seine Nachteile

Eine Menge – sagt man manchmal – ist eine Sammlung von Gegenständen. Das ist jedoch keine Definition, sondern eher der Anfang eines Circulus vitiosus: Es fehlt nur noch, zu behaupten, daß eine Sammlung eine Menge ist!

Man kann sich jedoch der Illusion hingeben, daß dies eine klare Idee ist, und die Symbole $\in$, $\subset$, $\cap$, $\cup$ usw. zu handhaben versuchen, ohne sich um die Fragen der Begründung zu kümmern. Tatsächlich ist Georg Cantor anfangs in diesem Geiste vorgegangen, als er 1882 die Theorie aufzubauen begann. Man bemerkte bald, daß der naive Standpunkt zu *Paradoxa* führte (siehe Lehrsätze (3.III.5) und (3.IV.2)), welche die Theorie widersprüchlich machen.

Um diesem Nachteil abzuhelfen, unternahm Bertrand Russell eine Axiomatisierung der Mengenlehre, wobei er ohne jede Mehrdeutigkeit die Gebrauchsanweisung für die dort vorkommenden Begriffe und Zeichen genau festlegte.

Wir wollen zu Beginn bemerken, daß bei der Verwendung der Zeichen $\in$ und = einige selbstverständliche Vorsichtsmaßregeln zu beachten sind, die man bereits den jüngsten Oberschülern erklären kann.

So müssen die Elemente während der ganzen Dauer einer Beweisführung ihre Individualität bewahren, ohne daß die Frage ihrer Zugehörigkeit zu einer Menge den geringsten Zweifel aufwirft.

3.I.1 Beispiel Kann man von der Menge der Wörter der deutschen Sprache reden? Kann man im Bejahungsfalle erhoffen, daß sich Einstimmigkeit über die Entscheidung erzielen läßt, ob die Wörter Foyer, Schlagobers, Rock'n Roll, Sputnik oder Computer Element dieser Menge sind?

Man muß ebenfalls entscheiden können, ob zwei Elemente verschieden sind oder nicht; sonst gelangt man zu Sophismen wie:

1 Schafherde + 1 Schafherde = 1 Schafherde.

Jedoch erschöpfen diese Bemerkungen die Liste der Schwierigkeiten nicht. Um die Paradoxa auszuschalten, muß man sich eine raffiniertere Axiomatik zu eigen machen.

II Die Sprache der Mengenlehre

Sie verwendet außer den Zeichen der Sprache der Aussagen- und Prädikatenlogik die Symbole $\in$ (Element-sein-von), = (Gleichheit) sowie das Symbol für die Bildung von *geordneten Paaren* (3.VI).

Außerdem führt man verschiedene Abkürzungen ein, worunter $\notin$ und $\neq$. So ist $x \notin y$ synonym zu *nicht*($x \in y$) und $x \neq y$ ist synonym zu *nicht*($x = y$).

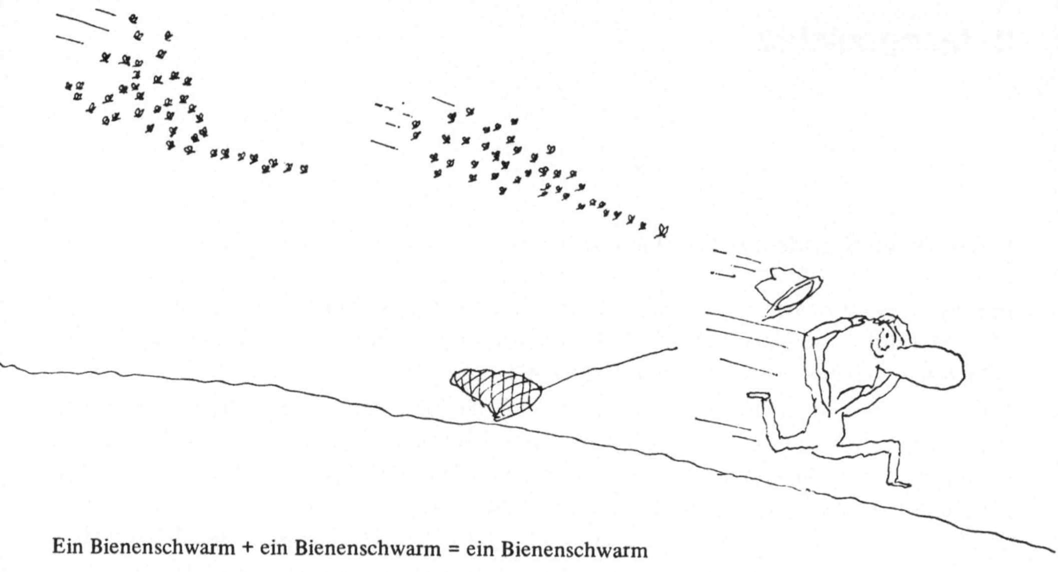

Ein Bienenschwarm + ein Bienenschwarm = ein Bienenschwarm

Die drei Wörter *Element, Menge* und *Klasse* werden nachfolgend eine bedeutende Rolle spielen. Gemäß der axiomatischen Methode versuchen wir nicht, diese Wörter zu definieren, sondern wir bemühen uns, ihre gegenseitigen Beziehungen und ihre Gebrauchsanweisung zu beschreiben.

Jede Menge ist ein Element, das geeignet ist, anderen Mengen anzugehören (siehe 3.V.2; 3.V.3), jedoch ist die Umkehrung in unserer Darlegung unrichtig (3.VI). Jede Menge ist eine Klasse, aber die Umkehrung ist falsch (siehe 3.III.5; 3.IV.2; 3.X.2). So ist eine Klasse nicht notwendigerweise ein Element, und erst recht nicht eine Menge.

In dem Prädikat $\{x \in y\}$ besteht der Bereich der Variablen x aus Elementen; der der Variablen y besteht aus Klassen. Insbesondere ist $\{a \in b\}$ grammatikalisch korrekt, wenn a und b Mengen sind.

In dem Prädikat $\{x = y\}$ bestehen die Bereiche der Variablen x und y aus Elementen.

Die Mengenlehre wäre von keinerlei Interesse, wenn man der effektiven Existenz von Mengen nicht sicher wäre. Aber das Axiom 3.XI.3 bestätigt, daß dem so ist.

Mengentheoretische Relationen

Von den Relationen $x \in y$ und $x = y$ ausgehend, kann man andere Relationen erhalten, wenn man die Symbole *nicht, oder, und,* $\Rightarrow$, $\Leftrightarrow$, $\exists$, $\forall$ entsprechend der Grammatik der Sprache der Prädikatenlogik anwendet und dabei insbesondere die in Kapitel 2 erwähnten Einsetzungsregeln verwendet.

Man nennt *mengentheoretische Relation* jede mittels dieser Verfahren erhaltene Aussage, wobei eventuell einige Abkürzungen vorkommen, die in der Folge beschrieben werden ($\subset$, $\cap$, $\cup$, $\complement$ usw.).

3.II.1 Übungsaufgabe Nachprüfen, daß folgende Aussage eine mengentheoretische Relation ist: $(u \in x) \Rightarrow \exists v\,[(v \in x)$ *und* $\forall t\,((t \in v) \Longleftrightarrow ((t = u)$ *oder* $(t \in u)))]$.

Die Bereiche der verschiedenen freien oder durch Quantoren gebundenen Variablen, die darin vorkommen, genauer präzisieren.

III Die ersten Axiome und deren Konsequenzen

Gleichheitsaxiom. Der Gebrauch des Zeichens = ist folgenden Axiomen unterworfen:

3.III.1 Axiom Die Gleichheit ist eine Äquivalenzrelation (siehe 3.VII).

3.III.2 Axiom Wenn a und b Elemente und R eine mengentheoretische Relation sind, in welcher eine freie Variable vorkommt, deren Bereich a und b enthält, so ist $\{(a = b)$ *und* $R\,(a)\} \Rightarrow \{R\,(b)\}$.

Man drückt dies aus, indem man sagt, daß die Gleichheit mit jeder mengentheoretischen Relation verträglich ist.

Die Gleichheit von Elementen muß außerdem noch mit gewissen Operationen wie der Bildung von geordneten Paaren verträglich sein, und spezielle Axiome müssen diese Verträglichkeit sicherstellen.

Wenn z. B. A und B zwei Mengen sind, ist die Relation A = B grammatikalisch korrekt, da A und B auch Elemente sind. Jedoch das folgende Axiom, *Extensionalitätsaxiom* genannt, stellt sicher, daß diese Gleichheit zwischen Elementen und die Gleichheit als Mengen gleichzeitig erfüllt sind.

3.III.3 Extensionalitätsaxiom $\{[\forall x\,(x \in \mathrm{A}) \Longleftrightarrow (x \in \mathrm{B})] \Longleftrightarrow (\mathrm{A} = \mathrm{B})\}$.

Die Enthaltensein-Relation wird definiert durch:

$$(\mathrm{A} \subset \mathrm{B}) \Longleftrightarrow \{\forall x\,(x \in \mathrm{A}) \Rightarrow (x \in \mathrm{B})\}.$$

Folglich kann (3.III.3) auch noch in der Form (3.III.4) neu formuliert werden

(3.III.4): $(\mathrm{A} = \mathrm{B}) \Longleftrightarrow \{\mathrm{A} \subset \mathrm{B}$ *und* $\mathrm{B} \subset \mathrm{A}\}$.

Es ist möglich, die Mengenlehre in einer anderen Form so darzulegen, daß jedes Element eine Menge ist (das Wort Element wird dadurch im Prinzip unnötig). In einem solchen Zusammenhang ist das Gleichheitszeichen kein ursprüngliches Zeichen mehr; es ist eine Abkürzung, deren Definition durch die in (3.III.3) vorkommende Relation gegeben ist.

Aus pädagogischen Gründen wollen wir festhalten, daß man die Untersuchung der „geometrischen Örter" erleichtert, wenn man die Schüler an den Gebrauch von (3.III.4) gewöhnt. Wenn man seine Überlegungen mittels der Enthaltensein-Relation anstellt, vermeidet man den ärgerlichen Ausdruck „Beschränkung des geometrischen Ortes", der früher üblich war, heute jedoch verurteilt wird.

Das Paradoxon von Russell

Betrachten wir die Klasse A der Mengen, welche der mengentheoretischen Relation $x \notin x$ genügen.

3.III.5 Lehrsatz Die Klasse A, welche durch $\{(x \in A) \Leftrightarrow (x \notin x)\}$ definiert wird, ist keine Menge.

Führen wir einen Absurditätsbeweis durch. Wäre A eine Menge, so dürften wir laut der Grammatik der Sprache der Mengenlehre in der vorstehenden Definition x durch A ersetzen: $\{(A \in A) \Leftrightarrow (A \notin A)\}$. Das führt zu einem Lehrsatz der Theorie T, die man erhält, wenn man der Mengenlehre das zusätzliche Axiom „A ist eine Menge" hinzufügt.

Um zu beweisen, daß diese Theorie widersprüchlich ist, genügt es, den Lehrsatz *nicht*-$\{(A \in A) \Leftrightarrow (A \in A)\}$ zu beweisen. Jedoch erhält man diese Aussage, indem man die Variable P in der Tautologie *nicht*-$\{$P $\Leftrightarrow$ (*nicht*-P)$\}$ durch die mengentheoretische Relation $A \in A$ ersetzt.

Wir wollen bemerken, daß vorstehender Beweis die Möglichkeit nicht ausschließt, daß die Aussage $\{A \in A\}$ eine Neutralität ist (siehe 2.II).

Die vorausgehende Argumentation wird zu einem *Paradoxon*, wenn man von vornherein von der *Menge* A spricht, anstatt das Spezialwort Klasse zu verwenden. Vom naiven Standpunkt aus betrachtet ist eine Klasse eine unerlaubte Menge: Die meisten der üblichen Operationen, die man mit Mengen vornimmt, sind dort nicht immer erlaubt.

Insbesondere ist eine Klasse kein Element und kann folglich keine freie Variable ersetzen, deren Bereich aus Elementen besteht. Der Vorteil des Wortes Klasse besteht darin, daß man vorläufig gewisse Objekte damit bezeichnet, bis man klargestellt hat, ob sie Mengen sind oder nicht.

IV Bestimmung einer Menge durch eine mengentheoretische Relation

3.IV.1 Axiom Bei einer gegebenen Menge Ω und einer mengentheoretischen Relation $R(x)$ existiert eine Menge $\mathbf{A}$ so, daß $(x \in \mathbf{A}) \Leftrightarrow (x \in \Omega$ *und* $R(x))$.

$\mathbf{A}$ heißt die durch die Relation R definierte *Teilmenge* von Ω. Man bezeichnet sie manchmal mit: $\mathrm{E}(x : x \in \Omega$ und $R(x))$.

Jede Menge $\mathbf{A} \subset \Omega$ kann durch eine mengentheoretische Relation dargestellt werden; es genügt, die Relation $\{x \in \mathbf{A}\}$ zu wählen.

Das Axiom (3.IV.1) zeigt, daß eine Relation R eine Menge definiert, wenn man über eine *Behälter-Menge* verfügt, innerhalb derer man die Operationen durchführt. Das *Paradoxon von Cantor* (Lehrsatz 3.IV.2) zeigt, daß eine *Behälter-Klasse* unwirksam ist.

3.IV.2 Lehrsatz Die Klasse ϵ aller Mengen ist keine Menge.

Wenn ϵ wirklich eine Menge wäre, so könnte man im Axiom (3.IV.1) Ω durch ϵ und $R(x)$ durch die mengentheoretische Relation $x \notin x$ ersetzen.

Man würde daraus folgern, daß die Klasse A, die im Paradoxon von Russell vorkommt, eine Menge ist, die im Widerspruch zu Lehrsatz (3.III.5) steht.

Es ist also nicht erlaubt, von der *Menge aller Mengen* zu sprechen. Wenn man es unüberlegterweise tut, führt dies auf das Paradoxon von Cantor.

Die leere Menge

Bei einer gegebenen Menge Ω bezeichnet man mit ϕ_Ω (*leere Teilmenge* von Ω) die Menge, die gemäß dem Axiom (3.IV.1) durch

3.IV.3 $(x \in \phi_\Omega) \Longleftrightarrow (x \in \Omega \textit{ und } x \neq x)$

definiert wird.

3.IV.4 Lemma Wenn x ein Element und Ω eine Menge sind, so gilt $x \notin \phi_\Omega$.

In der Tat ist nach (3.III.1) die Aussage $(x = x)$ ein Lehrsatz der Mengenlehre; ebenso steht es mit *nicht*-$(x \in \Omega \textit{ und } x \neq x)$, der zu $(x \notin \Omega \textit{ oder } x = x)$ synonym ist.

Folglich ist nach (3.IV.3) *nicht*-$(x \in \phi_\Omega)$, der zu $x \notin \phi_\Omega$ synonym ist, ein Lehrsatz der Mengenlehre.

3.IV.5 Lehrsatz Wenn **A** und **B** zwei Mengen sind, so gilt $\phi_{\mathbf{A}} = \phi_{\mathbf{B}}$. Die leere Menge wird folglich mit ϕ bezeichnet, ohne auf eine Behältermenge Bezug zu nehmen.

In der Tat, aus $x \notin \phi_{\mathbf{A}}$ (vorstehendes Lemma) folgert man den Lehrsatz $\{x \in \phi_{\mathbf{A}}\} \Rightarrow \{x \in \phi_{\mathbf{B}}\}$. Man wendet hier folgendes Prinzip an: „Man kann jede beliebige Konklusion aus einer falschen Prämisse folgern" (siehe 2.VI). Man würde ebenso $\phi_{\mathbf{B}} \subset \phi_{\mathbf{A}}$ beweisen, was den Beweis des Lehrsatzes aufgrund des Extensionalitätsaxioms erbringt.

3.IV.6 Übungsaufgabe Was soll man einem Schüler antworten, der nicht versteht, daß die Menge (offensichtlich leer) der Schafe mit sechs Beinen gleich der Menge (nicht weniger leer) der Woche mit vier Sonntagen ist?

3.IV.7 Satz Wenn R eine mengentheoretische Relation ist, die eine freie Variable enthält, so sind folgende Aussagen Lehrsätze der Mengenlehre:

$$\{\forall\, x \in \phi\; R(x)\}$$

$$\textit{nicht-}\{\exists\, x \in \phi\; R(x)\}.$$

Es ist in der Tat $(x \in \phi) \Rightarrow R(x)$, da die erste immer falsch ist. Indem man $R(x)$ durch *nicht*-$R(x)$ ersetzt und den Quantor $\exists$ mit Hilfe von $\forall$ ausdrückt, beweist man die zweite Aussage.

V Andere Konstruktionen von Mengen

Boolesche Algebra

Sind **A** und **B** zwei Teilmengen einer Menge Ω, so definiert die mengentheoretische Relation $x \notin \mathbf{A}$ (bzw. $\{x \in \mathbf{A} \textit{ und } x \in \mathbf{B}\}$ bzw. $\{x \in \mathbf{A} \textit{ oder } x \in \mathbf{B}\}$) eine Teilmenge von Ω, welche man das Komplement $\complement\mathbf{A}$ der Menge **A** in bezug auf Ω (bzw. den Durchschnitt $\mathbf{A} \cap \mathbf{B}$ bzw. die Vereinigung $\mathbf{A} \cup \mathbf{B}$) nennt.

Aussagen und Beweise der hauptsächlichsten Formeln der Booleschen Algebra werden als dem Leser bekannt vorausgesetzt. Wir wollen als Beispiel lediglich anführen:

3.V.1

$$
\begin{aligned}
X \cup (Y \cup Z) &= (X \cup Y) \cup Z = X \cup Y \cup Z;\\
X \cup (Y \cap Z) &= (X \cup Y) \cap (X \cup Z);\\
X \cap (Y \cap Z) &= (X \cap Y) \cap Z = X \cap Y \cap Z;\\
X \cap (Y \cup Z) &= (X \cap Y) \cup (X \cap Z);\\
\complement (X \cup Y) &= (\complement X) \cap (\complement Y);\\
\complement (X \cap Y) &= (\complement X) \cup (\complement Y).
\end{aligned}
$$

Folgende Axiome ermöglichen es, Mengen zu konstruieren, für welche man a priori keine Behältermenge kennt.

Potenzmengen. Zweier-Menge, Einer-Menge

3.V.2 Potenzmengenaxiom

Die Klasse $P(\Omega)$ aller Teilmengen von Ω ist eine Menge. Also $\{A \in P(\Omega)\} \Leftrightarrow \{A \subset \Omega\}$.

3.V.3 Axiom Bei zwei gegebenen Elementen a und b gibt es eine Menge, die man mit $\{a, b\}$ bezeichnet, so daß

$$\{x \in \{a, b\}\} \Leftrightarrow \{(x = a) \quad \textit{oder} \quad (x = b)\}.$$

Wenn $a \neq b$, heißt die Menge $\{a, b\}$ eine *Zweier-Menge.* Die Menge $\{a, a\}$ wird kurz $\{a\}$ geschrieben und heißt eine *Einer-Menge.* Man darf a und $\{a\}$ nicht verwechseln. Letztere ist eine Menge, die nur ein einziges Element besitzt; dagegen ist a ein Element, das nicht notwendigerweise eine Menge ist. Und wenn es doch eine Menge ist, besitzt sie nicht notwendigerweise ein einziges Element. Die Menge ϕ hat kein Element, während $\{\phi\}$ ein Element hat, welches ϕ ist.

3.V.4 Übungsaufgabe Die Äquivalenz beweisen:

$$\{\{a, b\} = \{a', b'\}\} \Leftrightarrow \{[(a = a') \quad \textit{und} \quad (b = b')] \quad \textit{oder} \quad [(a = b') \quad \textit{und} \quad (b = a')]\}.$$

3.V.5 Übungsaufgabe Beweisen, daß $\{P(\Omega_1) = P(\Omega_2)\} \Leftrightarrow \{\Omega_1 = \Omega_2\}$.

3.V.6 Vereinigungsmengenaxiom Es sei Ω eine Menge, deren Elemente alle selbst Mengen sind. Es gibt eine Menge, die aus den Elementen der Elemente von Ω besteht und die mit $\bigcup_{x \in \Omega} x$ bezeichnet wird. Das ist die *Vereinigungsmenge* der Mengen, die Elemente von Ω sind. Man bemerkt, daß die Mengen, die *Elemente* von Ω sind, a priori nicht *Teilmengen* ein und derselben Behältermenge sind. Sie sind es erst a posteriori aufgrund von (3.V.6).

3.V.7 Lehrsatz Es sei Ω eine Menge, deren Elemente alle selbst Mengen sind. Es gibt eine Menge, die *Durchschnitt* der Element-Mengen von Ω genannt und mit $\bigcap_{x \in \Omega} x$ bezeichnet wird, und die so beschaffen ist, daß gilt:

$$\{y \in \bigcap_{x \in \Omega} x\} \Leftrightarrow \{\forall x \in \Omega \; y \in x\}.$$

Wir wollen nach (3.V.6) die Menge $\Omega' = \bigcup_{x \in \Omega} x$ konstruieren.

Die durch $\{\forall x \in \Omega' \; y \in x\}$ definierte Aussage $R(y)$ ist eine mengentheoretische Relation. Sie definiert in der Behältermenge Ω' eine Teilmenge, welche die gesuchte Menge $\bigcap_{x \in \Omega} x$ ist.

Sonderfall: Es sei F eine Teilmenge von $P(\Omega)$, wobei Ω eine Menge ist; man kann die Vereinigungsmenge $\bigcup_{x \in F} x$ (bzw. den Durchschnitt $\bigcap_{x \in F} x$) der Teilmengen von Ω definieren, die Elemente von F sind. Man stellt fest, daß diese Vereinigungsmenge (bzw. dieser Durchschnitt) eine Teilmenge von Ω ist.

VI Geordnete Paare

Die Mengenlehre sieht ein spezielles Symbol (,) vor, welches es erlaubt, den Elementen a und b das Element (a, b) zuzuordnen; dieses wird das *geordnete Paar* der Elemente a und b genannt. In unserer Darlegung ist (a, b) ein Element, jedoch keine Menge. Insbesondere ist die Relation $x \in (a, b)$ grammatikalisch inkorrekt. Infolgedessen kann die Gleichheit zweier geordneter Paare nicht auf das Extensionalitätsaxiom zurückgeführt werden.

3.VI.1 Gleichheitsaxiom für geordnete Paare

$$\{(a, b) = (a', b')\} \iff \{a = a' \text{ und } b = b'\}.$$

In anderen Versionen sind alle Elemente auch Mengen. Man benutzt dann als Definition für das geordnete Paar (a, b) die Menge $\{\{a\}, \{a, b\}\}$.

3.VI.2 Übungsaufgabe Beweisen, daß mit dieser Definition das Axiom (3.VI.1) Gültigkeit hat.

Der Nachteil dieser Art der Darlegung besteht darin, völlig willkürlich zu sein. Man hätte das geordnete Paar (a, b) genausogut durch

$\{\{a, b\}, \{b\}\}$ oder $\{\phi, \{a, b\}, \{a\}\}$ oder durch

andere kompliziertere Kombinationen definieren können. Die Bedeutung der Relationen $x \in (a, b)$ würde hauptsächlich von den getroffenen Vereinbarungen abhängen; sie wäre nicht kanonisch, was recht ärgerlich erscheint.

Nur einige Spezialisten der Grundlagenforschung benutzen in der Mengenlehre die Relation $x \in (a, b)$. Pädagogisch gesehen besteht die Hauptsache darin, zwischen (a, b) und $\{a, b\}$ zu unterscheiden: Das Verbot, $x \in (a, b)$ zu schreiben, erleichtert hierbei die Dinge erheblich.

Wir wollen erwähnen, daß man auf die Idee hätte kommen können, konventionellerweise die Definition $(a, b) = \{a, \{a, b\}\}$ einzuführen, wobei die Einer-Menge $\{a\}$ durch das Element a ersetzt ist. Der Leser wird feststellen, daß es ihm mit dieser Definition nicht mehr gelingt, die Übungsaufgabe (3.VI.2) zu lösen. Tatsächlich würde dieser Punkt ein Axiom (das Fundierungsaxiom [D 6]), das wir in diesem Buch nicht verwenden, notwendig machen.

3.VI.3 Definition Bei gegebenen Elementen a, b, c nennt man Tripel (a, b, c) das Element $(a, (b, c))$. Man definiert ebenso Vier-Tupel usw.

3.VI.4 Übungsaufgabe Eine (3.VI.1) analoge Bedingung formulieren und beweisen, welche die Gleichheit zweier Tripel sicherstellt.

Produktmengen

3.VI.5 Axiom Wenn **A** und **B** zwei Mengen sind, so ist die Klasse der geordneten Paare (a, b) mit $a \in \mathbf{A}$ und $b \in \mathbf{B}$ eine Menge, die man die *Produktmenge* $\mathbf{A} \times \mathbf{B}$ nennt. Also $\{(a, b) \in \mathbf{A} \times \mathbf{B}\} \iff \{(a \in \mathbf{A}) \text{ und } (b \in \mathbf{B})\}$.

3.VI.6 Übungsaufgabe Beweisen, daß das Produkt $\mathbf{A} \times \mathbf{B}$ dann und nur dann leer ist, wenn $\{(\mathbf{A} = \phi)$ *oder* $(\mathbf{B} = \phi)\}$.

Wenn keine der Mengen **A** und **B** leer ist, ist die Gleichheit der Produkte $\mathbf{A} \times \mathbf{B}$ und $\mathbf{A}' \times \mathbf{B}'$ mit der Gleichheit der geordneten Paare $(\mathbf{A}, \mathbf{B})$ und $(\mathbf{A}', \mathbf{B}')$ äquivalent.

Abbildungen einer Menge E in eine Menge F

Man nennt *Graph*[9]) jede Teilmenge einer Produktmenge zweier Mengen; er ist, genauer gesagt, ein Tripel $(\mathbf{E}, \mathbf{F}, \mathbf{G})$, wobei $\mathbf{G} \subset \mathbf{E} \times \mathbf{F}$. Ein derartiger Graph ist *funktional*, wenn er außerdem den folgenden zwei mengentheoretischen Relationen genügt:

3.VI.7

(E) $\{\forall e \in \mathbf{E}\ \exists f \in \mathbf{F} \quad (e, f) \in \mathbf{G}\}$

(∪) $\{\forall e \in \mathbf{E}\ \forall f \in \mathbf{F} \quad \forall f' \in \mathbf{F}\ ((e, f) \in \mathbf{G}$ *und* $(e, f') \in \mathbf{G}) \Rightarrow f = f')\}$

In naiv-mathematischer Sprache ordnet ein funktionaler Graph jedem $e \in \mathbf{E}$ ein einziges $f \in \mathbf{F}$ zu. Dies nennt man gewöhnlich eine Abbildung von **E** in **F** (oder von **E** nach **F**). Wir werden keinen Unterschied zwischen einer Abbildung und ihrem Graph machen. **E** ist der *Definitionsbereich* oder die *Quelle,* **F** der *Nachbereich* oder das *Ziel* der Abbildung.

Dagegen darf man nicht den *Graphen* einer Funktion und ihre *graphischen Darstellungen* verwechseln. Ein Graph ist eine Menge. Eine graphische Darstellung ist eine Zeichnung, bei welcher die Wahl der Längeneinheiten und andere der Mengenlehre fremde Konventionen eine wichtige Rolle spielen.

3.VI.8 Lehrsatz Die Klasse aller Abbildungen der Menge **E** in die Menge **F** ist eine Menge, die man mit $\mathbf{F}^{\mathbf{E}}$ bezeichnet.

In der Tat ist $P(\mathbf{E} \times \mathbf{F})$ nach (3.VI.5) und (3.V.2) eine Menge. Da die Konjunktion der Relationen (3.VI.7) offensichtlich eine mengentheoretische Relation ist, definiert sie nach (3.IV.1) eine Teilmenge $\mathbf{F}^{\mathbf{E}}$ von $P(\mathbf{E} \times \mathbf{F})$.

3.VI.9 Übungsaufgabe Beweisen, daß die leere Teilmenge von $\mathbf{E} \times \mathbf{F}$ dann und nur dann ein funktionaler Graph ist, wenn **E** leer ist. Daraus ableiten, daß $\mathbf{F}^{\phi}$ gleich der Einer-Menge $\{\phi\}$ ist. Dagegen ist die Menge $\phi^{\mathbf{E}}$ leer, wenn $\mathbf{E} \neq \phi$.

3.VI.10 Übungsaufgabe Betrachten wir eine Zweier-Menge, die wir durch das Symbol 2 darstellen. Beweisen, daß es eine Bijektion zwischen $\mathbf{E}^2$ und $\mathbf{E} \times \mathbf{E}$ gibt.

3.VI.11 Übungsaufgabe Bei zwei gegebenen Mengen **E** und **F** mit Hilfe von mengentheoretischen Relationen die Menge der *injektiven* (bzw. *surjektiven*, bzw. *bijektiven*) Abbildungen von **E** nach **F** definieren. Die Definition der *Verkettung* (oder Hintereinanderausführung) zweier Abbildungen formulieren: daraus den Begriff der Einschränkung einer Abbildung auf eine Teilmenge des Definitionsbereiches ableiten.

3.VI.12 Übungsaufgabe Bei einer gegebenen Abbildung φ von **E** in **F** nennt man *Wertebereich* die durch die mengentheoretische Relation $\{\exists e \in \mathbf{E}\ \varphi(e) = f\}$ definierte Teilmenge von **F**. Ebenso die *Urbildmenge* einer Teilmenge von **F** durch φ definieren.

---

9) Anm. d. Üb.: Das Wort „Graph“ wird hier nicht im Sinne der Graphentheorie verwendet, sondern als Synonym für eine binäre Relation R zwischen **E** und **F**: $\mathbf{G} = \{(x, y) \in \mathbf{E} \times \mathbf{F} \mid x\, R\, y\}$.

3.VI.13 Übungsaufgabe Bei drei gegebenen Mengen **A**, **B** und **C** die kanonische Bijektion von $(\mathbf{A} \times \mathbf{B}) \times \mathbf{C}$ auf $\mathbf{A} \times (\mathbf{B} \times \mathbf{C})$ definieren.

Vereinigung, Durchschnitt, disjunkte Summe zweier Mengen

3.VI.12 Lehrsatz Zu zwei gegebenen Mengen **A** und **B** gibt es eine Menge, die mit $A \cup B$ bezeichnet und durch

$$\{(x \in \mathbf{A} \cup \mathbf{B}) \Leftrightarrow [(x \in \mathbf{A}) \quad \textit{oder} \quad (x \in \mathbf{B})]\}$$

definiert wird. Wir haben $\mathbf{A} \cup \mathbf{B}$ bereits in dem Sonderfall definiert, in dem **A** und **B** a priori Teilmengen einer gleichen Behältermenge sind (3.V). Im Allgemeinfall bemerken wir, daß **A** und **B** die einzigen Elemente der Menge $\{\mathbf{A}, \mathbf{B}\}$ sind. Man schließt daraus, daß $\bigcup_{x \in \{\mathbf{A}, \mathbf{B}\}} x$ die gesuchte Menge $\mathbf{A} \cup \mathbf{B}$ ist.

Korollar Zu zwei gegebenen Mengen **A** und **B** gibt es eine Menge, die mit $\mathbf{A} \cap \mathbf{B}$ bezeichnet und durch $\{(x \in \mathbf{A} \cap \mathbf{B}) \Leftrightarrow [(x \in \mathbf{A}) \textit{ und } (x \in \mathbf{B})]\}$ definiert wird.

Nach (3.VI.12) sind **A** und **B** Teilmengen der gleichen Menge $\mathbf{A} \cup \mathbf{B}$. Man kann also $\mathbf{A} \cap \mathbf{B}$ wie in (3.V.7) definieren.

3.VI.13 Übungsaufgabe Beweisen, daß es bei drei gegebenen Elementen a, b und c eine Menge $\{a, b, c\}$ dergestalt gibt, daß $\{(x \in \{a, b, c\}) \Leftrightarrow [(x = a) \textit{ oder } (x = b) \textit{ oder } (x = c)]\}$. Die Relation $\{a, b, c\} = \{d, e\}$ in Form von disjunktiven Gleichheitsbeziehungen im einzelnen erklären. (Es handelt sich hierbei um eine Klassifizierungsaufgabe.)

3.VI.14 Lehrsatz Zu zwei gegebenen Mengen **A** und **B** gibt es eine Menge **S** und eine Injektion $\varphi_{\mathbf{A}}$ (bzw. $\varphi_{\mathbf{B}}$) von **A** (bzw. **B**) in **S** derart, daß die Bildmengen $\varphi_{\mathbf{A}}(\mathbf{A})$ und $\varphi_{\mathbf{B}}(\mathbf{B})$ in **S** Komplementärmengen sind. Eine solche Menge **S**, *disjunkte Summe* von **A** und **B** genannt, ist bis auf eine Bijektion definiert. Man bezeichnet sie mit $\mathbf{A} + \mathbf{B}$.

Es seien α und β zwei verschiedene Elemente. Es gibt eine kanonische Injektion von **A** auf $\mathbf{A} \times \{\alpha\}$ (bzw. von **B** auf $\mathbf{B} \times \{\beta\}$). Nun sind aber die Mengen $\mathbf{A} \times \{\alpha\}$ und $\mathbf{B} \times \{\beta\}$ disjunkt, da man $\alpha \neq \beta$ vorausgesetzt hat. Die Vereinigung dieser Mengen (siehe 3.VI.12) ist die gesuchte Menge **S**.

Wenn man mit irgendeinem anderen Verfahren eine andere Menge $\mathbf{S}'$, welche den Bedingungen des Lehrsatzes genügt, konstruierte, so würde diese Menge $\mathbf{S}'$ eine Zerlegung in zwei Teilmengen zulassen, welche Komplementärmengen und **A** und **B** bijektiv zugeordnet wären. Durch eine selbstverständliche Abbildungsverkettung stellt man eine Bijektion von **S** auf $\mathbf{S}'$ her.

Es sei **I** eine Menge, die wir *Indexmenge* nennen, und Ω eine andere Menge. Eine *Mengenfamilie* (von Teilmengen von Ω) über der Indexmenge **I** ist eine Abbildung von I in $P(\Omega)$: jedem $i \in I$ ordnet man $\mathbf{A}_i \in P(\Omega)$ zu. Der Gebrauch des Wortes *Familie* in einem analogen Zusammenhang ist nur eine Frage der Gewohnheit. Eine Familie unterscheidet sich von einer Abbildung nur durch die spezielle Rolle, die man **I** spielen läßt.

Man nennt *Durchschnitt* (bzw. *Vereinigung*) der Familie $\mathbf{A}_i$ die durch die mengentheoretische Relation definierte Teilmenge von Ω:

3.VI.15

$$\{x \in \bigcap_{i \in \mathrm{I}} \mathbf{A}_i\} \Leftrightarrow \{x \in \Omega \quad \textit{und} \quad [\forall\, i \in \mathbf{I} \;\; x \in \mathbf{A}_i]\}$$

bzw. $$\{x \in \bigcup_{i \in \mathbf{I}} \mathbf{A}_i\} \Leftrightarrow \{x \in \Omega \quad \textit{und} \quad [\exists\, i \in \mathbf{I} \;\; x \in \mathbf{A}_i]\}$$

Man sollte sicherstellen, daß die beiden Definitionen der Vereinigung einer Mengenfamilie, die sich aus (3.V.6) und (3.VI.15) ergeben, kohärent sind.

3.VI.16 Übungsaufgabe Folgende Formeln begründen:

1. Es sei f eine Abbildung von Ω in Ω', und $\{\mathbf{A}_i\}$ $i \in \mathbf{I}$ eine Familie von Teilmengen von Ω.

   $$f\left(\bigcup_{i \in I} \mathbf{A}_i\right) = \bigcup_{i \in \mathbf{I}} (f(\mathbf{A}_i)).$$

   Jedoch Vorsicht!

   $$f\left(\bigcap_{i \in \mathrm{I}} \mathbf{A}_i\right) \subset \bigcap_{i \in \mathbf{I}} (f(\mathbf{A}_i)).$$

   Warum herrscht in dieser letzten Formel nicht die Gleichheit?

2. Wenn $\{\mathbf{B}_i\}$ $i \in \mathbf{I}$ eine Familie von Teilmengen von Ω' ist, gilt:

   $$f^{-1}\left(\bigcup_{i \in \mathbf{I}} \mathbf{B}_i\right) = \bigcup_{i \in \mathbf{I}} (f^{-1}(\mathbf{B}_i))$$

   $$f^{-1}\left(\bigcap_{i \in \mathbf{I}} \mathbf{B}_i\right) = \bigcap_{i \in \mathbf{I}} (f^{-1}(\mathbf{B}_i)).$$

3. $P\left(\bigcap_{i \in \mathbf{I}} \mathbf{A}_i\right)$ mit $\bigcap_{i \in \mathbf{I}} P(\mathbf{A}_i)$ vergleichen, ebenso $P\left(\bigcup_{i \in \mathbf{I}} \mathbf{A}_i\right)$ mit $\bigcup_{i \in \mathbf{I}} P(\mathbf{A}_i)$.

3.VI.17 Übungsaufgabe Man betrachtet eine Familie von Teilmengen von Ω, deren Indexmenge leer ist. Beweisen (indem man die Behauptung (3.VI.6) verwendet), daß $\bigcup_{i \in \phi} \mathbf{A}_i = \phi$ und $\bigcap_{i \in \phi} \mathbf{A}_i = \Omega$.

VII Quotientenmenge

Eine *Äquivalenzrelation* $\sim$ in einer Menge (oder einer Klasse) Ω genügt laut Definition folgenden drei Axiomen:

Reflexivität: $\{x \in \Omega\} \Rightarrow \{x \sim x\}$

Symmetrie: $\{(x, y) \in \Omega \times \Omega\} \Rightarrow \{[x \sim y] \Rightarrow [y \sim x]\}$

Transitivität: $\{(x, y, z) \in \Omega \times \Omega \times \Omega\} \Rightarrow \{([x \sim y] \;\; \textit{und} \;\; [y \sim z]) \Rightarrow [x \sim z]\}$

3.VII.1 Übungsaufgabe Den Denkfehler folgender Argumentation entdecken, die vorgibt, zu beweisen, daß die Reflexivität eine Konsequenz der Symmetrie und der Transitivität ist:

$$\{x \sim y\} \Rightarrow \left\{\begin{array}{c} \{x \sim y\} \\ \textit{und} \\ \{y \sim x\} \end{array}\right\} \Rightarrow \{x \sim x\}$$

3.VII.2 Lehrsatz Wenn Ω eine Menge und $\sim$ eine mengentheoretische Äquivalenzrelation ist, ist die Klasse der zu einem Element $x \in \Omega$ äquivalenten Elemente von Ω eine Menge, welche man die *Äquivalenzklasse* von x nennt (hier hat das Wort Klasse, das in dem Begriff Äquivalenzklasse vorkommt, nicht den Sinn, den wir ihm in diesem ganzen Kapitel zuschreiben).

Das ist nach dem Axiom (3.IV.1) selbstverständlich. Dieser Satz ist offensichtlich unrichtig, wenn Ω eine Klasse und nicht eine Menge ist; es reicht dann aus, für $\sim$ die identisch erfüllte Relation zu nehmen.

Wir sprechen hier nicht von Äquivalenzrelationen, die nicht mengentheoretisch sein könnten.

3.VII.3 Lehrsatz Wenn $\sim$ eine mengentheoretische Äquivalenzrelation in einer Menge Ω ist, so bilden die Äquivalenzklassen von Ω (bezüglich $\sim$) eine Menge, *Quotientenmenge* von Ω (modulo $\sim$) genannt (oder auch Faktormenge von Ω modulo $\sim$).

Man prüft in der Tat nach, daß es eine Abbildung $x \mapsto \hat{x}$ von Ω nach $P(\Omega)$ gibt, die jedem $x \in \Omega$ seine Äquivalenzklasse (modulo $\sim$) zuordnet; die Bildmenge dieser Abbildung ist die Quotientenmenge (3.VI.12).

3.VII.4 Übungsaufgabe Die Rolle der Axiome der Reflexivität, Symmetrie und Transitivität bei dem Beweis klar herausstellen, daß $x \mapsto \hat{x}$ eine Abbildung ist (siehe 3.VI.7).

Äquivalenzrelationen zu ersinnen und zu verstehen und Quotientenmengen zu bilden, ist eine fundamentale Operation des Verstandes. Denken geschieht mit Hilfe von *Begriffen*. Den Begriff *Hund* hervorzurufen, bedeutet z. B. die Verschiedenheiten von Rasse, Alter, Geschlecht und Farbe, die zwischen einzelnen Hunden bestehen können, zu vergessen. Der Begriff *Napoleon* läßt die Unterschiede zwischen dem jungen Bonaparte, dem Sieger von Austerlitz, dem Besiegten von Waterloo usw. vergessen. Denken in Begriffen heißt *abstrahieren*. In der Mathematik geht man am häufigsten so vor, daß man verschiedene Objekte betrachtet und sie dann dank einer passenden Äquivalenzrelation identifiziert.

Zum Beispiel sind die Symbole 2/3 und 4/6 typographisch sehr verschieden. Die Theorie der rationalen Zahlen besteht darin, von diesen verschiedenen Schreibweisen zu abstrahieren: Eine rationale Zahl ist eine Äquivalenzklasse in der Menge der Brüche.

VIII Geordnete Mengen

Quasiordnung

Eine *Quasiordnung* $<$ in einer Menge Ω oder in einer Klasse ist eine binäre Relation, welche folgenden zwei Axiomen genügt:

3.VIII.1

Reflexivität: $\{x \in \Omega\} \Rightarrow \{x < x\}$

Transitivität: $\{(x, y, z) \in \Omega \times \Omega \times \Omega\} \Rightarrow \{[(x < y) \text{ und } (y < z)] \Rightarrow (x < z)\}$.

Wenn außerdem gilt:

3.VIII.2

$$\{(x, y) \in \Omega \times \Omega\} \Rightarrow \{[(x < y) \text{ und } (y < x)] \Rightarrow (x = y)\},$$

so sagt man, daß $<$ eine *Halbordnung* ist.

Eine *quasigeordnete* (bzw. *halbgeordnete*) Menge ist eine Menge, die man mit einer Quasiordnung (bzw. Halbordnung) versehen hat.

Bei zwei gegebenen quasigeordneten Mengen $(\mathbf{E}, \lessdot)$ und $(\mathbf{F}, \lessdot)$ sagt man, daß eine Abbildung φ von **E** nach **F** *ordnungstreu* (oder auch ein Ordnungshomomorphismus) ist, wenn gilt:

3.VIII.3

$$\{(x, y) \in \mathbf{E} \times \mathbf{E}\} \Rightarrow \{(x \lessdot y) \Rightarrow [\varphi(x) \lessdot \varphi(y)]\}.$$

Man sagt, daß eine Relation $\sim$ in E mit einer Quasiordnung $\lessdot$ *verträglich* ist, wenn gilt:

3.VIII.4

$$\{(x, x', y, y') \in \mathbf{E} \times \mathbf{E} \times \mathbf{E} \times \mathbf{E}\} \Rightarrow \{[(x \sim y) \ \ und \ \ (x' \sim y') \ \ und \ \ (x \lessdot x')] \Rightarrow (y \lessdot y')\}.$$

Wenn dem so ist, kann man die Quotientenmenge $\hat{\mathbf{E}} = \mathbf{E}$ (mod. $\sim$) mit einer Quasiordnung so versehen, daß die kanonische Abbildung von **E** auf $\hat{\mathbf{E}}$ ordnungstreu ist.

3.VIII.5 Lehrsatz Die einzige mit einer Quaseordnung $\lessdot$ verträgliche Äquivalenzrelation $\sim$ ist die Gleichheit.

Wenn $x \sim x'$, so erhält man durch Kombination der Reflexivität $x \lessdot x$ mit der Verträglichkeit (3.VIII.4) $x \lessdot x'$ ebenso wie $x' \lessdot x$. Nach (3.VIII.2) folgt daraus $x' = x$.

3.VIII.6 Übungsaufgabe Wenn $\lessdot$ eine Quasiordnung in E ist, so ist die Relation $\sim$, die durch $(x \sim y) \Longleftrightarrow \{(x \lessdot y)$ *und* $(y \lessdot x)\}$ definiert ist, eine mit $\lessdot$ verträgliche Äquivalenzrelation. Indem man zur Quotientenmenge übergeht, erhält man die der *Quasiordnung* $\lessdot$ *zugehörige halbgeordnete Menge.*

Eine halbgeordnete Menge $(\mathbf{E}, \lessdot)$ ist total geordnet, wenn für jedes geordnete Paar $(a, b) \in \mathbf{E} \times \mathbf{E}$ gilt $\{a \lessdot b$ *oder* $b \lessdot a\}$.

3.VIII.7 Beispiele

a) Jede Äquivalenzrelation in einer Menge ist trivialerweise eine mit sich selbst verträgliche Quasiordnung. Nur die Gleichheit ist eine Halbordnung.

b) In $\mathbb{R}$ ist die Relation $\leqslant$ (ebenso wie $\geqslant$) eine Totalanordnung.

b) Wenn Ω eine Menge ist, ist die Enthaltensein-Relation $\subset$ eine Halbordnung in der Menge $P(\Omega)$.

d) In $\mathbb{Z}$ ist die Relation *a teilt b*, die man oft $a \mid b$ schreibt, eine Quasiordnung. $(\{a \mid b\} \Leftrightarrow \{\exists m \in \mathbb{Z}\ b = ma\})$. Es ist keine Halbordnung, denn a und $-a$ teilen sich wechselseitig. Die zugehörige halbgeordnete Menge steht mit $\mathbb{N}$ in Bijektion, und die kanonische Abbildung von $\mathbb{Z}$ auf $\mathbb{N}$ ist $a \rightarrow |a|$.

Konstruktion halbgeordneter Mengen

Es sei $(\mathbf{E}, \lessdot)$ eine halbgeordnete Menge und $\mathbf{E}_1 \subset \mathbf{E}$ eine Teilmenge von **E**. Die Einschränkung der Halbordnung auf $\mathbf{E}_1$ definiert die in $\mathbf{E}_1$ *induzierte Halbordnung* $(\mathbf{E}_1, \lessdot)$.

Es sei **A** eine beliebige Menge und $(\mathbf{E}, <)$ eine halbgeordnete Menge. Man definiert in der Menge $\mathbf{E}^{\mathbf{A}}$ der Abbildungen von **A** nach **E** eine Halbordnung $\leqslant$, indem man für $(f, g) \in \mathbf{E}^{\mathbf{A}} \times \mathbf{E}^{\mathbf{A}}$ setzt

$$\{f \leqslant g\} \Leftrightarrow \{\forall\, a \in \mathbf{A}\ f(a) < g(a)\}.$$

Das ist die *Ordnung des kartesischen Produktes* auf $\mathbf{E}^{\mathbf{A}}$ (wobei die Vektoren koordinatenweise verglichen werden).

3.VIII.8 Übungsaufgabe Es sei ϵ eine Menge von Lehrsätzen. Für zwei Sätze $P \in \epsilon$ und $Q \in \epsilon$ werden wir dann und nur dann $P \to Q$ schreiben, wenn $\{P \Rightarrow Q\}$ eine Tautologie ist. Beweisen, daß $\to$ eine Quasiordnung auf ϵ definiert.

3.VIII.9 Beispiel Es sei $(\mathbf{E}, <)$ eine totalgeordnete Menge. Für jede natürliche Zahl $n > 0$ kann man auf dem Produkt $\mathbf{E}^n$ folgendermaßen eine Totalordnung definieren, die *lexikographische Ordnung* genannt wird. Es seien $\boldsymbol{a} = (a_1, a_2 \dots a_n)$ und $\boldsymbol{b} = (b_1, b_2 \dots b_n)$ zwei Elemente von $\mathbf{E}^n$. Wenn $a \neq b$, so gibt es eine natürliche Zahl $k \leqslant n$ derart, daß $a_i = b_i$ für $i < k$ und $a_k \neq b_k$.

Man schreibt dann $a \lll b$ wenn $a_k < b_k$.

Wenn **E** eine Menge von Buchstaben ist, welche einem in konventioneller Art geordneten Alphabet angehören, erhält man so die *alphabetische Ordnung*.

3.VIII.10 Übungsaufgabe Die Ordnung des kartesischen Produktes und die lexikographische Ordnung in $\mathbb{R}^2$ vergleichen, wobei $\mathbb{R}$ mit seiner üblichen Totalordnung versehen ist. Bei einem gegebenen $(x_1, x_2) \in \mathbb{R}^2$ sind für jede dieser Ordnungsstrukturen die Menge der $(y_1, y_2) \in \mathbb{R}^2$ zu bestimmen, für die $(x_1, x_2) < (y_1, y_2)$ gilt.

Bemerkenswerte Elemente einer halbgeordneten Menge

In einer halbgeordneten Menge $(\mathbf{E}, <)$ sagt man, daß m das *größte Element* oder *Maximum* ist, wenn $\{\forall\, x \in \mathbf{E}\ x < m\}$. Es ist unmittelbar ersichtlich, daß es nur ein einziges derartiges Element gibt. Ein Element μ von **E** ist ein *maximales Element*, wenn $\{\forall\, x \in \mathbf{E}\ (\mu < x) \Rightarrow$ $\Rightarrow (\mu = x)\}$. Diese beiden Begriffe decken sich in einer totalgeordneten Menge.

3.VIII.11 Übungsaufgabe Es sei **V** ein Vektorraum und $\mathscr{E}$ (bzw. $\mathscr{E}_1$) die Menge aller seiner Untervektorräume (bzw. aller seiner Untervektorräume endlicher Dimension), die von **V** verschieden sind. Man ordnet $\mathscr{E}$ und $\mathscr{E}_1$ durch die Enthaltensein-Relation. Die maximalen, minimalen Elemente, das Maximum, das Minimum von $\mathscr{E}$ und $\mathscr{E}_1$ auffinden, *falls sie existieren.*

3.VIII.12 Übungsaufgabe Es seien $(\mathbf{E}_1, <)$ und $(\mathbf{E}_2, <)$ zwei halbgeordnete Mengen. Auf der disjunkten Summe $\mathbf{E}_1 + \mathbf{E}_2$ (siehe 3.VI.14) eine *lexikographisch* genannte Halbordnung definieren. $\{x \lll y\}$ bedeutet entweder, daß x und y Elemente eines gleichen $\mathbf{E}_i$ sind und also $x < y$, oder daß $x \in \mathbf{E}_1$ und $y \in \mathbf{E}_2$. Wenn $(\mathbf{E}, <)$ eine halbgeordnete Menge und α, β zwei verschiedene Elemente sind, auf $\mathbf{E} + \{\alpha, \beta\}$ verschiedene Halbordnungen definieren. Insbesondere wird man es so einrichten, daß α und β zwei maximale Elemente von $\mathbf{E} + \{\alpha, \beta\}$ sind.

3.VIII.13 Definition Es sei A eine Teilmenge einer halbgeordneten Menge $(\mathbf{E}, <)$. Ein Element $m \in \mathbf{E}$ ist eine *obere Schranke* von **A** in **E**, wenn $\{\forall\, a \in \mathbf{A}\ a < m\}$. Die Definition für eine untere Schranke ist analog.

Wenn die Menge der oberen Schranken (bzw. unteren Schranken) von **A** in **E** ein Minimum (bzw. Maximum) besitzt, sagt man, daß dies die *obere Grenze* oder das *Supremum* (bzw. *untere Grenze* oder *Infimum*) von **A** in **E** ist.

3.VIII.14 Übungsaufgabe Sei **I** ein beschränktes Intervall von $\mathbb{R}$. Man betrachtet die mit der Ordnung des kartesischen Produktes versehene Menge $\mathbb{R}^{\mathbf{I}}$ und die Teilmenge $\mathbf{A} \subset \mathbb{R}^{\mathbf{I}}$, die von den affinen Funktionen gebildet wird (d. h., die durch eine Gleichung ersten Grades definiert werden). Man versieht **A** mit der durch die Ordnung des kartesischen Produktes induzierten Halbordnung. Es sei $(f_1, f_2) \in \mathbf{A} \times \mathbf{A}$. Zeigen, daß $\{f_1, f_2\} \subset \mathbf{A}$ eine obere Grenze in $\mathbb{R}^{\mathbf{I}}$ und eine obere Grenze in **A** besitzt, jedoch daß diese beiden Suprema im allgemeinen verschieden sind.

Über die Wahl der Axiome

3.VIII.15 Die Relation $<$ *ist* in $\mathbb{R}$ *keine Halbordnung*. Anstelle der Axiome (3.VIII.1) und (3.VIII.2), die nach dem Modell der Relation $\leqslant$ gestaltet sind, hätte man sich leicht andere, der Relation $<$ nachempfundene Axiome ausdenken können. Warum hat man darauf verzichtet?

In der Tat beginnt die Ausarbeitung einer mathematischen Theorie mit dem Versuch verschiedener Axiomensysteme, von denen man annimmt, daß sie vernünftig sind. Das führt zu einem Überfluß von analogen Theorien, die im allgemeinen verschieden sind. Anschließend findet eine Auslese statt: Man sucht nach dem System, das *am meisten vereinheitlicht*, d. h. das die meisten interessanten Ergebnisse in sich vereinigt; nach dem *fruchtbarsten* System, welches geeignet ist, neue Ergebnisse hervorzubringen; nach dem *harmonischsten* System, denn die ästhetischen Forderungen sind der endgültigen Wahl niemals fremd. Die Abklärung läßt die sterilen, trivialen oder pathologischen Theorien in Vergessenheit geraten. Nach einer derartigen Auslese hat man sich auf die Axiome 3.VIII.1 und 3.VIII.2 geeinigt.

Der Standpunkt der Mathematiker macht übrigens oft eine Entwicklung durch. So ist die Theorie der Vektorräume, wie sie von Peano um 1888 axiomatisiert worden ist, lange als befriedigender Rahmen für die lineare Algebra angesehen worden.

Dann kam man dazu, von den Vektorräumen (über einem Körper) zu Moduln (über einem Ring) überzugehen. Dies ist nicht aus Vorliebe zu Weitschweifigkeiten oder aus Neigung zu grundlosen Verallgemeinerungen geschehen, vielmehr um auf echte Bedürfnisse einzugehen, die mit den jüngsten Fortschritten der Mathematik zusammenhängen. Der zukünftige Lehrer wird die Mathematik nicht wie ein festgelegtes Dogma, sondern wie eine in Entwicklung begriffene Wissenschaft unterrichten müssen.

Pädagogik der halbgeordneten Mengen

Man trifft häufig intelligente und fleißige Schüler, die zahlreiche Fehler bei der Handhabung von Anordnungsrelationen machen. Es reicht nicht aus, daß sie die Theorie der Ungleichungen verstehen, es müssen auch Reflexe aufgebaut werden, die es erlauben, eine antisymmetrische Relation instinktiv und sofort zu verwenden. Hier sprechen der Orientierungssinn und die Fähigkeit, die rechte Hand von der linken zu unterscheiden, mit. Die Psychiater und Pädagogen haben die Konsequenzen von Fehlern beim Fixieren der Lateralität ans Licht gebracht, insbesondere bei den verhinderten Linkshändern: Störungen beim Erlernen des Lesens, des Schreibens, der Rechtschreibung und der Sprache.

Bei einem Menschen, bei dem die Lateralität richtig fixiert ist, geschieht die korrekte Wahl zwischen zwei Richtungen praktisch sofort. Andere Leute müssen jedoch fortwährend auf persönliche Anhaltspunkte Bezug nehmen, was ihre Reaktionszeit verlängert. Dieses von Natur aus gegebene Handikap hat Zögern, Ungeschicklichkeiten und erhöhte Müdigkeit zur Folge, was zahlreiche Fehler auslöst.

In der Mathematik verwechseln diese Leute häufig Abschätzungen nach oben und nach unten, notwendige und hinreichende Bedingungen, die direkten und inversen Abbildungen. Sie müssen ganz besonders aufpassen, um nicht-kommutative Operationen in der richtigen Reihenfolge auszuführen.

Der Lehrer muß über diese Möglichkeit Bescheid wissen. Er wird es vermeiden, Fehler dieser Art systematisch der Unaufmerksamkeit, der Faulheit oder der Dummheit zuzuschreiben.

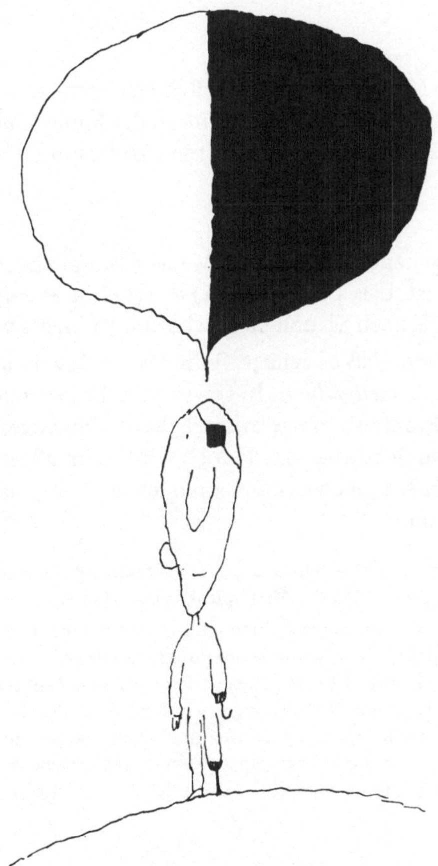

Verhinderter Linkshänder

Allein die Tatsache, dem Schüler die Motivation dieser Schwierigkeiten bewußt zu machen, kann zu einer Besserung führen; jedoch ist dies Sache von Spezialärzten und nicht von Mathematiklehrern.

Ein Fall. Wir hatten Gelegenheit, einen 14 Jahre alten fleißigen Schüler von mittlerer Intelligenz zu beobachten, der große Schwierigkeiten mit den positiven und negativen Zahlen hatte. Um (+ 5) + (– 7) zu berechnen, sagte er im Stillen die Regel auf, stellte fest, daß beide Zahlen entgegengesetzte Vorzeichen hatten, usw., und brauchte so etwa eine Minute, um zum korrekten Ergebnis zu gelangen. Er wurde sehr schnell müde und machte schließlich zahlreiche Fehler. Es stellte sich heraus, daß die Eltern das Kind niemals zum Einkaufen geschickt hatten. Mit 14 Jahren konnte er weder bezahlen, noch das Kleingeld herausgeben!

Das konkrete Unterrichten der positiven und negativen Zahlen, von Gewinnen und Verlusten ausgehend, war ihm also sehr abstrakt erschienen. Dieser Umstand, verbunden mit einer offenkundigen Störung bei der Fixierung der Lateralität, reicht vielleicht aus, den Fall zu erklären.

IX Das Auswahlaxiom

Der Begriff der Menge aller Mengen, der so natürlich erscheint, führt zu Paradoxa. Im folgenden nun eine Konstruktion, welche den Erfindern der Mengenlehre verwirrend erschien, welche jedoch, wider alles Erwarten, keinen internen Widerspruch hervorruft.

Das Problem der Auswahl

Betrachten wir bei zwei gegebenen nicht leeren Mengen $\mathbb{X}$ und Ω eine Abbildung $\hat{f}$ von $\mathbb{X}$ in $P(\Omega)$, die so beschaffen ist, daß $\{\forall\, x \in \mathbb{X}\, \hat{f}(x) \neq \phi\}$. Gibt es eine *Auswahlfunktion* f, welche eine Abbildung von $\mathbb{X}$ nach Ω und so beschaffen ist, daß $\{\forall\, x \in \mathbb{X}\, f(x) \in \hat{f}(x)\}$?

Man ist versucht zu antworten, daß es genügt, für jedes $x \in \mathbb{X}$ willkürlich ein Element $f(x)$ der nicht leeren Menge $\hat{f}(x)$ *auszuwählen*. In gewissen, sehr besonderen Fällen ist es möglich, dem Wortlaut dieses Problems einige zusätzliche Bedingungen hinzuzufügen, die es erlauben, eine explizite Lösung anzugeben. Jedoch wird es im allgemeinen schwierig sein, in $\hat{f}(x)$ ein besonderes Element zu charakterisieren, es sei denn, man gibt für jedes x eine verschiedene Auswahlregel an.

3.IX.1 Beispiel Nehmen wir an, daß $\Omega = \mathbb{R}$ und daß $\hat{f}(x)$ für jedes x ein beschränktes Intervall von $\mathbb{R}$ sei. Man kann dann vereinbaren, daß $f(x)$ der Mittelpunkt von $\hat{f}(x)$ ist.

Wenn jedoch $\hat{f}(x)$ die Menge der irrationalen Zahlen ist, die sich in einem offenen Intervall mit rationalen Randpunkten befindet, drängt sich keinerlei natürliche Auswahl auf. Wenn man verschiedene Gesprächspartner nach einer im Intervall $]0, 1[$ gelegenen irrationalen Zahl fragt, ist es wahrscheinlich, daß sie nicht die gleiche Antwort geben. Noch weniger werden sie die gleiche Auswahlfunktion wählen, was im allgemeinen voraussetzen würde, daß unter unendlich vielen Auswahlmöglichkeiten von allen übereinstimmend die gleiche gewählt wird. Und selbst wenn sie die gleiche Auswahlfunktion wählten, wären unendlich viele Nachprüfungen notwendig, um sich dessen zu vergewissern.

Das Axiom von Zermelo

Das Auswahlaxiom behauptet, daß die Gesamtkonzeption einer Auswahlfunktion im Rahmen der Mengenlehre erlaubt ist.

3.IX.2 Axiom Zu einer gegebenen Abbildung $\hat{f}: \mathbb{X} \to P(\Omega) - \phi$ gibt es mindestens eine Funktion $f: \mathbb{X} \to \Omega$ so daß $\{\forall x \in \mathbb{X} f(x) \in \hat{f}(x)\}$.

E. Zermelo hat dieses Axiom, das in der Mathematik seit langem unbewußt verwendet wurde, 1904 formuliert, und er hat es für den Beweis einiger wichtiger Lehrsätze verwendet. Zu jener Zeit, d. h. bevor der axiomatische Aufbau der Logik und der Mengenlehre es erlaubt hatte, die Paradoxa zu beseitigen, herrschte eine tiefe Krise in der Mathematik, deren Grundlagen in Frage gestellt waren. In diesem Klima beschwor das Axiom von Zermelo leidenschaftliche Polemiken. Zahlreiche Mathematiker wollten ein derartiges Axiom, das als unintelligent beurteilt wurde, nicht anerkennen, und andere befürchteten, daß es eine Quelle für neue Paradoxa sein könnte.

1940 hat Gödel den Beweis dafür erbracht, daß das Auswahlaxiom in keinem Widerspruch zur Mengenlehre steht: Kein ohne dieses Axiom bewiesener Lehrsatz kann einen Widerspruch zu einer seiner Konsequenzen aufwerfen. 1963 hat P. J. Cohen die Unabhängigkeit des Auswahlaxioms bewiesen; man kann also nach Belieben das Auswahlaxiom anerkennen oder nicht. Durch den Gödelschen Lehrsatz beruhigt, benutzen heutzutage die Mathematiker das Axiom von Zermelo. Jedoch weisen die Benutzer der Computer darauf hin, daß ein Lehrsatz, der eine Auswahlfunktion benutzt, für sie ohne praktischen Nutzen ist, da eine Maschine, im übrigen nicht besser als der Mensch, tatsächlich immer nur eine endliche Auswahl wird treffen können.

Umkehrung der Abbildungen

3.IX.3 Lehrsatz Es sei f eine Abbildung einer nicht leeren Menge $\mathbf{E}$ in eine nicht leere Menge $\mathbf{F}$. Eine notwendige und hinreichende Bedingung dafür, daß f eine rechtsinverse Abbildung g (bzw. linksinverse, bzw. inverse) besitzt, ist, daß f surjektiv (bzw. injektiv, bzw. bijektiv) ist. Die Abbildung g von $\mathbf{F}$ in $\mathbf{E}$ ist dann injektiv (bzw. surjektiv, bzw. bijektiv).

Wir wollen lediglich auf einige Punkte des Beweises dieses wichtigen Lehrsatzes hinweisen und dem Leser die Ergänzungen überlassen.

Das Auswahlaxiom wird verwendet, um die Existenz einer rechtsinversen Funktion zu beweisen, wenn f surjektiv ist. In der Tat ist laut Hypothese die Menge $f^{-1}(y) \subset \mathbf{E}$ für jedes $y \in \mathbf{F}$ nicht leer. Jede Auswahlfunktion g: $\mathbf{F} \to \mathbf{E}$, für die

$$\{\forall y \in \mathbf{F}\ g(y) \in f^{-1}(y)\}$$

gilt, genügt tatsächlich der Bedingung $(f \circ g)(y) = y$.

Wenn f nicht surjektiv ist, gibt es einen Punkt $y_0 \in \mathbf{F}$, der sich nicht in der Bildmenge von f befindet. Es ist also unmöglich, daß $f(g(y_0)) = y_0$. Wenn f nicht injektiv ist, existieren $x_1 \in \mathbf{E}$ *und* $x_2 \in \mathbf{E}$ mit $x_1 \neq x_2$ so, daß $f(x_1) = f(x_2)$. Es ist unmöglich, daß $g(f(x_1)) = x_1$ *und* $g(f(x_2)) = x_2$.

Produkt einer Mengenfamilie

Es seien Ω und I zwei Mengen. Man nimmt $\mathbf{I} \neq \phi$ an. Betrachten wir bei einer gegebenen Mengenfamilie über der Indexmenge $\mathbf{I}$ von Teilmengen von Ω, $(\mathbf{A}_i)_{i \in \mathbf{I}}$, die Auswahlfunktionen f_i, welche $i \mapsto f_i \in \mathbf{A}_i$ genügen.

3.IX.4 Lehrsatz Die Klasse aller Auswahlfunktionen ist eine Menge, die nicht leer ist, wenn keine der A_i es ist. Diese Menge heißt das Produkt $\prod_{i \in \mathbf{I}} \mathbf{A}_i$.

In der Tat ist die Menge der Auswahlfunktionen die Teilmenge von $\Omega^{\mathbf{I}}$, welche durch die mengentheoretische Relation $\{\forall\, i \in \mathbf{I}\ x \in \mathbf{A}_i\}$ definiert wird. Sie ist also eine Menge. Das Axiom von Zermelo stellt sicher, daß es Auswahlfunktionen gibt, wenn **I** und alle $\mathbf{A}_i$ nichtleer sind. Also ist das Produkt nicht leer.

Das Zornsche Lemma

Der hier genannte fundamentale Lehrsatz trägt traditionellerweise den Namen von Zorn (1935), obwohl ihn Kuratowski bereits vorher (1922) veröffentlicht hat. Dieser Lehrsatz wird durch Anwendung des Axioms von Zermelo bewiesen und ist ihm äquivalent. Man könnte, wenn man ihn als Axiom annähme, das Auswahlaxiom beweisen. Man findet dafür einen Beweis in [D 7].

Um das Zornsche Lemma aufzustellen, wollen wir zunächst folgende Definition festlegen:

3.IX.5 Eine halbgeordnete Menge $(\mathbf{E}, <)$ ist *induktiv*, wenn sie folgender Bedingung genügt: „Jede totalgeordnete Teilmenge von **E** besitzt in **E** eine obere Schranke".

3.IX.6 Lehrsatz Jede halbgeordnete induktive Menge besitzt mindestens ein maximales Element.

Der Leser findet Anwendungsbeispiele dieses Lehrsatzes in (3.IX.3).

X Kardinalzahlen

Gewöhnlich vergleicht man Mengen, indem man ihre Elemente abzählt. Die Cantorsche Theorie der *Kardinalzahlen* überschreitet den Rahmen der natürlichen Zahlen und der endlichen Mengen. Wir wollen seine Lehre hier nur umreißen, wobei wir das Gewicht auf die Motivationen legen (für eine genauer ausgearbeitete Darlegung siehe [D 6] oder [D 7]).

Die ersten Schritte in der Mathematik

Früher machte man die ersten mathematischen Schritte, indem man zählen lernte. Heute erkennt man, daß es besser wäre, schon vom Kleinkindalter an Objekte zu sortieren, einzuordnen, zusammenzustellen, einander zuzuordnen, einzuteilen, zu unterscheiden oder im Gegenteil zu identifizieren. Diese nicht numerischen Aktivitäten stellen eine Einführung in das logische Schließen dar; sie bilden die Urteilskraft aus und entwickeln die Intelligenz. Früher machte man die ersten mathematischen Schritte, indem man zählen lernte. Heute erkennt man, daß es besser wäre, schon vom Kleinkindalter an Objekte zu sortieren, einzu-winden gab. Die Lehrerinnen an den „Ecoles Maternelles"[10]) sollten einige Grundkennt-

[10]) Anm. d. Üb.: Die „Ecoles Maternelles" (= „Mütterliche Schulen") sind in Frankreich Vorschulen, die keine Kindergärten mehr sind, sondern in denen ausgebildete Lehrerinnen den Kleinkindern im Alter von 3 bis 6 Jahren auf spielende Art die ersten Anfangsgründe handwerklicher und intellektueller Tätigkeiten beibringen. Sie lernen malen, turnen, ausschneiden, basteln, sprechen, kombinieren, vergleichen und in der letzten Klasse (5 bis 6 Jahre) auch schon erste Wörter lesen und schreiben, auf welche der Volksschulunterricht der ersten Klasse dann aufbaut.

nisse der Mengenlehre besitzen, um sich über Nutzen und Verschiedenheit von didaktischem Spielmaterial (wie z. B. Blöcke von Dienes) und darüber, was man alles damit anfangen kann, bewußt zu werden [D 17], [D 18].

Der Vergleich zweier Mengen wird mit Hilfe von Bijektionen, Injektionen oder Surjektionen ausgeführt.

3.X.1 Beispiel Um die Mengen der rechten und linken Schuhe zu vergleichen, die notwendig sind, um eine Gemeinschaft mit Schuhen zu versehen, ist es unnötig, zu zählen: es genügt sicherzustellen, daß es dort keinen einbeinigen Menschen gibt.

Gleichmächtigkeit

Man sagt, daß zwei Mengen **E** und **F** *gleichmächtig* sind (oder gleiche Mächtigkeit haben), wenn es eine Bijektion von **E** auf **F** gibt. Wir schreiben $\mathbf{E}_q$ (**E**, **F**). Die Relation $\mathbf{E}_q$ ist eine Äquivalenzrelation in der Klasse aller Mengen. Sie regt dazu an, jeder Menge eine Element, seine *Kardinalzahl* card **E** zuzuordnen, so daß $\{\mathbf{E}_q(\mathbf{E}, \mathbf{F})\} \iff \{\text{card } \mathbf{E} = \text{card } \mathbf{F}\}$.

Zunächst wird man card **E** als die Äqzivalenzklasse von **E** (modulo $\mathbf{E}_q$) definieren. Leider ist diese natürliche Methode inkorrekt. Es folgt aus dem Paradoxon von Cantor, daß diese Äquivalenzklasse keine Menge ist. Man kann nicht behaupten, daß sie ein Element ist, und es ist also zu befürchten, daß eine derartige Konzeption Paradoxa erzeugt.

3.X.2 Übungsaufgabe Beweisen, daß $\{\alpha\} \times \{\beta\} = \{(\alpha, \beta)\} = \{\beta\}^{\{\alpha\}}$. Daraus folgern, daß zwei Einer-Mengen,gleichmächtig sind. Betrachten wir die Klasse S der Einer-Mengen $\{x\}$, bei denen x eine Menge ist. Beweisen, daß S keine Menge ist: einen Absurditätsbeweis führen, indem man sich auf (3.V.6) und (3.IV.2) beruft.

Eine korrekte Methode, die zur Definition der Kardinalzahl einer Menge verwendet wird, besteht darin, eine Klasse card zu konstruieren, deren Elemente Mengen sind und folgende Eigenschaft besitzen: Jede Menge **E** ist zu genau einer Menge von card gleichmächtig. Diese Menge ist laut Definition die Kardinalzahl von **E**.

Wir verweisen auf [D 6] und [D 7] für die wirksame Anwendung dieser Methode. Wir lassen hier die Möglichkeit dieser Konstruktion gelten und verwenden die naive Sprache der Kardinalzahlen im Hinblick auf ihre heuristische Anwendung.

XI Endliche Mengen

Man sagt, eine Menge sei endlich, wenn sie zu keiner ihrer echten Teilmengen gleichmächtig ist. Anders gesagt ist jede Injektion von **E** in sich selbst bijektiv. Und nach (3.IX.3) läuft es auf das gleiche hinaus, zu sagen, daß jede Surjektion von **E** auf **E** eine Bijektion ist.

3.XI.1 Übungsaufgabe Die Mengen ϕ, $\{\phi\}$, $\{\phi, \{\phi\}\}$ sind endlich.

3.XI.2 Lehrsatz Wenn **A** eine endliche Menge und $\{\alpha\}$ eine Einer-Menge ist, ist die disjunkte Summe $\mathbf{A} + \{\alpha\}$ eine endliche Menge.

Man kann stets annehmen, daß $\alpha \notin \mathbf{A}$, indem man, wenn nötig, **A** und α durch eine Bijektion verändert (3.VI.14).

Es sei φ eine Injektion von $\mathbf{A} + \{\alpha\}$ in $\mathbf{A} + \{\alpha\}$. Man führt sie auf den Sonderfall, $\varphi(\alpha) = \alpha$ zurück, wenn man (falls nötig) φ durch die Injektion $\varphi' = \tau \circ \varphi$ ersetzt, wobei τ eine Bijektion von $\mathbf{A} + \{\alpha\}$ ist, welche α und $\varphi(\alpha)$ austauscht und jedes andere Element von $\mathbf{A} + \{\alpha\}$ unverändert beibehält. Da $\varphi'(\alpha) = \alpha$ und die Beschränkung von φ' auf **A** eine Injektion von **A** in **A** ist, wobei **A** als endliche Menge angenommen wurde, folgert man daraus, daß φ' bijektiv ist, ebenso wie $\tau^{-1} \circ \varphi' = \varphi$.

Man sieht, daß **A** und $\mathbf{A} + \{\alpha\}$ nicht gleichmächtig sind, im Gegensatz zu $\mathbf{A} + \{\alpha\}$ und $\mathbf{A} + \{\beta\}$.

Die Kardinalzahl von $\mathbf{A} + \{\alpha\}$ heißt der *Nachfolger* der Kardinalzahl von **A**.

Unendliche Mengen

Eine nicht endliche Menge heißt unendlich.

3.XI.3 Unendlichkeitsaxiom Es gibt mindestens eine unendliche Menge.

Dieses Axiom ergibt sich nicht aus den vorher bereits erwähnten Axiomen der Mengenlehre. Man findet in [D 11] die Beschreibung eines elementaren Modells, das allen diesen Axiomen außer (3.XI.3) genügt.

3.XI.4 Lehrsatz Jede Menge **A**, die eine unendliche Teilmenge **B** enthält, ist unendlich. Jede Teilmenge einer endlichen Menge ist endlich.

Nehmen wir an, es gibt eine Bijektion φ von **B** auf eine Teilmenge **B**$'$ von **B**, mit $\mathbf{B}' \neq \mathbf{B}$; man kann φ in eine nicht surjektive Injektion $\hat{\varphi}$ von **A** in **A** fortsetzen, indem man setzt $\hat{\varphi}(x) = \varphi(x)$ wenn $x \in \mathbf{B}$ und $\hat{\varphi}(x) = x$ wenn $x \in \mathbf{A} - \mathbf{B}$.

Also $\{\mathbf{B} \text{ unendlich}\} \Rightarrow \{\mathbf{A} \text{ unendlich}\}$ und folglich $\{\mathbf{A} \text{ endlich}\} \Rightarrow \{\mathbf{B} \text{ endlich}\}$.

XII Das Peanosche Axiomensystem

Dedekind und Peano haben 1888 ein vollständiges Axiomensystem für die Arithmetik formuliert. Außer den Zeichen der Logik und der Mengenlehre verwendet man dort noch die Zeichen $\mathbb{N}^*$, S, 1. Die naive Interpretation dieser Zeichen ist folgende: $\mathbb{N}^*$ bezeichnet die Menge der natürlichen Zahlen > 0. S ist die Abbildung, die jedem Element von $\mathbb{N}^*$ seinen Nachfolger zuordnet (3.XI.2).

3.XII.1 Peanosches Axiomensystem

P_0 $\mathbb{N}^*$ ist eine Menge.

P_1 S ist eine injektive Abbildung von $\mathbb{N}^*$ in $\mathbb{N}^*$.

P_2 $1 \in \mathbb{N}^*$.

P_3 1 ist der Nachfolger keines Elementes von $\mathbb{N}^*$. Anders gesagt $1 \notin S(\mathbb{N}^*)$.

P_4 Jede Teilmenge **A** von $\mathbb{N}^*$, die den zwei Bedingungen $1 \in \mathbf{A}$ und $S(\mathbf{A}) \subset \mathbf{A}$ genügt, ist gleich $\mathbb{N}^*$.

3.XII.2 Übungsaufgabe Zeigen, daß die Axiome P_0, P_1, P_2 und P_3 das Unendlichkeitsaxiom implizieren.

Das Axiom P_4 spielt in der Peanoschen Theorie eine fundamentale Rolle: es begründet das Prinzip der vollständigen Induktion. Man kann es auch so formulieren: Jede Teilmenge von $\mathbb{N}^*$, welche bezüglich S abgeschlossen ist und die Zahl 1 enthält, ist gleich $\mathbb{N}^*$.

3.XII.3 Lehrsatz Die Bildmenge von $\mathbb{N}^*$ durch S ist das Komplement von $\{1\}$ in bezug auf $\mathbb{N}^*$.

In der Tat sind $\{1\}$ und $S(\mathbb{N}^*)$ nach P_3 disjunkt. Und die Vereinigung $\{1\} \cup S(\mathbb{N}^*)$ ist bezüglich S abgeschlossen, da

$$S(\{1\} \cup S(\mathbb{N}^*)) \subset S(\mathbb{N}^*) \subset \{1\} \cup S(\mathbb{N}^*),$$

also nach P_4 gleich $\mathbb{N}^*$ ist.

Induktive Definition

Zu einer gegebenen Abbildung T einer Menge **E** in sich selbst will man eine Abbildung φ von $\mathbb{N}^*$ in **E** definieren, die folgender Induktionsformel genügt:

3.XII.4

$$\varphi \circ S = T \circ \varphi.$$

Man vermeide jede Verwechslung zwischen dieser Konstruktion und dem Prinzip der vollständigen Induktion.

3.XII.5 Lehrsatz Für jedes $a \in \mathbf{E}$ gibt es genau eine Abbildung φ, die (3.XII.4) und

3.XII.6

$$\varphi(1) = a$$

genügt.

Die Eindeutigkeit ergibt sich sofort: Wenn φ und ψ zwei Lösungen dieses Problems sind, enthält die Menge der Elemente $n \in \mathbb{N}^*$ mit $\varphi(n) = \psi(n)$ die 1 und ist bezüglich S abgeschlossen.

Die Begründung der Existenz ist wesentlich heikler und gibt Anlaß zu einem unzulässigen „Beweis", der in zahlreichen Büchern wiedergegeben wird.

Inkorrekte Argumentation

Man setzt $\varphi(1) = a$, $\varphi(S(1)) = T(a)$, $\varphi(S(S(1))) = T(T(a))$, usw. Es gelingt einem auf diese Art, φ auf gewissen Teilmengen von $\mathbb{N}^*$ zu definieren. Indem man dann die Menge $\mathbf{X} \subset \mathbb{N}^*$ aller Elemente in Betracht zieht, für welche φ auf diese Art definiert werden kann, prüft man nach, daß $1 \in \mathbf{X}$ und $S(\mathbf{X}) \subset \mathbf{X}$. Nach P_4 gilt $\mathbf{X} = \mathbb{N}^*$.

Kritik

Nichts erlaubt die Behauptung, daß **X** eine Menge ist. Scheinbar ist **X** die durch die Relation $\{n$ ist ein Element von $\mathbb{N}^*$ für welches $\varphi(n)$ dank des angegebenen Verfahrens definiert werden kann$\}$ definierte Teilmenge von $\mathbb{N}^*$. Tatsächlich ist dies keine mengentheoretische Relation. Die Definition von $\varphi(n)$ hängt von der vorausgehenden Definition anderer Elemente $\varphi(n')$ ab. Der Denkfehler ist also analog dem Paradoxon von Richard (1.III.5).

Aus dem gleichen Grund darf man keineswegs von der Menge aller Lehrsätze einer Theorie T sprechen.

Beweis. G sei die Menge der Teilmengen von $\mathbb{N}^* \times \mathbf{E}$, welche folgenden zwei mengentheoretischen Relationen genügen, in Anlehnung an (3.XII.6) und (3.XII.4):

$$\{\mathbf{G} \in G\} \Rightarrow \{(1, a) \in \mathbf{G}\}.$$

3.XII.7 $\{\mathbf{G} \in G\} \Rightarrow \{\{(n, y) \in \mathbf{G}\} \Rightarrow \{(\mathrm{S}(n), \mathrm{T}(y)) \in \mathbf{G}\}\}.$

$G \subset P(\mathbb{N}^* \times \mathbf{E})$ ist nicht leer, da $(\mathbb{N}^* \times \mathbf{E}) \in G$.

Γ sei der Durchschnitt aller Teilmengen, die G angehören. Es ist trivial, daß $\Gamma \in G$ das Minimum von G für die Enthaltensein-Relation in G ist. Wir werden beweisen, daß Γ ein funktionaler Graph ist. Dann ist es selbstverständlich, daß Γ der Graph der gesuchten Funktion φ ist.

Wir sagen, daß $n \in \mathbb{N}^*$ ein Existenz-Element von Γ ist, wenn es $y \in \mathbf{E}$ gibt, so daß $(n, y) \in \Gamma$. Man stellt sofort fest, daß die Menge der Existenz-Elemente, welche 1 enthält und bezüglich S abgeschlossen ist, die Menge $\mathbb{N}^*$ insgesamt ist. Γ genügt also der ersten der Bedingungen (3.VI.7). Wir sagen, daß $n \in \mathbb{N}^*$ ein Eindeutigkeits-Element ist, wenn

$$\{(n, y) \in \Gamma \quad \textit{und} \quad (n, y') \in \Gamma\} \Rightarrow \{y = y'\}.$$

Wir stellen fest, daß 1 ein Eindeutigkeits-Element ist, denn wenn $b \neq a$ der Bedingung $(1, b) \in \Gamma$ genügt, würde die Menge $\Gamma - \{(1, b)\}$ ebenfalls G angehören und Γ könnte nicht in G minimal sein.

Wenn n ein Eindeutigkeits-Element ist, das $(n, y) \in \Gamma$ entspricht, so auch $\mathrm{S}(n)$, das $(\mathrm{S}(n), \mathrm{T}(y)) \in \Gamma$ entspricht. Wenn in der Tat $(\mathrm{S}(n), z) \in \Gamma$ und $z \neq \mathrm{T}(y)$, so gilt, daß die Menge $\Gamma - \{\mathrm{S}(n), z\} \in G$, was im Widerspruch zum Minimalcharakter von Γ steht. Durch vollständige Induktion folgert man daraus, daß die Menge der Eindeutigkeitselemente $\mathbb{N}^*$ ist. Was beweist, daß Γ ein funktionaler Graph (3.VI.7) ist, und den Beweis beendet.

Fundament der Arithmetik

Der Lehrsatz (3.XII.5) erlaubt es, die *Addition* in $\mathbb{N}^*$ zu definieren. In der Tat muß für jedes $a \in \mathbb{N}^*$ die Abbildung $\varphi_a : x \mapsto a + x$, die man konstruieren möchte, den Bedingungen $\mathrm{S} \circ \varphi_a = \varphi_a \circ \mathrm{S}$ und $\varphi_a(1) = \mathrm{S}(a)$ genügen. Der Lehrsatz (3.XII.5) beweist die Existenz und Eindeutigkeit einer solchen Abbildung φ_a.

Indem man φ_{a+b} mit $\varphi_a \circ \varphi_b$ vergleicht, beweist man, daß

$$(a + b) + x = a + (b + x).$$

Die Addition ist also *assoziativ*.

Das Kommutativgesetz der Addition wird in zwei Etappen bewiesen: Man beweist zunächst, $\{\forall\, a \in \mathbb{N}^*\; a + 1 = 1 + a\}$ durch vollständige Induktion nach a, und dann, daß $a + b = b + a$ durch vollständige Induktion nach b:

$$\begin{aligned} a + \mathrm{S}(b) = \mathrm{S}(a + b) = \mathrm{S}(b + a) = b + (a + 1) &= b + (1 + a) \\ &= (b + 1) + a = \mathrm{S}(b) + a. \end{aligned}$$

Ebenso definiert man die *Multiplikation* in $\mathbb{N}^*$: für $n \in \mathbb{N}^*$ gibt es eine einzige Abbildung $\mu_n: x \mapsto n \cdot x$, welche den Bedingungen

$$\mu_n \circ S(x) = \mu_n(x) + n \text{ und } \mu_n(1) = n$$

genügt.

Man prüft ebenso nach, daß die Multiplikation assoziativ, kommutativ und zur Addition distributiv ist.

3.XII.8 Übungsaufgabe Beweisen, daß, wenn x, a und b Elemente von $\mathbb{N}^*$ sind, folgendes gilt:

$$\{(x + a = x + b) \Rightarrow (a = b)\}, \quad \{(a \cdot x = b \cdot x) \Rightarrow (a = b)\} \quad \text{und} \quad \{a + b \neq a\}.$$

Von da an lehrt die Algebra die Konstruktion von $\mathbb{N}$ durch Adjunktion einer 0, und von $\mathbb{Z}$ durch Adjunktion von ganzen negativen Zahlen.

Wir wollen darauf hinweisen, daß es möglich gewesen wäre, das Peanosche Axiomensystem mittels $\mathbb{N}$ anstelle von $\mathbb{N}^*$ zu formulieren. Neben einigen Nachteilen in der Formulierung der Lehrsätze besitzt die direkte Einführung von $\mathbb{N}$ den Vorteil, die Beweisführung durch vollständige Induktion manchmal zu vereinfachen. In der Tat ist das Nachprüfen gewisser Eigenschaften oft leichter für $n = 0$ als für $n = 1$.

Man definiert in $\mathbb{N}^*$ die *Relationen* $<$ *und* $\leqslant$ durch

$$\{(a < b) \Leftrightarrow \{\exists\, x \in \mathbb{N}^*\ b = a + x\}\}$$
$$\{a \leqslant b\} \Leftrightarrow \{a < b \text{ oder } a = b\}.$$

3.XII.9 Lehrsatz $\mathbb{N}^*$ ist durch die Relation $\leqslant$ eine totalgeordnete Menge.

Wenn man (3.XII.8) verwendet, kann man sofort beweisen, daß $\leqslant$ in $\mathbb{N}^*$ eine Ordnungsstruktur definiert. Um zu beweisen, daß es wirklich eine Totalordnung ist, genügt es, durch vollständige Induktion zu beweisen, daß für ein festgelegtes a die Menge der $x \in \mathbb{N}^*$, welche der Relation

$$\{(x < a) \ \text{ oder } \ (x = a) \ \text{ oder } \ (a < x)\}$$

genügen, gleich $\mathbb{N}^*$ ist.

Um zu zeigen, daß diese Menge bezüglich S abgeschlossen ist, genügt es festzustellen,

$$\text{daß } \{x < a\} \Rightarrow \{(S(x) < a) \ \text{ oder } \ (S(x) = a)\},$$
$$\text{daß } \{x = a\} \Rightarrow \{a < S(x)\}$$
$$\text{und daß } \{(a < x) \Rightarrow (a < S(x))\}.$$

Der Beweis wird leicht vervollständigt.

Laut Definition ist für ein gegebenes $n \in \mathbb{N}^*$ der *Abschnitt* $[n] \subset \mathbb{N}^*$ die Menge der $x \in \mathbb{N}^*$, welche $x < n$ genügen.

3.XII.10 Lehrsatz Jeder Abschnitt ist eine endliche Menge.

Der Abschnitt $[1]$ ist tatsächlich leer, also endlich. Und wenn $[n]$ endlich ist, so ist nach (3.XI.2) $[S(n)] = [n] \cup \{n\}$ endlich.

3.XII.11 Lehrsatz Jede nicht leere Teilmenge **A** von $\mathbb{N}^*$ besitzt ein kleinstes Element; man sagt, daß $\mathbb{N}^*$ durch die natürliche Größenordnungsbeziehung *wohlgeordnet* ist.

Führen wir einen Absurditätsbeweis: **A** sei eine nicht leere Teilmenge von $\mathbb{N}^*$, welche kein kleinstes Element besitzt. Dies bedeutet, daß für jedes $a \in \mathbf{A}$ $[a] \cap \mathbf{A} \neq \phi$. Das Auswahlaxiom behauptet die Existenz einer Abbildung T von **A** in **A** so, daß $\{\forall\, a \in \mathbf{A}\ \mathrm{T}(a) < a\}$, und man kann induktiv eine Abbildung φ von $\mathbb{N}^*$ in **A** definieren, die streng monoton fallend ist und $\varphi \circ \mathrm{S} = \mathrm{T} \circ \varphi$ genügt. Die Abbildung φ ist eine Injektion von $\mathbb{N}^*$ in **A**, deren Bildmenge in $[\mathrm{S}(\varphi(1))] \cap \mathbf{A}$ enthalten ist. Dies ist absurd, da die Bildmenge von φ unendlich ist, während der Abschnitt $[\mathrm{S}(\varphi(1))]$ endlich ist (siehe (3.XI.4) und (3.XII.10)).

3.XII.12 Übungsaufgabe Durch eine analoge Argumentation beweisen, daß jede endliche Teilmenge von $\mathbb{N}^*$ ein größtes Element besitzt.

XIII Das Unendliche und die Beweisführung durch vollständige Induktion

Der Begriff „unendlich" hat zwei Seiten:

Das *potentielle Unendlich* ist eine Möglichkeit des Überschreitens.

Beispiel: Euklid hat bewiesen, daß es zu jeder Primzahl eine noch größere Primzahl gibt; so umfangreich auch eine endliche Tabelle von Primzahlen sein mag, so ist es theoretisch immer möglich, sie zu verlängern.

Die Handhabung des potentiell Unendlichen erfordert also nur Überlegungen bezüglich endlicher Mengen, die immer größer werden.

Das *aktual Unendliche* ist das gleichzeitige Bewußtwerden aller Elemente einer unendlichen Menge.

Die verschiedenen Paradoxa bezüglich des Unendlichen (siehe weiter unten das Paradoxon von Zenon) sowie die Schwierigkeiten, auf die man seit der Geburt der Infinitesimalrechnung im 17. Jahrhundert beim Gebrauch unendlich großer oder unendlich kleiner Größen stieß, haben anscheinend den Gebrauch des aktual Unendlichen lange verurteilen lassen.

Im Schulunterricht spricht man von dem Zeichen ∞ nur mit zitternder Stimme ... Dabei spürt ein jeder, daß gewisse Formeln wie $(+\infty) + (+\infty) = (+\infty)$ gefahrlos sind, wohingegen es unmöglich ist, eine vernünftige Definition für das Symbol $(+\infty) - (+\infty)$ zu geben. Es besteht also Grund dazu, das Symbol ∞ zu entzaubern und ohne vorgefaßte Meinung die Grenzen seiner Verwendungsmöglichkeit zu untersuchen. Georg Cantor hat die Grundlage eines Kalküls mit dem aktualen Unendlich gelegt. Die beiden Theorien der *Ordinalzahlen* und der *Kardinalzahlen*, die er geschaffen hat, ermöglichen den Gebrauch unendlicher Mengen mit ausreichender Sicherheit.

Das Paradoxon von Zenon von Elea

Achilles verfolgt eine Schildkröte, wobei er zehnmal schneller läuft als sie. A_0 und A_1 seien die ursprünglichen Positionen der beiden beweglichen Körper. Man nennt A_{k+1} die Position, welche die Schildkröte zum Zeitpunkt t_k innehat und zu dem Achilles in A_k angekommen ist.

Zenon glaubt zu beweisen, daß Achilles die Schildkröte niemals erreichen wird, denn dazu müßte er die unendlich vielen Punkte A_k durchlaufen, wozu unendlich viele Zeitpunkte t_k nötig wären. Achilles wird nie damit fertig werden. Dieser Punkt erscheint Zenon unannehmbar.

Achilles und die Schildkröte

Die Argumentation des Philosophen beruht auf zwei Punkten: Einerseits akzeptiert er die aktuale Unendlichkeit aller Zwischenpositionen A_k und der Position A_∞, Grenzwert der A_k und eventueller Treffpunkt der beiden Figuren. Andererseits will er die Idee einer aktualen Unendlichkeit von Zeitpunkten t_k nicht gelten lassen, welche in einer endlichen Zeitspanne enthalten sind. Das Paradoxon ergibt sich aus der Asymmetrie der Haltungen gegenüber dem Raum und der Zeit. Zenons Argument verliert seinen Wert im Rahmen einer axiomatischen Darstellung der Theorie der formalisierten reellen Zahlen, die sich nicht auf die psychologische Intuition beruft.

Die Rolle des Beweisverfahrens durch vollständige Induktion ermöglicht den Übergang vom potentiellen Unendlich zum aktualen Unendlich.

Das Peanosche Axiom P_4 behauptet tatsächlich, daß eine von einer natürlichen Zahl abhängige Eigenschaft, wenn sie auf jedem noch so großen Abschnitt erfüllt ist, für die Menge $\mathbb{N}^*$, das aktuale Unendlich, wahr ist.

Methodologie des Beweises durch vollständige Induktion

Dieses Beweisverfahren läßt verschiedene Varianten zu. Jedoch enthält es in allen Fällen einen *rekursiven Algorithmus* sowie die Verifizierung von *Anfangsbedingungen*.

Der alltäglichste Fall ist derjenige, bei welchem man eine von einer ganzen Variablen abhängende Eigenschaft $P(n)$ beweisen möchte und bei dem der Lehrsatz $\{P(n) \Rightarrow P(n+1)\}$ der rekursive Algorithmus ist. Es genügt dann, $P(1)$ zu überprüfen, um die Schlußfolgerung ziehen zu können.

Natürlich ist das Überprüfen von $P(1)$ wesentlich. Wenn man es vergißt, könnte man jede beliebige identisch falsche Eigenschaft beweisen, wie z. B. $n = n + 1$. In der Tat ist in diesem Fall die Implikation $\{P(n) \Rightarrow P(n+1)\}$ ein Lehrsatz, da ihre Prämisse falsch ist.

Bei einem *k-stufigen Beweis durch vollständige Induktion* ist der rekursive Algorithmus der Lehrsatz:

$$\{P(n) \text{ und } P(n+1) \text{ und } P(n+2)\ldots \text{ und } P(n+k-1)\} \Rightarrow P(n+k).$$

Um die Schlußfolgerung ziehen zu können, ist es unbedingt notwendig, die Anfangsbedingungen $P(x)$ für $x \leqslant k$ nachzuprüfen.

3.XIII.1 Übungsaufgabe Folgenden Sophismus korrigieren, der zu beweisen vorgibt, daß Geraden der Ebene, die paarweise nicht parallel sind, immer einen gemeinsamen Punkt haben. Nachdem man bemerkt hat, daß die Aussage für zwei Geraden richtig ist, untersucht man den Fall von $n + 1$ Geraden unter der Annahme, daß die Aussage für n Geraden richtig ist. Man entnimmt dann der Menge der $n + 1$ Geraden nacheinander zwei verschiedene Geraden und schließt auf die Existenz des gemeinsamen Punktes.

Man kann eine vollständige Induktion bei einer beliebigen ganzen Zahl beginnen lassen. Übrigens gibt es Eigenschaften, die von einer ganzen Zahl n abhängen und *erst von einem gewissen Rang ab* richtig sind.

Es kommt vor, daß der rekursive Algorithmus $\{P(n) \Rightarrow P(n+1)\}$ nur für ganze Zahlen n erfüllt ist, die kleiner als eine gegebene ganze Zahl N sind. Unter diesen Bedingungen hört die Überlegung bei N auf; dies ist eine *endliche Induktion.*

In einer anderen Variante wird der rekursive Algorithmus folgendermaßen definiert: $\{\forall\, k < n\ P(k)\} \Rightarrow P(n)$. Mit anderen Worten beruht der Beweis von $P(n)$ auf allen vorausgehenden Behauptungen $P(k)$. Hier ist die einzige zu prüfende Anfangsbedingung $P(1)$.

Der Beweis durch vollständige Induktion ist auch für den Beweis von Eigenschaften $P(n,m\ldots)$ geeignet, die von mehreren ganzen Variablen abhängen. Im einfachsten Fall beschränkt sich der rekursive Algorithmus auf $\{P(n, m)\} \Rightarrow \{P(n, m+1) \text{ und } P(n+1, m)\}$, aber es ist manchmal notwendig, seinen Scharfsinn unter Beweis zu stellen, um eine mehrfache Induktion durchzuführen, bei welcher die Variablen in einer klug gewählten Anordnung vorkommen (siehe obigen Beweis der Kommutativität der Addition).

Die Methode des *Absteigens der Rekursion*, die Fermat populär gemacht hat, ist eine Kombination von vollständiger Induktion und Absurditätsbeweis. Um zu beweisen, daß eine gewisse Eigenschaft $P(n)$ für jedes n falsch ist, prüft man nach, daß man – wäre sie für eine ganze Zahl n_0 richtig – eine Zahl $n_1 < n_0$ finden könnte, für die sie ebenfalls gültig wäre. Man gerät so in einen Widerspruch zum Lehrsatz (3.XII.11).

3.XIII.2 Übungsaufgabe Beweisen, daß es unmöglich ist, zwei ganze Zahlen p und q so zu finden, daß $p^2 = 2q^2$; anders gesagt, $\sqrt{2}$ ist irrational. Man zeigt, daß p und q notwendigerweise gerade sind, wenn $p^2 = 2q^2$. Man folgert daraus eine andere Lösung $p'^2 = 2q'^2$ mit $p' < p$ und $q' < q$.

Man findet andere elementare Beispiele für die Methode des Absteigens der Rekursion in [D15, C4].

XIV Vergleich von beliebigen Mengen

Bei zwei gegebenen Mengen **A** und **B** schreibt man $\{A < B\}$, um auszudrücken, daß es eine Injektion von **A** nach **B** gibt. Wenn **A** nicht leer ist, kann man gleichermaßen behaupten, daß es eine Surjektion von **B** auf **A** gibt, nach (3.IX.3). Diese Relation $<$ definiert eine Quasiordnung auf der Klasse aller Mengen.

3.XIV.1 Lehrsatz (Schroeder und Felix Bernstein, 1897.)

Wenn es zu zwei gegebenen Mengen A_1 und B_1 eine Injektion φ von A_1 in B_1 und eine Injektion ψ von B_1 in A_1 gibt, so gibt es eine Bijektion von A_1 auf B_1.

Anders gesagt: $\{(A_1 < B_1)\ \textit{und}\ (B_1 < A_1)\} \Rightarrow E_q(A_1, B_1)$. In der Tat, definieren wir induktiv die Mengen $A_{n+1} = \psi(B_n)$ und $B_{n+1} = \varphi(A_n)$, indem wir von A_1 und B_1 ausgehen. Die Mengen A_i (bzw. B_i) sind ineinander enthalten: $A_1 \supset A_2 \supset A_3 \ldots$ und $B_1 \supset B_2 \supset B_3 \ldots$ Setzen wir $A_\infty = \bigcap_{n \in \mathbb{N}^*} A_n$ *und* $B_\infty = \bigcap_{n \in \mathbb{N}^*} B_n$. Die Abbildung ψ ist durch Einschränkung des Ziels eine Bijektion von B_1 auf A_2. Sie läßt eine inverse Bijektion θ von A_2 auf B_1 zu.

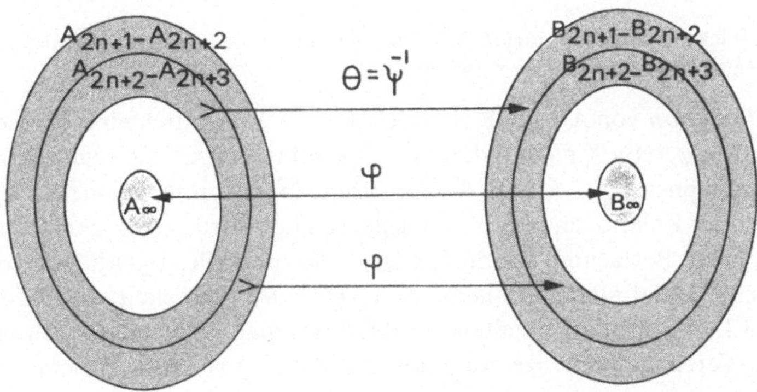

Lemma 1: Die Einschränkung von ψ auf B_∞ ist eine Bijektion auf A_∞. Tatsächlich ergibt eine bekannte Formel

$$\theta^{-1}\Big(\bigcap_{n \in \mathbb{N}^*} B_n\Big) = \bigcap_{n \in \mathbb{N}^*} \big(\theta^{-1}(B_n)\big).$$

Dies wird $\psi(B_\infty) = A_\infty$ geschrieben. Es beweist, daß $\psi: B_\infty \to A_\infty$ surjektiv ist, nachdem sie laut Hypothese bereits injektiv ist.

Lemma 2: $A_1 = A_\infty \cup \big(\bigcup_{n \in \mathbb{N}^*} (A_n - A_{n+1})\big)$

$B_1 = B_\infty \cup \big(\bigcup_{n \in \mathbb{N}^*} (B_n - B_{n+1})\big)$.

Es sei $x \in A_1$; wir bezeichnen mit $N(x)$ die durch $\{n \in N(x)\} \Leftrightarrow \{x \in A_n\}$ definierte Teilmenge von $\mathbb{N}^*$. Man stellt fest, daß $N(x)$ entweder ein Abschnitt $[m + 1]$ ist, und in diesem Fall gilt $x \in A_m - A_{m-1}$, oder $N(x) = \mathbb{N}^*$, und dann gilt $x \in A_\infty$. Der gleiche

Schluß gilt für $\mathbf{B}_1$. Um den Beweis des Satzes von Schroeder-Berinstein zu Ende zu führen, genügt es, folgende Abbildung f ins Auge zu fassen, welche offensichtlich eine Surjektion von $\mathbf{A}_1$ auf $\mathbf{B}_1$ ist:

$$f: \begin{array}{l} \text{wenn } x \in \mathbf{A}_\infty f(x) = \theta(x) \\ \text{wenn } x \in \mathbf{A}_{2n-1} - \mathbf{A}_{2n} \ f(x) = \varphi(x) \\ \text{wenn } x \in \mathbf{A}_{2n} - \mathbf{A}_{2n+1} f(x) = \theta(x) \end{array}$$

3.XIV.2 Lehrsatz Jede unendliche Teilmenge **A** von $\mathbb{N}^*$ ist gleichmächtig zu $\mathbb{N}^*$.

Für jedes $a \in \mathbf{A}$ ist die Menge $\mathbf{A} \cap \complement[S(a)]$ tatsächlich nicht leer, sonst wäre **A** in einem Abschnitt enthalten und folglich endlich. Bezeichnen wir mit T (a) das kleinste Element von $\mathbf{A} \cap \complement[S(a)]$ (siehe 3.XII.11). Man kann dann induktiv (3.XII.5) eine Abbildung φ von $\mathbb{N}^*$ in **A** definieren, welche $\varphi \circ S = T \circ \varphi$ genügt und so beschaffen ist, daß $\varphi(1)$ das kleinste Element von **A** ist. Die Abbildung φ ist eine Injektion von $\mathbb{N}^*$ in **A**. Da es außerdem eine kanonische Injektion von **A** in $\mathbb{N}^*$ gibt, erlaubt der Satz von Schroeder-Bernstein die Schlußfolgerung zu ziehen.

3.XIV.3 Lehrsatz (Zermelo, 1904). Für zwei gegebene Mengen **A** und **B** ist zumindest eine der beiden Relationen $\mathbf{A} < \mathbf{B}$ oder $\mathbf{B} < \mathbf{A}$ gültig.

Dieser Lehrsatz drückt zusammen mit (3.XIV.1) aus, daß die Klasse der Kardinalzahlen mit einer durch $<$ definierten totalen Ordnungsstruktur versehen ist.

Eine *partielle Injektion* von **A** nach **B** über dem Gebiet **X** ist durch eine Teilmenge $\mathbf{X} \subset \mathbf{A}$ und eine Injektion $\varphi_\mathbf{X}$ von **X** nach **B** definiert. Assimilieren wir eine solche partielle Injektion mit ihrem Graphen $\Gamma_\mathbf{X} \subset \mathbf{A} \times \mathbf{B}$, der im allgemeinen kein funktionaler Graph ist, da er nur der zweiten der Relationen (3.VI.7) genügt, nämlich der Eindeutigkeitsrelation, die wir mit (U) bezeichnen. Betrachten wir die Menge $\mathscr{E}$ aller partieller Injektionen von **A** nach **B**: das ist die durch (U) definierte Teilmenge von $P(\mathbf{A} \times \mathbf{B})$. $\mathscr{E}$ ist nicht leer. Warum? $\mathscr{E}$ ist induktiv (siehe 3.IX.5) für die Enthaltensein-Relation; man stellt tatsächlich fest, daß die totalgeordnete Vereinigungsmenge von Graphen, die (U) genügen, ebenfalls noch ein Element von $\mathscr{E}$ ist.

Es gibt also nach dem Zornschen Lemma eine maximale partielle Injektion $\varphi_{\mathbf{A}_1}$ über dem Gebiet $\mathbf{A}_1 \subset \mathbf{A}$ mit der Bildmenge $\mathbf{B}_1 = \varphi_{\mathbf{A}_1}(\mathbf{A}_1) \subset \mathbf{B}$.

Es ist unmöglich, daß gleichzeitig $\mathbf{A}_1 \neq \mathbf{A}$ und $\mathbf{B}_1 \neq \mathbf{B}$. Denn in diesem Fall könnte man dem Graphen $\Gamma_{\mathbf{A}_1}$ einen Punkt (a, b) derart adjungieren, daß $a \notin \mathbf{A}_1$ und $b \notin \mathbf{B}_1$, und so eine partielle Injektion erhalten, die dem Graphen $\Gamma_{\mathbf{A}_1} \cup \{(a, b)\}$ zugeordnet wäre, welcher $\varphi_{\mathbf{A}_1}$ erweitern würde, im Widerspruch zu seinem maximalen Charakter.

Es bleiben nur noch zwei mögliche Fälle übrig, die sich nicht notwendigerweise ausschließen: Der Fall $\mathbf{A}_1 = \mathbf{A}$ führt zu einer Injektion $\varphi_\mathbf{A}$ von **A** in **B**. Der Fall $\mathbf{B}_1 = \mathbf{B}$ liefert eine Surjektion $\varphi_{\mathbf{A}_1}$ von $\mathbf{A}_1$ auf **B**, deren rechtsinverse Abbildung eine Injektion von **B** in **A** ist.

3.XIV.4 Lehrsatz Jede unendliche Menge enthält eine Teilmenge, die mit $\mathbb{N}^*$ gleichmächtig ist. Jede endliche Teilmenge ist mit einem Abschnitt von $\mathbb{N}^*$ gleichmächtig.

Wenn **A** unendlich ist, bestätigt der Lehrsatz von Zermelo, daß zwei Fälle eintreten können: Entweder gibt es eine Injektion von $\mathbb{N}^*$ in **A**, deren Bildmenge dann eine mit $\mathbb{N}^*$ gleichmächtige Teilmenge von **A** ist, oder **A** ist mit einer unendlichen Teilmenge von $\mathbb{N}^*$ gleichmächtig. **A** ist dann mit $\mathbb{N}^*$ gleichmächtig (3.XIV.3).

Wenn **A** endlich ist, greifen wir den Beweis von (3.XIV.3) wieder auf und verbessern ihn folgendermaßen: Wir sagen, daß eine *partielle Injektion* φ_X von **A** nach $\mathbb{N}^*$ *adäquat* ist, wenn die Bildmenge φ_X (X) entweder ein Abschnitt oder $\mathbb{N}^*$ insgesamt ist. Letzteres kommt übrigens für **A** endlich niemals vor. Man benutzt das Zornsche Lemma wie in (3.XIV.3) auf der Menge der adäquaten partiellen Injektionen.

Insbesondere wird man zeigen, daß der Fall $\mathbf{A}_1 \neq \mathbf{A}$ und $\mathbf{B}_1 = [n]$ unmöglich ist, wenn man dem Graphen $\varphi_{\mathbf{A}_1}$ den Punkt (a, n) adjungiert. Man gelangt so zu einer adäquaten Erweiterung von $\varphi_{\mathbf{A}_1}$, da deren Bildmenge $[n] \cup \{n\} = [S(n)]$ wäre. Als Schlußfolgerung findet man eine adäquate Injektion von **A** nach $\mathbb{N}^*$, was bedeutet, daß **A** mit einem Abschnitt gleichmächtig ist.

Es ist zu bemerken, daß es die Menge der Abschnitte von $\mathbb{N}^*$ ermöglicht, jeder endlichen Menge in korrekter Weise eine Kardinalzahl zuzuordnen (siehe 3.X). Laut Definition sagt man, daß die Kardinalzahl einer endlichen Menge n ist, wenn sie mit $[S(n)]$ gleichmächtig ist. Insbesondere ist die Kardinalzahl einer Einer-Menge 1. Ferner bezeichnet man mit 0 die Kardinalzahl von ϕ.

3.XIV.5 Übungsaufgabe Beweisen, daß für endliche Mengen **A** und **B** die Mengen $\mathbf{A} + \mathbf{B}$, $\mathbf{A} \times \mathbf{B}$ und $\mathbf{A}^{\mathbf{B}}$ ebenfalls endlich sind und daß gilt:

$$\text{card}\,(\mathbf{A} + \mathbf{B}) = \text{card}\,\mathbf{A} + \text{card}\,\mathbf{B}$$
$$\text{card}\,(\mathbf{A} \times \mathbf{B}) = \text{card}\,\mathbf{A} \times \text{card}\,\mathbf{B}$$
$$\text{card}\,(\mathbf{A}^{\mathbf{B}}) = (\text{card}\,\mathbf{A})^{\text{card}\,\mathbf{B}}.$$

XV Abzählbarkeit

Eine Menge heißt abzählbar, wenn sie mit einer Teilmenge von $\mathbb{N}^*$ gleichmätig ist. Jede Teilmenge einer abzählbaren Menge ist mit einer Teilmenge von $\mathbb{N}^*$ gleichmächtig. Jede Teilmenge einer abzählbaren Menge ist abzählbar. Jede unendliche Menge enthält eine unendliche abzählbare Teilmenge (3.XIV.4). Eine nicht leere Menge **E** ist abzählbar, wenn es eine Surjektion von $\mathbb{N}^*$ auf **E** gibt.

3.XV.1 Lemma Jede abzählbare Vereinigung von endlichen Mengen ist abzählbar.

Betrachten wir in der Tat die Menge $\mathbf{E} = \bigcup_{n \in \mathbb{N}^*} \mathbf{E}_n$ und nehmen wir an, die Menge $\mathbf{E}_n$ habe α_n Elemente. Man läßt den trivialen Fall beiseite, bei dem **E** leer ist. Setzen wir $s_n = \sum_{i=1}^{n} \alpha_i$ und $s_0 = 0$. Es gibt eine Surjektion φ von $\mathbb{N}^*$ auf **E** derart, daß ihre Einschränkung auf die Menge $[s_n + 1] - [s_{n-1} + 1] \subset \mathbb{N}^*$ eine Bijektion auf $\mathbf{E}_n$ ist. (φ ist nur dann eine Bijektion von $\mathbb{N}^*$ auf **E**, wenn die $\mathbf{E}_i$ elementfremd sind; $\mathbf{E}_i$ kann übrigens leer sein.)

3.XV.2 Lehrsatz (Cantor). Das Produkt $\mathbb{N}^* \times \mathbb{N}^*$ ist gleichmächtig mit $\mathbb{N}^*$.

In der Tat ist $\mathbb{N}^* \times \mathbb{N}^*$ die Vereinigung der Mengen $\mathbf{E}_n$ von geordneten Paaren $(p, q) \in \mathbb{N}^* \times \mathbb{N}^*$ mit $p + q = n$. Die Menge $\mathbf{E}_n$ ist eine Menge mit $(n-1)$ Elementen.

Korollar. $(\mathbb{N}^*)^n$ ist gleichmächtig mit $\mathbb{N}^*$.

3.XV.3 Übungsaufgabe Nachprüfen, daß die Verknüpfung

$$(p, q) \mapsto \frac{(p+q-2)(p+q-1)}{2} + p$$

eine Bijektion von $\mathbb{N}^* \times \mathbb{N}^*$ auf $\mathbb{N}^*$ definiert. Dies ist gerade in expliziter Form die Bijektion, die im Beweis von (3.XV.2) vorkommt.

3.XV.4 Lehrsatz Jede Vereinigung $\mathbf{E} = \bigcup_{i \in \mathbf{I}} \mathbf{E}_i$ einer abzählbaren Familie abzählbarer Mengen ist abzählbar.

Lassen wir zunächst den trivialen Fall beseite, bei dem **E** und insbesondere **I** leer sind. Man kann sich auf den Fall beschränken, bei dem keines der $\mathbf{E}_i$ leer ist, indem man gegebenenfalls **I** durch eine kleinere Menge ersetzt.

Für jeden Index i gibt es eine Surjektion φ_i von $\mathbb{N}^*$ auf $\mathbf{E}_i$. Man leitet daraus eine Surjektion φ von $\mathbf{I} \times \mathbb{N}^*$ auf **E** ab, indem man $\varphi(i, n) = \varphi_i(n)$ setzt. Man zieht die Schlußfolgerung und bemerkt, daß $\mathbf{I} \times \mathbb{N}^*$ mit $\mathbb{N}^*$ gleichmächtig ist.

Nicht abzählbare Mengen

3.XV.5 Lehrsatz (Cantor). Es seien **E** eine nicht leere Menge und **F** eine Menge, die mindestens zwei verschiedene Elemente enthält, dann gilt $\mathbf{E} < \mathbf{F}^{\mathbf{E}}$, aber **E** ist nicht gleichmächtig mit $\mathbf{F}^{\mathbf{E}}$.

Sei $\{\alpha, \beta\}$ eine in **F** enthaltene Zweier-Menge. Man konstruiert eine Injektion von **E** nach $\mathbf{F}^{\mathbf{E}}$, indem man jedem $x \in \mathbf{E}$ die durch $\{f_x(a) = \alpha$ wenn $a \neq x$ und $f_x(x) = \beta\}$ definierte Abbildung f_x zuordnet. Also $\mathbf{E} < \mathbf{F}^{\mathbf{E}}$.

Um den nicht trivialen Teil des Satzes zu beweisen, genügt es nachzuweisen, daß eine Abbildung von **E** in $\mathbf{F}^{\mathbf{E}}$ nicht surjektiv sein kann.

Es sei also θ eine solche Abbildung, die $\mathrm{x} \in \mathbf{E}$ eine Abbildung θ_{x} von **E** in **F** zuordnet. Da man weiß, daß **F** mindestens zwei verschiedene Elemente besitzt, ist $\mathbf{F} - \{\theta_{\mathrm{x}}(\mathrm{x})\}$ nicht leer. Das Auswahlaxiom bestätigt dann die Existenz einer Auswahlfunktion ψ: $\mathbf{E} \to \mathbf{F}$ derart, daß für alle x $\psi(\mathrm{x}) \neq \theta_{\mathrm{x}}(\mathrm{x})$. Es ergibt sich daraus, daß die Funktion $\psi \in \mathbf{F}^{\mathbf{E}}$ von allen Funktionen θ_{x} verschieden ist. Also ist ψ kein Element der Bildmenge $\theta(\mathbf{E}) \subset \mathbf{F}^{\mathbf{E}}$.

3.XV.6 Übungsaufgabe Den Beweis des wichtigen vorhergehenden Lehrsatzes in dem Sonderfall wieder aufgreifen, in dem **F** eine Zweier-Menge ist. Man wird feststellen, daß in diesem Fall die Argumentation ganz elementar ist und daß das Auswahlaxiom nicht mehr darin vorkommt.

Korollar: Es gibt unendliche nicht abzählbare Mengen.

Wenn zum Beispiel **2** eine Zweier-Menge darstellt, ist die Menge $\mathbf{2}^{\mathbb{N}^*}$ nicht abzählbar.

3.XV.7 Übungsaufgabe Wenn Ω eine nicht leere Menge ist, zeigen, daß $P(\Omega)$ und 2^{Ω} gleichmächtig sind.

Klassifikation der reellen Zahlen

Wir kommen nun zu der überraschendsten Anwendung der Theorie von Cantor.

3.XV.8 Lehrsatz (Cantor). Die Menge $\mathbb{Q}$ der rationalen Zahlen ist abzählbar unendlich.

Man definiert eine Surjektion von $\mathbb{N} \times \mathbb{N}^*$ auf $\mathbb{Q}$, indem man (p, q) den Bruch p/q zuordnet. Also $\mathbb{N}^* < \mathbb{Q} < \mathbb{N} \times \mathbb{N}^*$, und folglich ist $\mathbb{Q}$ mit $\mathbb{N}^*$ gleichmächtig.

Eine *algebraische Zahl* ist eine komplexe Zahl, welche Wurzel einer algebraischen Gleichung mit rationalen Koeffizienten ist, oder – was auf das gleiche hinausläuft – mit *ganzen Koeffizienten.*

3.XV.9 Lehrsatz Die Menge der algebraischen Zahlen ist abzählbar unendlich.

In der Tat ist die Menge der *unitären* Polynome vom Grade k mit rationalen Koeffizienten (d.h. der Polynome, bei denen der Koeffizient von x^k gleich 1 ist) mit $\mathbb{Q}^k$, also mit $\mathbb{N}^*$, gleichmächtig. Jedes dieser Polynome hat höchstens k verschiedene Wurzeln. Die Menge dieser Wurzeln ist also abzählbar. Indem man k alle Werte von $\mathbb{N}^*$ durchlaufen läßt, beweist man den Lehrsatz (3.XV.4).

3.XV.10 Lehrsatz (Cantor). Die Menge $\mathbb{R}$ der reellen Zahlen ist unendlich, jedoch nicht abzählbar.

Es genügt zu beweisen, daß eine gewisse Teilmenge $\mathbb{K}$ von $[0, 1] \subset \mathbb{R}$ unendlich und nicht abzählbar ist.

Bezeichnen wir mit **10** (bzw. **2**) die Menge der Ziffern $\{0, 1, 2, \ldots 9\}$ (bzw. $\{1, 2\}$). Eine Ziffernfolge ist ein Element von $\mathbf{10}^{\mathbb{N}^*}$. Man ordnet ihr die $[0, 1]$ angehörende reelle Zahl zu, von der man eine Darstellung als Dezimalbruch erhält, wenn man 0 schreibt, auf der rechten Seite gefolgt von einem Komma und der betrachteten Ziffernfolge.

Man weiß, daß jede reelle Zahl mindestens eine derartige Darstellung als Dezimalbruch zuläßt, aber gewisse rationale Zahlen, Dezimalzahlen genannt, werden zwei verschiedenen Dezimalbrüchen zugeordnet. Jeder Dezimalbruch, dessen Ziffern von einem gewissen Rang ab gleich 0 sind, läßt einen synonymen Dezimalbruch zu, dessen Ziffern von einer gewissen Stelle an nur Neunen sind; zum Beispiel $0{,}25000000\ldots = 0{,}24999999\ldots$

Um dieses Fehlen von Eineindeutigkeit zu vermeiden, betrachten wir die Menge $\mathbb{K}$ der reellen Zahlen $\in [0, 1]$, in deren Dezimalstellen rechts vom Komma nur die Ziffern 1 und 2 vorkommen. Die Menge dieser Dezimalbrüche steht in bijektiver Zuordnung zu $\mathbf{2}^{\mathbb{N}^*}$, einer unendlich nicht abzählbaren Menge (3.XV.5). $\mathbb{R}$ ist nicht abzählbar, denn im umgekehrten Fall wäre jede seiner Teilmengen, und insbesondere $\mathbb{K}$ (3.XV.2), abzählbar.

3.XV.11 Bemerkung Cantor hat folgenden überraschenden Lehrsatz bewiesen: Die Ebene $\mathbb{R}^2$ und die Gerade $\mathbb{R}$ sind gleichmächtige Mengen; allerdings ist die von Cantor konstruierte Bijektion nicht stetig [C 13]. Peano hat außerdem eine stetige nicht injektive Surjektion von $\mathbb{R}$ auf $\mathbb{R}^2$ konstruiert (siehe Peanosche Kurve (4.X)). Dagegen beweist man – und das ist ein Hauptlehrsatz – daß es keine stetige Bijektion von $\mathbb{R}^n$ auf $\mathbb{R}^m$ gibt, wenn n und m verschieden sind. Der intuitive Eindruck, daß $\mathbb{R}^2$ „größer" als $\mathbb{R}$ ist, wird also nur dann bestätigt, wenn man den topologischen Begriff der Stetigkeit einführt. So hat der Begriff Dimension im engen Rahmen der Mengenlehre keine Bedeutung. Er erhält sie entweder in der algebraischen Theorie der Vektorräume oder in der Topologie.

Transzendente Zahlen

Der Vergleich der Lehrsätze (3.XV.10) und (3.XV.9) zeigt, daß es in $\mathbb{R}$ *transzendente Zahlen* gibt, d.h. Zahlen, die nicht algebraisch sind. Dieser Existenzbeweis von Cantor (1888) liefert keine wirkungsvollen Beispiele. Im Jahre 1844 hatte Liouville reelle transzendente Zahlen betrieben (z.B. die Zahl $\sum_{n=1}^{\infty} \frac{1}{2^{n!}}$). Jedoch handelte es sich um eigens für diesen Zweck konstruierte Zahlen.

Im Jahre 1873 bewies Charles Hermite, daß die Zahl e transzendent ist, und im Jahre 1882 benutzte Lindemann die Hermitesche Methode, um zu beweisen, daß π transzendent ist. So fand endlich das berühmte Problem der *Quadratur des Kreises*, das seit der Antike bestand, seine Lösung, und zwar durch Negation. Man weiß, daß dieses Problem die Aufgabe stellt, mit Zirkel und Lineal ein Quadrat zu konstruieren, das den gleichen Flächeninhalt hat wie eine Kreisfläche von gegebenem Radius R. Mit anderen Worten handelt es sich darum, die Länge $R\sqrt{\pi}$ von R ausgehend zu erhalten. Nun konstruiert man aber jedesmal, wenn man einen Punkt mittels Zirkel und Lineal konstruiert, eine Größe, die einer Gleichung ersten oder zweiten Grades genügt, deren Koeffizienten bereits vorher konstruierte Größen sind. Es ergibt sich hieraus, daß man auf diese Art nur Größen kR erhalten kann, wobei k eine algebraische Zahl ist. Also ist die Quadratur des Kreises mit Zirkel und Lineal unmöglich.

Im Jahre 1939 bewies der russische Mathematiker A. Guelfond, daß a^b transzendent ist, wenn a (verschieden von 0 oder 1) rational und b irrational algebraisch ist. Die schwierige Theorie der transzendenten Zahlen erlebt zur Zeit einen großen Aufschwung.

4 Metrische und Topologische Fragen

I Topologie für den angehenden Lehrer

Die Lehrerausbildung muß das *Erwerben von Fachkenntnissen* und das *Anheben des kulturellen Niveaus* unterscheiden.

Kultur und Wissen

Niemand wird die Notwendigkeit leugnen, daß ein Statistik-, Arabisch- oder Klavierlehrer die zu unterrichtenden Fächer vorher studiert haben muß. Dies scheint jedoch aus den derzeit gültigen Anstellungsbestimmungen für Lehrer nicht klar hervorzugehen; einige Leute bilden sich ein, daß ein Biologiestudium oder ein Abitur genügend Kompetenz erteilt, um in der Sexta Mathematik zu unterrichten.[11)]
Ein umgeschulter Mathematiklehrer ist aber für einen bestimmten Unterricht höchstens ein Aufseher, falls er nicht eine breite Allgemeinbildung besitzt. Man müßte sein Niveau im Sinne eines viele Fächer umgreifenden Eklektizismus bewerten. Es wäre wünschenswert, daß der Oberschüler von Zeit zu Zeit einen Mathematiklehrer hätte, der viel gereist ist, der einen handwerklichen Beruf ausgeübt hat oder der einige Kenntnisse in Medizin, Astronomie oder Literatur besitzt. So würde er einen weltoffenen Unterricht erteilen, anstatt wortwörtlich die Anweisungen eines für den Lehrer bestimmten Buches wiederzugeben.

Es wäre gleichermaßen wünschenswert, daß die mathematischen Kenntnisse gewisser Lehrer über den von den Lehrplänen vorgesehenen engen Rahmen hinausragten und daß sie manchmal eine wenn auch indirekte Erfahrung in der gegenwärtigen mathematischen Forschungsarbeit hätten.

Die Lehrpläne für die Lehrerausbildung müssen die Sorge um kulturelles Niveau und die Forderung nach Fachkenntnissen klug dosieren.

4.I.1 Beispiel An einigen Universitäten ist der Studienreferendar gezwungen, eine Vorlesung über die Maßtheorie und die Theorie der Integration zu hören. Man legt dort, mit Recht, besonderes Gewicht auf die Lehrsätze von Lebesgue und Fubini. Der kulturelle Wert eines solchen Unterrichts ist unanfechtbar. Jedoch nur einige außergewöhnliche Studenten werden die Verbindung zwischen diesen allgemeinen Theorien und dem Unterricht des Maßes von Längen, Flächen und Volumen, so wie er in den Oberschulen dargeboten wird, herstellen können. *Man muß ihnen helfen, diese Verbindung herzustellen.*

---

11) Anm. d. Üb.: Der Verfasser spielt hier auf die um 1970 in Frankreich tatsächlich weit verbreitete Praxis an, aufgrund des besonders in der Mathematik sehr großen Lehrermangels Leute als Aushilfslehrer einzustellen, die keinerlei Mathematikstudium absolviert hatten. Zum Teil machten diese Aushilfslehrer bis zu 75 % der Mathematiklehrer von der Sexta bis zur Untertertia aus. Heute (1979) werden keine solchen Lehrer mehr eingestellt, doch wurden viele dieser Aushilfslehrer nach einigen Jahren des Unterrichtens nach einer praktischen Prüfung ins Beamtenverhältnis übernommen.

Die Vorbereitung von Modellstunden, die ihren Stoff aus Lehrbüchern der Mittel- und Oberstufe beziehen, führt in dieser Hinsicht zu nichts. Sie verschlimmert im allgemeinen den Eindruck, daß ein Bruch besteht zwischen dem Unterricht an Oberschulen und an Universitäten.

Es ist jedoch möglich, die theoretische Vorlesung durch einen Lehrgang zu ergänzen, der speziell dazu dient, die beiden Standpunkte in Einklang zu bringen. Z. B. könnte man dem Studienreferendar die Lösung erklären, die Dehn für das berühmte vierte Problem von Hilbert gefunden hat, welches folgendermaßen lautet:

Gegeben seien zwei Pyramiden gleicher Höhe und gleichen Inhalts ihrer Basisflächen. Ist es im allgemeinen möglich, sie beide in eine endliche Anzahl von Tetraedern so zu zerlegen, daß jeweils ein Tetraeder der einen einem Tetraeder der anderen isometrisch ist? [B7, E9].

Die Antwort ist negativ. Damit zwei Tetraeder, nach Zerlegung und erneuter Zusammensetzung in dieser Art einander gleich sind, ist es notwendig, daß die Differenz zwischen der Summe der Flächenwinkel des einen und der Summe der Flächenwinkel des anderen gleich einem geraden Vielfachen eines ebenen Winkels ist, was im allgemeinen nicht der Fall ist. Man wird den Unterschied zur ebenen Geometrie bemerken: man rechtfertigt leicht die Formel des Flächeninhalts eines Dreiecks, wenn man wie bei einem Puzzle verfährt, nämlich durch Zerlegen und neues Zusammensetzen. Der Lehrer muß wissen, daß eine solche Methode beim Tetraeder zum Mißerfolg verurteilt ist. Die Zuflucht zum Zerlegen in Scheiben mit Übergang zum Grenzwert – kurz die Integralrechnung – ist hier unvermeidlich.

Die Topologie in der Oberschule

Das systematische Studium der Topologie erfolgt erst auf der Universität. Dennoch hat sie laufend, in impliziter Weise, Anteil an elementaren Fragen, die vom Unterricht auf der Oberschule aufgeworfen werden.

Es sind meist die delikaten, nicht leicht zu unterrichtenden Stoffinhalte, die topologische Schwierigkeiten verbergen. Es ist begründet, den Studienreferendar in die Topologie einzuführen, nicht um ihm zu erlauben, diese Wissenschaft zu unterrichten, sondern damit er alle anderen Unterrichtsstoffe verstehen und beherrschen kann.

Eine für alle Mathematikstudenten bestimmte Vorlesung über Topologie muß ohne besondere Rücksicht auf den künftigen Lehrberuf zu Recht auf die Anwendung der mathematischen Analysis ausgerichtet sein. Gerade in der Funktionalanalysis beweist die Topologie ihre Wirksamkeit am eindrucksvollsten [E1].

Ein Topologieunterricht, der durch die Kompaktheitseigenschaften der Familien holomorpher Funktionen oder durch die Theorie der Distributionen veranschaulicht wird, ist selbstverständlich von allgemeinbildendem Interesse, doch darf man sich für die Ausbildung des angehenden Lehrers nicht darauf beschränken.

Das vorliegende Kapitel will einige Ergänzungen aus dem Gebiet der Topologie erläutern, die direkt mit dem Mathematikunterricht an Mittel- und Oberschulen verbunden sind.

Gebrauchsanweisung für dieses Kapitel

Um Nutzen aus diesem Kapitel zu ziehen, muß der Leser zuvor ein Standardwerk über die wichtigsten theoretischen Ergebnisse der allgemeinen Topologie [E2, E0] studieren, wobei er sich eventuell in erster Näherung auf das Studium der metrischen Räume beschränken kann [E1, E3]. Er wird dabei feststellen, daß die Hauptschwierigkeit in der Aneignung eines gewissen Wortschatzes liegt. Die meisten Lehrsätze sind sehr wichtig, jedoch ist deren Beweis nur selten schwierig. Wir haben darauf verzichtet, hier eine solche Darlegung, die in sehr ähnlicher Form in den meisten klassischen Abhandlungen vorkommt, zu wiederholen, um uns umso eingehender unserer Absicht widmen zu können, diese Theorie in den Gymnasialunterricht zu integrieren.

In diesem Kapitel werden die Wörter frei verwendet, während ihre Definition gegebenenfalls in Nachschlagewerken zu suchen ist. Ebenso steht es mit dem Beweis einiger erwähnter Lehrsätze. Diese Wörter und Lehrsätze, auf die angespielt wird, werden *im Text durch ein Sternchen gekennzeichnet.*

Wir wollen auf einen absichtlich gewollten Unterschied zwischen vorliegendem Werk und den Büchern hinweisen, die im Stil der Vorlesungspädagogik abgefaßt sind. Im Vorwort letzterer wird der autonome, "self-contained"-Charakter ihrer Darlegung betont. Der Student könnte sich damit begnügen, ein einziges Buch zu studieren. Der Leser unseres Werkes hat sicherlich bereits verstanden, daß er aufgefordert ist, unseren Text ständig mit der Literatur zu vergleichen, die analoge Fragen behandelt (0.VII).

II Motivation für die Einführung der metrischen Räume

Die drei Axiome, die einen *Abstand** definieren, sind selbstverständlich von der euklidischen Geometrie inspiriert. Jedoch stellen sie eine gewollte Verarmung dieses Modells dar, da sie aus der Fülle der euklidischen Metrik nur drei sehr banale Eigenschaften beibehalten. Man muß die Gründe für diese Reduzierung verstehen.

Der Begriff *metrischer Raum** wurde 1906 von Maurice Fréchet unter der Bezeichnung „espace distancié" (Entfernungsraum) herausgearbeitet, um Probleme der Funktionalanalysis in Angriff nehmen zu können. Er erlaubte es, die Sprache der Geometrie zur Formulierung von Approximationsproblemen zu verwenden.

Die Idee der Approximation

Sei P ein Problem, das vorgegebene Größen a, b, c enthält; z. B. kann P die Lösung einer von Parametern abhängigen Differentialgleichung sein. Man nimmt an, daß man von vornherein weiß oder daß man vermutet, daß P eine Lösung L besitzt, deren Bestimmung sich jedoch als schwierig herausstellt. Man ersetzt dann das Problem P durch ein „angenähertes" Problem P' mit den vorgegebenen Größen a', b', c', die von den Größen a, b, c „möglichst wenig abweichen", wobei folgende Bedingungen erfüllt sind:

1. Man kann die Lösung L$'$ von P' bestimmen.
2. Man kann a priori beweisen, daß, wenn P' (bzw. a', b', c') „nahe" genug bei P (bzw. a, b, c) liegt, die Abweichung, die das Ersetzen von L durch L$'$ mit sich bringt, nicht allzu groß ist.

Diese Formulierung ist natürlich vage, kann aber einen präzisen Sinn bekommen, wenn P und P' (bzw. a, b, c und a', b', c'; bzw. L und L$'$) Elemente eines metrischen Raumes sind. Alles beruht auf Ungleichungen zwischen Abständen. Selbstverständlich berechnet man nicht die Abweichung, die durch das Ersetzen von L durch L′ erhalten wird; man begnügt sich vielmehr damit, sie abzuschätzen. Der Ausdruck *Fehlerrechnung* ist also pädagogisch schlecht; wichtig ist, daß der Schüler begreift, daß es sich um eine *Abschätzung des Fehlers* handelt.

Die Axiome der Abstandsfunktion sind genau diejenigen, welche die Abschätzungen ermöglichen. Besonders stellt

4.II.1

$$\{d(\mathrm{L}, \mathrm{L}') = 0\} \Leftrightarrow \{\mathrm{L} = \mathrm{L}'\}$$

sicher, daß die Abweichung dann und nur dann gleich Null ist, wenn L′ die exakte Lösung von *P* ist, und die *Dreiecks-Ungleichung** sagt aus, daß zwei kleine Abweichungen, hintereinander vorgenommen, das Endergebnis nicht allzusehr beeinträchtigen.

Es gibt noch ganz andere Arten, sich von der euklidischen Metrik inspirieren zu lassen. Z. B. führt der mit Hilfe eines ds^2 definierte Begriff *Riemannsche Metrik** eine sehr reichhaltige Struktur ein, die für das Studium der Differentialgeometrie und für die theoretische Physik besonders geeignet ist.

Die Bedeutung der Ungleichungen

Die Elementargeometrie setzt üblicherweise den Akzent auf die Gleichheitsbeziehungen und vernachlässigt manchmal die Untersuchung der Ungleichungen, die für einen nach Gewißheit dürstenden Geist weniger befriedigend sind. Der Student stellt fest, daß die Reihenfolge der Bedeutung in der höheren Mathematik und in der reinen und angewandten Wissenschaft gerade umgekehrt ist. Man trifft relativ wenig exakte Formeln der Geometrie an, die sich als nützlich erweisen. Dagegen ist die Anwendung von Ungleichungen und Abschätzungen wirklich von grundlegender Bedeutung.

Wir wollen diesbezüglich die Technik analysieren, die bei der Anwendung von endlichen Reihenentwicklungen (z. B. Taylorsche Formel) oder bei jeder anderen Approximationsmethode zur Geltung kommt. Man zerlegt die Größe, die man untersucht, in zwei Terme. Mit dem einen, dem *regulären Teil*, lassen sich exakte algebraische Operationen durchführen. Man behandelt den anderen, *Rest* oder *Fehler* genannten Ausdruck, in weniger einschränkender Weise: Man gibt sich mit dem Beweis zufrieden, daß er sich innerhalb einer gewissen Menge befindet, deren Elemente man vernachlässigen kann.

Bis in die Mitte des 19. Jahrhunderts interessierten sich die Mathematiker hauptsächlich für den regulären Teil, d. h. für die formalen Berechnungen, wobei sie sich oft damit begnügten, den Rest durch „...“ oder „usw., usw.“ zu ersetzen. Der junge Schüler ist natürlich versucht, ebenso zu handeln. Es ist wichtig, ihn sehr früh die Bedeutung der Abschätzung von Fehlern erahnen zu lassen.

Bei solchen Untersuchungen kommt der Begriff *Konvexität** als sehr wirksames Abschätzungsmittel vor. Die Menge der Elemente, die vernachlässigt werden können, bildet oft eine konvexe Teilmenge einer affinen Menge, und man begnügt sich mit dem Beweis, daß der Fehler das Baryzentrum von Elementen ist, die vernachlässigt werden können. Man schließt daraus, daß auch der Fehler selbst vernachlässigt werden kann.

Das Studium der konvexen Figuren verdient einen angemessenen Platz im Lehrplan der Mittel- und Oberschulen.

III Beispiele von Metriken

Wir wollen daran erinnern, daß die Abbildungen, die für $p \geqslant 1$ einem $X = (x_1, x_2, \ldots, x_n)$ den Wert $\|X\|_p = \left(\sum_{i \leqslant n} |x_i|^p\right)^{1/p}$ zuordnen, im $\mathbb{R}^n$ *Normen** sind.

Insbesondere ist $\|.\|_2$ die *euklische Norm.*

Eine andere wichtige Norm ist $\|X\|_\infty = \operatorname{Max}_{i \leqslant n} |x_i|$

Wir werden die *aus diesen Normen abgeleiteten Abstandsfunktionen** mit d_p (bzw. d_∞) bezeichnen.

4.III.1 Übungsaufgabe Beweisen, daß für zwei gegebene reelle Zahlen a und b

$$\lim_{p \to \infty} (|a|^p + |b|^p)^{1/p} = \operatorname{Max}(|a|, |b|),$$

was die Bezeichnung $\|.\|_\infty$ rechtfertigt.

4.III.2 Übungsaufgabe ω sei eine von $\mathbb{R}_+$ nach $\mathbb{R}_+$ definierte numerische Funktion, die auf $\mathbb{R}_+$ monoton wachsend ist und folgenden zwei Bedingungen genügt:

$$\{\omega(x) = 0\} \Leftrightarrow \{x = 0\}$$

und

$$\{\forall (x, y) \in \mathbb{R}_+^2 \ \omega(x + y) \leqslant \omega(x) + \omega(y)\}.$$

Wenn d eine in einer Menge **E** definierte Abstandsfunktion (oder Metrik) ist, so ist $\omega \circ d$ eine andere Metrik.

Wenn außerdem ω eine im Punkt $x = 0$ stetige Funktion ist, sind die beiden Abstandsfunktionen $\omega \circ d$ und d *äquivalent**.

Man zeige, daß die beiden Funktionen $\omega(x) = x^{1/p}$ (wobei $p \geqslant 1$) und $\omega(x) = \frac{x}{1+x}$ den vorstehenden Bedingungen genügen.

Man beweise, daß es zu jeder in **E** definierten Metrik d eine andere Metrik d' gibt, die zu d äquivalent ist und für welche der metrische Raum $(\mathbf{E}, d')$ *beschränkt** ist.

4.III.3 Beispiel In jeder Menge **E** definiert man die *diskrete Metrik* δ durch:

$$\delta(A, B) = \begin{cases} 0 \text{ wenn } A = B \\ 1 \text{ wenn } A \neq B. \end{cases}$$

Für die diskrete Metrik ist jede Teilmenge von **E** offen und auch abgeschlossen. Die diskrete Metrik, für sich allein betrachtet, ist nur von geringem Interesse. Ihre Rolle besteht darin, im theoretischen Gebäude der metrischen Mengen als Schlußstein zu dienen. Ein Teilraum eines nicht diskreten metrischen Raumes kann diskret sein. Außerdem kann δ zu interessanten Metriken führen, wenn sie mit nicht trivialen Metriken kombiniert wird.

4.III.4 Übungsaufgabe Man sagt, ein Punkt C eines metrischen Raumes *liegt zwischen* den Punkten A und B, wenn

$$d(A, B) = d(A, C) + d(B, C).$$

Die Menge aller Punkte auffinden, die zwischen zwei Punkten A und B des $\mathbb{R}^2$ liegen, wenn man sich eine der folgenden Abstandsfunktionen zu eigen macht: d_1, d_2, d_∞, $\sqrt{d_2}$ und δ.
Zu zwei gegebenen Punkten A und B der euklidischen Ebene und zu zwei reellen Zahlen a und b, für welche $a + b = d_2$ (A, B) gilt, gibt es einen Punkt C, der den Bedingungen d_2 (A, C) = $|a|$ und d_2 (B, C) = $|b|$ genügt. Kann diese Eigenschaft aus den Abstandsaxiomen gefolgert werden?

Induzierte Metrik

4.III.5 φ sei eine Injektion einer Menge **E** in einen metrischen Raum (F, d). Man erhält in **E** eine Abstandsfunktion $d\varphi$, wenn man definiert:

$$d\varphi(A, B) = d(\varphi(A), \varphi(B)).$$

Man sagt dann, daß man *die Metrik* von **F** auf **E** *übertragen* hat.

Insbesondere sei **A** eine Teilmenge eines metrischen Raumes (**E**, d). Die auf **A** mittels der kanonischen Injektion von **A** in **E** übertragene Metrik heißt die auf **A** durch (**E**, d) *induzierte Metrik*. Der so erhaltene metrische Raum heißt der *metrische Teilraum* (**A**, d)*.

Die topologischen Eigenschaften einer Teilmenge $\mathbf{X} \subset \mathbf{A}$ sind völlig verschieden, je nachdem, ob man **X** als Teilmenge von (**E**, d) oder von (**A**, d) betrachtet.

4.III.6 Übungsaufgabe **D** sei die *offene** Kreisfläche vom Radius 1 mit dem Mittelpunkt im Nullpunkt 0 der euklidischen Ebene $\mathbb{R}^2$, und **X** sei der Durchschnitt mit **D** einer durch 0 gehenden Geraden Δ. Beweisen, daß **X** im Teilraum (**D**, d_2) *abgeschlossen** ist, dies jedoch weder in (Δ, d_2) noch in ($\mathbb{R}^2$, d_2) ist. Ebenso ist **X** in (Δ, d_2) offen, jedoch nicht in (**D**, d_2) noch in ($\mathbb{R}^2$, d_2).

Geodätischer Abstand

4.III.7 Lehrsatz Ω sei eine nicht leere offene *zusammenhängende** Menge der euklidischen Ebene. Zwei Punkte von Ω können durch einen endlichen Streckenzug verbunden werden, der ganz in Ω enthalten ist.

Wählen wir in der Tat einen beliebigen Punkt $A \in \Omega$. $\Omega' \subset \Omega$ sei die Menge der Punkte von Ω, die mit A durch einen Streckenzug verbunden werden können.

Die Menge Ω' ist offen: Wenn wirklich $M \in \Omega' \subset \Omega$ der Mittelpunkt einer offenen Kugel $K_r(M) \subset \Omega$ ist, so kann man A mit jedem Punkt $N \in K_r(M)$ über M verbinden, indem man die Verbindung von A mit M durch die Strecke MN ergänzt. Die Menge Ω' ist in Ω abgeschlossen, denn wenn $M \in \overline{\Omega}'$, so gibt es eine offene Kugel $K_r(M)$, die in Ω enthalten ist. Diese hat notwendigerweise einen Punkt N mit Ω' (abgeschlossene Hülle) gemeinsam, man kann also A mit M über N verbinden, indem man die Verbindung AN durch die Strecke MN ergänzt.

In einer zusammenhängenden Menge Ω ist eine nicht leere, zugleich offene und abgeschlossene Menge identisch mit Ω (Ω' ist nicht leer, da $A \in \Omega'$).

Wenn M und N zwei beliebige Punkte von Ω sind, kann man sie durch einen Streckenzug über A verbinden.

Laut Definition ist der *geodätische Abstand* von A nach B (mit $\widehat{AB}$ bezeichnet) die untere Grenze der Längen der Streckenzüge, die A mit B verbinden.

Man definiert so tatsächlich einen Abstand. Wenn Ω einen geographischen Kontinent darstellt, wobei $\complement\Omega$ der Ozean ist, stellt $\widehat{AB}$ den kürzesten Weg auf dem Festland dar, während d_2 (A, B) die Entfernung längs der Vogelfluglinie ist. Es gilt immer $d_2(A, B) \leqslant \widehat{AB}$. Die Gleichheit findet für jedes Paar von Punkten A und B dann und nur dann statt, wenn Ω konvex ist. Bemerken wir, daß im Stadtverkehr ein geodätischer Verbindungsweg zwischen A und B auch noch ein geodätischer Verbindungsweg von B nach A nur dann ist, wenn es keine Einbahnstraßen gibt.

Allgemeiner definiert man den geodätischen Abstand auf jeder (*mittels rektifizierbarer*1 *Wege*) *wegzusammenhängenden** Menge, d. h. einer Menge, die so beschaffen ist, daß es möglich ist, zwei beliebige ihrer Punkte durch einen rektifizierbaren Weg zu verbinden.

4.III.8 Beispiel Auf der Kugeloberfläche* S_n vom Radius 1, die mit der durch den euklidischen Raum $\mathbb{R}^{n+1}$ induzierten Metrik versehen ist, beweist man, daß der geodätische Abstand zweier Punkte A und B die Länge des kleineren Teils des Großkreises ist, der sie verbindet. Wenn B und A Endpunkte eines Kugeldurchmessers sind, ist dieser Bogen nicht eindeutig bestimmt, vielmehr haben alle Verbindungen die gleiche Länge. Dieser geodätische Abstand ist mit dem durch d_2 induzierten Abstand äquivalent. Man stellt tatsächlich fest, daß für jedes Punktepaar von S_n gilt: $d_2(A, B) \leqslant \widehat{AB} \leqslant \frac{\pi}{2} d_2(A, B)$.

Die Kugeloberfläche S_n vom Radius 1, die mit der durch die euklidische Metrik des $\mathbb{R}^{n+1}$ induzierten Metrik versehen ist, ist *kompakt**, da sie eine beschränkte und abgeschlossene Menge eines normierten linearen Raumes über $\mathbb{R}$ endlicher Dimension* ist. Dasselbe gilt für S_n, wenn es mit dem geodätischen Abstand versehen ist.

4.III.9 Übungsaufgabe $A_1, A_2, \dots A_n$ sei eine Punktfolge des Einheitskreises der euklidischen Ebene $\mathbb{R}^2$, die gegen einen Grenzwert A_∞ konvergiert. Man bezeichnet mit **E** die Vereinigung der Strecken $[OA_i]$, $i \in N^* + \{\infty\}$, wobei O der Kreismittelpunkt ist. Zeigen, daß **E** kompakt ist für die durch den euklidischen Abstand von $\mathbb{R}^2$ induzierte Metrik. Zeigen, daß der geodätische Abstand in **E** mit dem vorhergehenden Abstand nicht äquivalent ist. Insbesondere ist **E** für den geodätischen Abstand nicht kompakt.

Dieses Beispiel abändern, indem man jede Strecke $[OA_i]$ durch einen rektifizierbaren Weg mit O als Anfangs- und A_i als Endpunkt ersetzt. Einen kompakten Teilraum der euklidischen Ebene wählen, der für die geodätische Metrik weder kompakt noch beschränkt ist.

Abstand zweier Teilmengen

A und B seien zwei Teilmengen eines metrischen Raumes (**E**, d): die Zahl $\Delta(\mathbf{A}, \mathbf{B}) = \operatorname{Inf} d(A, B)$ $(A, B) \in \mathbf{A} \times \mathbf{B}$ heißt der kürzeste Abstand von **A** und **B**. Diese Bezeichnung ist recht unangenehm, da Δ kein Abstand in $P(\mathbf{E})$ ist!

4.III.10 Übungsaufgabe Im euklidischen Raum $\mathbb{R}^3$ nachweisen, daß Δ in der Menge der Geraden oder in der Menge der endlichen Teilmengen keinen Abstand induziert, indem man einfache und verschiedene Gegenbeispiele konstruiert.

4.III.11 Übungsaufgabe Verschiedene Beispiele von disjunkten Teilmengen der euklidischen Ebene auffinden, deren kürzeste Entfernung gleich Null ist. Man kann **A** und **B** abgeschlossen wählen; wenn jedoch **A** abgeschlossen und **B** kompakt ist, folgt aus $\Delta(\mathbf{A}, \mathbf{B}) = 0$, daß $\mathbf{A} \cap \mathbf{B} \neq \phi$. Der Fall, bei dem **A** ein Hyperbelast der euklidischen Ebene ist, führt zu einem sehr wichtigen Beispiel.

Wenn **A** eine Teilmenge von $(\mathbf{E}, d)$ ist und $x \in \mathrm{E}$, heißt die Zahl $\Delta(\mathbf{A}, \{x\})$ der Abstand von x zur Teilmenge **A** und wird mit $d(x, \mathbf{A})$ bezeichnet.

4.III.12 Übungsaufgabe Auf der Menge $A(\mathbf{E})$ der abgeschlossenen nicht leeren Teilmengen eines *beschränkten* metrischen Raumes $(\mathbf{E}, d)$ kann man dank des *Abstandes von Hausdorff* eine Metrik definieren: um sie zu erhalten, setzt man zunächst für zwei Elemente **A** und **B** von $A(\mathbf{E})$ $\rho(\mathbf{A}, \mathbf{B}) = \operatorname{Sup}_{x \in \mathbf{A}} d(x, \mathbf{B})$. Einfache Beispiele zeigen, daß im allgemeinen $\rho(\mathbf{A}, \mathbf{B}) \neq \rho(\mathbf{B}, \mathbf{A})$. Der Abstand von Hausdorff $\sigma(\mathbf{A}, \mathbf{B})$ wird als das Maximum der beiden Zahlen $\rho(\mathbf{A}, \mathbf{B})$ und $\rho(\mathbf{B}, \mathbf{A})$ definiert. Nachprüfen, daß es sich tatsächlich um einen Abstand auf $A(\mathbf{E})$ handelt.

Man kann zeigen, daß, wenn **E** *vollständig** (bzw. *kompakt*) ist, der Raum $A(\mathbf{E})$, mit der Hausdorffschen Metrik versehen, vollständig (bzw. kompakt) ist.

Winkel-Abstände

4.III.13 D_n sei die Menge aller Halbgeraden des euklidischen Raumes $\mathbb{R}^{n+1}$, die von O ausgehen. Wenn man Tangenten an eine Kurve oder Tangentialebenen an eine Fläche definieren und untersuchen will, muß man von einer Folge von Halbgeraden sprechen können, welche nach einer Grenzlage strebt. Dazu ist es notwendig, D_n mit einer Topologie zu versehen, und es ist hinreichend, dort eine Metrik zu definieren.

Sei $\mathbf{S}_n$ die Kugeloberfläche mit dem Radius 1, deren Mittelpunkt 0 ist. Es gibt eine Bijektion zwischen D_n und $\mathbf{S}_n$, welche der Halbgeraden OX ihren einzigen Schnittpunkt mit $\mathbf{S}_n$ zuordnet. Wenn man auf $\mathbf{S}_n$ den geodätischen Abstand einführt, definiert man durch Übertragung der Metrik (4.III.5) den *Winkelabstand* auf D_n. Der Winkelabstand zweier von O ausgehenden Halbgeraden ist das Bogenmaß (zwischen O und π liegend) des nicht überstumpfen (d.h. spitzen rechten oder stumpfen) Winkels, den sie bilden. Die Dreiecksungleichung ist hier die klassische Ungleichung zwischen den Seiten einer Triederecke.

Da D_n, mit dem Winkelabstand versehen, und $\mathbf{S}_n$, mit dem geodätischen Abstand versehen, *isometrisch** sind, ergibt sich, daß D_n ein kompakter Raum ist. Insbesondere gibt es zu jeder unendlichen Folge von Halbgeraden, die von O ausgehen, eine Teilfolge, welche gegen eine *Grenz-Halbgerade** konvergiert.

4.III.14 Die Menge der den Ursprung O des $\mathbb{R}^{n+1}$ enthaltenden Geraden heißt der *n-dimensionale reelle projektive Raum* und wird mit $\mathbf{P}_n$ bezeichnet.

Um $\mathbf{P}_n$ mit einer Metrik zu versehen, wollen wir bemerken, daß man jeder durch O gehenden Geraden bijektiv eine *Zweier-Menge von diametralen Punkten* von $\mathbf{S}_n$ zuordnen kann.

4.III.15 Übungsaufgabe Nachprüfen, daß der kürzeste Abstand zweier solcher Zweier-Mengen gleich ihrem Hausdorffschen Abstand (4.III.12) ist. Man definiert so eine Metrik auf der Menge $\widetilde{\mathbf{P}}_n$ der Zweier-Mengen von $\mathbf{S}_n$, die aus diametralen Punkten bestehen.

Man kann die Dreiecksungleichung in $\widetilde{\mathbf{P}}_n$ direkt beweisen, wenn man zuerst folgendes Lemma beweist:

Lemma: Wenn A und B zwei Punkte der Kugeloberfläche $\mathbf{S}_n$ sind, für welche $\widehat{AB} \leqslant \frac{\pi}{2}$ gilt, und wenn M und M' zwei diametrale Punkte sind, so gilt

$$\widehat{AM} + \widehat{BM'} \geqslant \frac{\pi}{2}.$$

Man definiert in $\mathbf{P}_n$ den Winkelabstand zweier Geraden durch Übertragung der Metrik von $\widetilde{\mathbf{P}}_n$. Es ist die im Bogenmaß gemessene zwischen O und $\frac{\pi}{2}$ gelegene Größe eines der beiden spitzen Winkel, die von diesen Geraden gebildet werden.

4.III.16 Lehrsatz Der projektive Raum $\mathbf{P}_n$ ist kompakt.

Es gibt tatsächlich eine projektive Abbildung von $\mathbf{S}_n$ auf $\mathbf{P}_n$, die einem Punkt der Kugeloberfläche die Gerade zuordnet, die ihn mit dem Mittelpunkt verbindet. Diese nicht injektive Abbildung ist offensichtlich stetig. Nun ist aber die stetige Bildmenge einer kompakten Menge (in einem Hausdorffschen Raum) kompakt*.

Kontingent und Paratingent einer Menge in einem Punkt

A sei ein nicht isolierter Punkt einer Teilmenge **F** eines n-dimensionalen affinen euklidischen Raumes. Ordnen wir jedem Punkt $M \in \mathbf{F} - \{A\}$ die von A ausgehende Halbgerade [AM] zu und dann die zu ihr parallele von O ausgehende Halbgerade, welche die gleiche Orientierung hat. Man definiert so eine stetige Abbildung von $\mathbf{F} - \{A\}$ in D_n.

Man nennt *Kontingent* der Menge **F** im Punkt A die Menge $ctg_A\,(F)$ der *Häufungswerte** der vorangehenden Abbildung, wenn M nach A strebt. Damit $[AT] \in ctg_A\,(\mathbf{F})$, ist es notwendig und hinreichend, daß es eine nach A konvergierende Punktfolge M_i derart gibt, daß der „Winkelabstand" zwischen $[AM_i]$ und [AT] nach Null strebt.

Der Begriff des Kontingents umfaßt die Begriffe Tangente, Tangentialebene, Tangentenkegel, usw. Wenn das Kontingent in A einer Menge **F** in einer Geraden enthalten ist, sagt man, daß diese eine *Tangente* an **F** in A ist. Das Kontingent ist dann lediglich eine Halbgerade oder eine Menge von zwei entgegengesetzten Halbgeraden. Die Formulierung zur Definition von Tangentialebene und Tangentenkegel ist analog.

4.III.17 Übungsaufgabe Das Kontingent in jedem Punkt jeder der folgenden Mengen des euklidischen Raumes $\mathbb{R}^3$ bestimmen: ein Polyeder, eine Drehfläche, die durch Drehung eines Kreises um eine Sehne als Drehachse erhalten wird, ein Rotationskegel.

Das Kontingent im Nullpunkt der abgeschlossenen Hülle der Graphen für jede der beiden Funktionen bestimmen:

$$x \mapsto x \sin\frac{1}{x} \qquad x \mapsto x^2 \sin\frac{1}{x}.$$

4.III.18 Übungsaufgabe f sei die auf $\mathbb{R}$ durch $f(x) = \begin{cases} 0 \text{ wenn } x \leqslant 0 \\ \frac{1}{x} \text{ wenn } x > 0 \end{cases}$

definierte reellwertige Funktion. Der Graph dieser Funktion, der im euklidischen $\mathbb{R}^2$ abgeschlossen ist, läßt in jedem Punkt eine Tangente zu; jedoch ist diese Funktion im Nullpunkt nicht differenzierbar, da sie dort nicht einmal stetig ist.

Eine inkorrekte, jedoch sehr verbreitete Art, die Tangentialebene in einem Punkte A an eine Fläche zu definieren, besteht darin, eine durch A gehende „Kurve" zu benutzen. Wir werden sehen, daß der Begriff Kurve sehr unpräzis ist. Wenn diese Kurve sich in einer Spirale um den Punkt A eindreht, strebt die Sehne [AM] nach keinerlei Grenzwert. Man hilft sich damit, daß man nur „gute Kurven", die durch A gehen, in Betracht zieht. Da nun aber diese guten Kurven genau diejenigen sein sollen, die in A eine Tangente besitzen, setzt man auf diese Art einen Circulus vitiosus in Gang. Die Verwendung von Punktfolgen und von Häufungswerten hat diesen Nachteil nicht.

Ein vom Kontingent verschiedener Begriff ist das *Paratingent* $ptg_{\mathrm{A}}(F)$. Hier zieht man Paare von verschiedenen Punkten $\mathrm{M}_i\mathrm{M}_j$ in Betracht, die gleichzeitig nach A streben. Die Menge der Häufungswerte in $\mathbf{P}_n$ der Geraden $\mathrm{M}_i\mathrm{M}_j$, wenn M_i und M_j nach A streben, heißt das *Paratingent* an **F** in A.

4.III.19 Übungsaufgabe Zu finden ist eine offensichtliche Relation, analog der Enthaltenseinsrelation, zwischen dem Kontingent und dem Paratingent einer Menge F in einem Punkte A.

Das Paratingent und das Kontingent im Nullpunkt der Menge der Punkte der euklidischen Ebene untersuchen, welche der Gleichung $x^2 = y^3$ genügen.

Ebenso das Paratingent in jedem Punkt der in der Übungsaufgabe (4.III.17) untersuchten Mengen untersuchen. Die Unterschiede zwischen den Begriffen Kontingent und Paratingent feststellen.

4.III.20 Übungsaufgabe Darf man, um die Ableitung einer Polynomfunktion zu definieren, den Ausdruck

$$\lim_{\substack{h \to 0,\, k \to 0 \\ h \neq k}} \frac{\mathrm{P}(x+h) - \mathrm{P}(x+k)}{h-k}$$

in Betracht ziehen?

IV Stetige Abbildungen

Zu zwei gegebenen metrischen Räumen $(\mathbf{E}, d)$ und $(\mathbf{E}', d')$ reihen sich die Abbildungen Φ von **E** nach **E'** in folgendes Implikationsschema ein:

4.IV.1

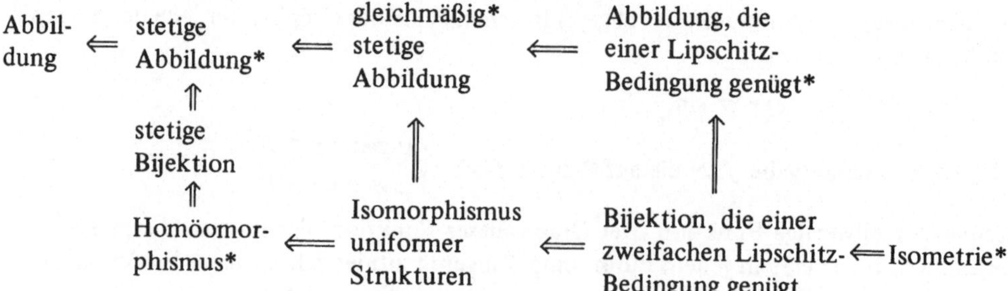

Die Eigenschaften von **E** und **E'** lassen sich entsprechend ihrem invarianten Charakter gegenüber einer Klasse der vorstehenden Abbildungen einordnen.

Ein *Homöomorphismus* (Bijektion Φ, bei der sowohl Φ als auch die Umkehrabbildung Φ^{-1} stetig sind) überführt *offene* (bzw. abgeschlossene) Mengen in offene (bzw. abgeschlossene) Mengen. Er erhält die Eigenschaften der Konvergenz, der abgeschlossenen Hülle*, der Umgebung, der Kompaktheit, des Zusammenhangs*. Es handelt sich hier um *topologische Eigenschaften* oder Begriffe.

Φ sei eine Bijektion zwischen (**E**, d) und (**E'**, d'). Jeder Funktion f, die auf **E'** definiert ist und ihre Werte in einem metrischen Hilfsraum (**F**, d'') annimmt, ordnet man die mittelbare Funktion $f \circ \Phi$ zu. Wenn die Bijektion Φ ein Homöomorphismus ist, ist die Abbildung $f \mapsto f \circ \Phi$ eine Bijektion zwischen der Menge der *stetigen* Abbildungen S(**E'**, **F**) und der Menge der stetigen Abbildungen S(**E**, **F**). Die Stetigkeit ist also eine topologische Eigenschaft.

Eine *Isometrie* bewahrt den Abstand und den Durchmesser* einer Menge. Sie überführt Kugeln* von Kugeloberflächen* in Kugeln und Kugeloberflächen gleicher Art und von gleichem Radius. Es handelt sich hier um *metrische Eigenschaften oder Begriffe.*

Man sagt, Φ genügt einer *Lipschitzbedingung*, wenn es eine Konstante K derart gibt, daß für jedes Punktepaar (A, B) von **E** $\times$ **X** gilt $d'(\Phi(A), \Phi(B)) \leqslant K\, d(A, B)$, und man sagt, Φ genügt einer zweifachen Lipschitzbedingung, wenn außerdem auch Φ^{-1} einer Lipschitzbedingung genügt. Wenn f eine Abbildung von (**E'**, d,) in (**F**, δ) ist, die einer Lipschitzbedingung genügt, so genügt die Abbidlung $f \circ \Phi$ ebenfalls einer Lipschitzbedingung. Wenn außerdem Φ eine Isometrie ist, besitzen f und $f \circ \Phi$ die gleiche Lipschitzkonstante.

Man sagt, Φ ist bi-uniform, wenn Φ gleichmäßig stetig ist ebenso wie Φ^{-1}.

Ein bi-uniformer Homöomorphismus führt *Cauchyfolgen** in Cauchyfolgen und einen *vollständigen** Raum in einen vollständigen Raum über. Er führt eine auf (**E'**, d') gleichmäßig stetige Funktion f in eine auf (**E**, d) gleichmäßig stetige Funktion $f \circ \Phi$ über.

4.IV.2 Übungsaufgabe Die identische Abbildung Φ von $\mathbb{R}^2$ in $\mathbb{R}^2$ untersuchen, wenn man die Quelle und das Ziel unabhängig voneinander mit einer durch folgende Abstandsfunktionen definierten Metrik versieht: d_2, d_∞, $\sqrt{d_2}$, δ (siehe 4.III).

In jedem der sechzehn Fälle die Stelle von Φ in der Tafel (4.IV.1) angeben.

4.IV.3 Übungsaufgabe Den Platz folgender reeller Funktionen in der Tafel (4.IV.1) angeben, wobei $\mathbb{R}$ mit seiner üblichen Metrik versehen ist: $d(x, y) = |x - y|$.

$$x \mapsto x^3; \quad x \mapsto \exp x; \quad x \mapsto \sin(x^2).$$

Zwei Abstandsfunktionen d und d' auf einer gleichen Menge **E** sind *topologisch gleichwertig*, wenn sie die gleiche *Topologie** definieren. Sie sind *L-gleichwertig*, wenn die identische Abbildung von (**E**, d) auf (**E**, d') einer zweifachen Lipschitzbedingung genügt. Dies bedeutet, daß es zwei Konstanten K_1 und $K_2 > 0$ derart gibt, daß für jedes Punktepaar (A, B) gilt:

$$K_1\, d(A, B) \leqslant d'(A, B) \leqslant K_2\, d(A, B).$$

Zwei Normen über einem gleichen n-dimensionalen reellen (oder komplexen) Vektorraum sind immer L-gleichwertig*. Es ist ein Leichtes, die L-Gleichwertigkeit der Normen d_p und d_∞ zu begründen, denn:

$$\operatorname*{Max}_{i \leqslant n} |x^i| \leqslant \Big[\sum_{i \leqslant n} |x^i|^p\Big]^{1/p} \leqslant n^{1/p} \operatorname*{Max}_{i \leqslant n} |x^i|.$$

4.IV.4 Übungsaufgabe (**E**, d) sei ein metrischer Raum, der keinen endlichen Durchmesser hat. (Z. B. ein linearer normierter Raum.) Zeigen, daß die Abstandsfunktionen $\omega \circ d$ und d topologisch gleichwertig sind, wobei $\omega(x) = \dfrac{x}{1+x}$ (siehe (4.III.2)), und daß der Durchmesser des metrischen Raumes (**E**, $\omega \circ d$) kleiner oder gleich 1 ist.

Der Begriff des vollständigen Raumes ist eine Eigenschaft, die auf der Gleichmäßigkeit der Struktur beruht, jedoch keine topologische Eigenschaft, wie folgendes Beispiel zeigt:

4.IV.5 Übungsaufgabe Betrachten wir die Menge $\mathbb{R}_+^*$ der reellen positiven (von Null verschiedenen) Zahlen und folgende zwei Abstandsfunktionen:

a) die Abstandsfunktion $(x, y) \mapsto |x - y|$

b) die Abstandsfunktion $(x, y) \mapsto |\log x - \log y|$(4.III.5).

Zeigen, daß diese beiden Metriken die gleiche Topologie definieren. Zeigen, daß $\mathbb{R}_+^*$ für die zweite Metrik vollständig ist, es jedoch für die erste nicht ist.

Fortsetzungsprobleme

f sei eine auf einer Teilmenge **A** einer Menge **E** definierte Funktion. Man sagt, daß eine auf **E** definierte Funktion $\hat{f}$ eine *Fortsetzung* von f ist, wenn die Einschränkung von $\hat{f}$ auf **A** mit f identisch ist. Wenn insbesondere **A** eine endliche Menge (oder eine diskrete Menge eines topologischen Raumes) ist, sagt man, daß $\hat{f}$ die *Interpolation* der Funktion f verwirklicht.

Im allgemeinen erlaubt es das Auswahlaxiom, zahlreiche Fortsetzungen einer gegebenen Funktion zu finden. Um das Problem zu präzisieren, bezieht man sich oft auf ein *Permanenzprinzip*: Man hebt gewisse Eigenschaften von f hervor, die man als besonders wichtig beurteilt, und bemüht sich, eine Funktion $\hat{f}$ zu konstruieren, welche die gleichen Eigenschaften hat.

4.IV.6 Beispiel Wenn eine reelle positive Zahl a gegeben ist, definiert man zuerst die Funktion $n \mapsto a^n$ auf der Menge der ganzen Zahlen $\geqslant 2$, und man hebt die Eigenschaft

$$a^n \cdot a^m = a^{n+m}$$

hervor. Man sucht dann diese Funktion auf $\mathbb{Q}$ derart fortzusetzen, daß diese Eigenschaft erhalten wird. Man weiß, daß dies nur auf eine einzige Art möglich ist.

4.IV.7 Beispiel Im Schulunterricht definierte man früher die Funktion $x \mapsto \sin x$ zunächst auf $\left]0, \frac{\pi}{2}\right[$, indem man von rechtwinkligen Dreiecken ausging. Sie ist monoton wachsend und nimmt Werte zwischen 0 und 1 an: aber die Fortsetzung, die man konstruiert, gibt diese Eigenschaften auf.

Tatsächlich konstruiert man ihre Fortsetzung, indem man sie als auf einem Viertelkreis definierte Funktion interpretiert – ein Verfahren, das eine echte Bemühung um Motivation erfordert, um nicht dogmatisch und künstlich zu erscheinen. Wenn die Trigonometrie ein grundlegendes Kapitel jeder mathematischen Erziehung bleibt, so nicht etwa, weil sie es ermöglicht, Vermessungs-, Artillerie- oder astronomische Positionsprobleme zu lösen. Der Grund ist vielmehr die Bedeutung der Differentialgleichung $y'' + \omega^2 y = 0$, welche die Schwingungsvorgänge regelt. Dieses Permanenzprinzip motiviert dann nicht nur die Fortsetzung der Funktion $x \mapsto \sin x$ auf die ganze Gerade $\mathbb{R}$, sondern auch auf die komplexe Ebene $\mathbb{C}$.

Erinnern wir daran, daß die Trigonometrie aus den Bedürfnissen der Astronomie geboren wurde. Schon zwei Jahrhunderte vor unserer Zeitrechnung ordnete der Mathematiker und Astronom Hipparchos von Nikaia jedem Bogen des Einheitskreises die Länge seiner *Sehne* zu. Indem er eine Additionsformel benutzte, die sich aus der metrischen Relation eines Vierecks, das einem Kreis einbeschrieben werden kann, herleitet, welche *Lehrsatz des Ptolemäus* genannt wird (Wenn ABCD ein solches konvexes Viereck ist, gilt $\|AB\|_2 \cdot \|CD\|_2 + \|BC\|_2 \cdot \|AD\|_2 = \|AC\|_2 \cdot \|BD\|_2$.), hatte er genaue Wertetafeln der „Sehnen-Funktion" aufgestellt [C1, C4].

Anschließend verbreitete sich die Gewohnheit, als Variable die Hälfte des Bogens und als Funktionswert die Hälfte der Sehne zu verwenden: das ist der *Sinus*. Die Ansichten über die Etymologie dieses Wortes sind geteilt. Manche erkennen darin ein Wort des Sanskrits wieder; die indische Astronomie stand zur Zeit der Schöpfung der Trigonometrie in voller Blüte. Andere leiten es von dem lateinischen Wort *sinus* ab, welches *Falte* bedeutet (siehe sinuös). Tatsächlich wird der Sinus erhalten, indem man die Sehne in zwei gleiche Teile faltet.

Stetige Fortsetzung

Wenn **E** ein topologischer Raum ist, geschieht es häufig, daß die Funktion f auf der mit der induzierten Topologie versehenen Teilmenge **A** stetig ist. Man sucht dann eine Fortsetzung $\hat{f}$, die auch auf **E** noch stetig ist.

4.IV.8 Beispiel Die Funktionen von $\mathbb{R}$ nach $\mathbb{R}$ $x \mapsto \exp(-1/|x|)$ und $x \mapsto x \sin(1/x)$ sind für $x = 0$ nicht definiert. Man kann sie auf $\mathbb{R}$ stetig fortsetzen, wenn man ihnen den Funktionswert 0 für $x = 0$ zuschreibt.

Die Funktion von $\mathbb{R}$ nach $\mathbb{R}$ $x \mapsto \mathrm{Sgn}(x)$, welche jedem $x > 0$ die Zahl $+1$ und jedem $x < 0$ die Zahl -1 zuordnet, kann nicht stetig forgesetzt werden.

4.IV.9 Übungsaufgabe Die Funktion von $\mathbb{R}^2$ nach $\mathbb{R}$ $(x, y) \mapsto xy/(x^2 + y^2)$ ist definiert und stetig in $\mathbb{R}^2 - \{(0, 0)\}$, der mit der induzierten euklidischen Metrik versehen ist.

Diese Funktion kann im Ursprung in eine Funktion fortgesetzt werden, deren Einschränkung auf jede Parallele zu den Koordinatenachsen stetig ist. Aber man kann sie nicht stetig fortsetzen.

Unter den klassischen Lehrsätzen, welche eine stetige Fortsetzung betreffen, wollen wir an folgende Aussage erinnern*:

4.IV.10 Lehrsatz Wenn f auf einer dichten Teilmenge **A** eines metrischen Raumes $(\mathbf{E}, d)$ definiert und gleichmäßig stetig ist, und wenn f ihre Werte in einem vollständigen metrischen Raum $(\mathbf{F}, d')$ annimmt, kann sie auf eine einzige Art und Weise auf **E** stetig fortgesetzt werden, und die Fortsetzung $\hat{f}$ ist ebenfalls noch gleichmäßig stetig.

4.IV.11 Beispiel Die Abbildung $r \mapsto a^r$ von $\mathbb{Q}$ in $\mathbb{R}$ (siehe 4.IV.6) kann aufgrund des Auswahlaxioms auf vielerlei Art fortgesetzt werden, und zwar unter Beachtung des Permanenzprinzips $a^r \cdot a^{r'} = a^{r+r'}$. Aber da die Funktion $r \mapsto a^r$ auf $\mathbb{Q}$, der mit der durch die Metrik von $\mathbb{R}$ induzierten Metrik versehen ist, gleichmäßig stetig ist, kann man nur eine einzige stetige Fortsetzung erhalten: das ist die übliche Definition von $x \mapsto a^x$.

4.IV.12 Beispiel Der klassische Beweis des Satzes von Thales verwendet ein ähnliches Prinzip: AA'B'B sei ein Trapez (wobei die Seiten AA' und BB' parallel sind). Jedem Punkt M von AB ordnet man auf der Geraden A'B' den Punkt M' zu, indem man die Parallele MM' zu AA' zieht. Eine andere Zuordnung läßt jedem Punkt N von AB derart den Punkt N' von A'B' entsprechen, daß $\overline{NA}/\overline{NB} = \overline{N'A'}/\overline{N'B'}$ gilt. Diese zweite Funktion ist zunächst nur auf der dichten Menge der Geraden AB definiert, welche aus den Punkten N besteht, für welche $\overline{NA}$ und $\overline{NB}$ kommensurabel sind, und die erste Funktion stellt selbstverständlich eine stetige Erweiterung der zweiten dar.

4.IV.13 Beispiel Betrachten wir zwei stetige Funktionen von $\mathbb{R}$ nach $\mathbb{R}$ $x \mapsto \mathrm{A}(x)$ und $x \mapsto \mathrm{B}(x)$, welche auf einer Umgebung von 0 definiert sind und nur im Punkte $x = 0$ gleichzeitig verschwinden. Der Quotient $f(x) = \mathrm{A}(x)/\mathrm{B}(x)$ ist für $x = 0$ nicht definiert. Das Problem der stetigen Fortsetzung von f in $x = 0$ ist sehr wichtig; es tritt z. B. jedesmal dann auf, wenn man eine Ableitung definiert.

Man sollte entschlossen auf die veraltete Terminologie verzichten, bei welcher der Grenzwert $\lim\limits_{x \to 0} \frac{\mathrm{A}(x)}{\mathrm{B}(x)}$ als „wahrer Wert" der „Unbestimmtheitsstelle" bezeichnet wurde. Eine Funktion ist nicht „wahrer" als eine andere, nur weil sie stetig ist. Sicher ist bei gewissen Fragestellungen die Forderung nach Stetigkeit natürlich, da sie mit dem behandelten Problem zusammenhängt.

Die Fortsetzungsprobleme sind den Schülern viel zugänglicher, wenn man dafür sorgt, daß Funktionen mit verschiedenen Definitionsbereichen auch mit verschiedenen Namen bezeichnet werden, z. B. f und $\hat{f}$.

4.IV.14 Beispiel Die rationale Funktion

$$(x, y) \mapsto \frac{x^3 - y^3}{x - y}$$

ist auf $\mathbb{K}^2 - \Delta$ definiert, wobei $\mathbb{K}$ ein beliebiger Körper und Δ die Diagonale von $\mathbb{K} \times \mathbb{K}$ ist.

Diese Abbildung stimmt dort mit einem Polynom überein. Man kann sie durch $x^2 + xy + y^2$ auf ganz $\mathbb{K}^2$ fortsetzen.

Es ist zu bemerken, daß das Permanenzprinzip hier rein algebraisch ist. Der Körper $\mathbb{K}$ wird nicht als mit einer Topologie versehen vorausgesetzt. Man untersuche $\frac{x^3 + y^3 + z^3 - 3xyz}{x + y + z}$ ebenso.

V Homöomorphie

Die einzige elementare Methode, um zu beweisen, daß zwei topologische Räume homöomorph sind, läuft darauf hinaus, in mehr oder weniger expliziter Weise eine topologische Abbildung des einen auf den anderen zu konstruieren. Auf diese Art beweist man, daß $\mathbb{R}$ zu $]-1, 1[$ oder zu $]0, \infty[$ homöomorph ist mit Hilfe der Funktionen $x \mapsto \frac{2}{\pi}$ Arc tg x oder $x \mapsto e^x$. Ebenso ist eine offene Kreisscheibe zu der euklidischen Ebene, zu einer Halbkugelfläche von $\mathbf{S}_2$ oder zu dem Inneren eines Quadrates homöomorph.

Der Kunstgriff, der es ermöglicht zu bestätigen, daß zwei topologische Räume nicht homöomorph sind, besteht darin, eine topologische Eigenschaft zu finden, der nur einer der beiden Räume genügt.

So ist es offensichtlich, daß $\mathbf{S}_n$ und $\mathbb{R}^p$ nicht homöomorph sind, da nur der erste kompakt ist.

4.V.1 Lehrsatz Für $n > 1$ ist der euklidische $\mathbb{R}^n$ zu $\mathbb{R}$ nicht homöomorph.

Wenn es in der Tat eine topologische Abbildung Φ von $\mathbb{R}$ auf $\mathbb{R}^n$ gäbe, müßten die Teilräume $\mathbb{R} - \{0\}$ und $\mathbb{R}^n - \{\Phi(0)\}$ homöomorph sein. Jedoch ist ersterer nicht zusammenhängend, während es der zweite ist. Genauer gesagt ist $\mathbb{R}^n - \{A\}$ wegzusammenhängend, da zwei seiner Punkte durch einen Streckenzug verbunden werden können, der aus einer oder zwei Strecken besteht und den Punkt A vermeidet.

4.V.2 Lehrsatz Der Kreis $\mathbf{S}_1$ ist nicht homöomorph zu einer Teilmenge von $\mathbb{R}$.

In der Tat ist jedes stetige Bild des Kreises $\mathbf{S}_1$, der kompakt und zusammenhängend ist, in $\mathbb{R}$ ein abgeschlossenes Intervall. Aber $\mathbf{S}_1$ ist zu einem solchen Intervall nicht homöomorph, da $\mathbf{S}_1$ nicht unzusammenhängend ist, wenn man einen seiner Punkte entfernt.

4.V.3 Eine *n-dimensionale topologische Mannigfaltigkeit* ist ein topologischer Raum, in dem jeder Punkt eine zum euklidischen $\mathbb{R}^n$ homöomorphe Umgebung besitzt. Z. B. ist $\mathbf{S}_1$ eine eindimensionale topologische Mannigfaltigkeit und ist tatsächlich im Kleinen zu $\mathbb{R}$ homöomorph; aber nach (4.IV.2) ist er es nicht im Großen.

4.V.4 Übungsaufgabe Betrachten wir in der euklidischen Ebene Figuren, die die Gestalt der Buchstaben A, B, C usw. haben und mit der durch die euklidische Metrik induzierten Topologie versehen sind. Diese Buchstaben sind in Klassen von zueinander homöomorphen Figuren einzuteilen. Bemerken, daß es z. B. einen einzigen Punkt gibt, der die Buchstaben Y oder T in drei Komponenten zerlegt, wenn man ihn entfernt. Daraus ableiten, daß Y, H und X nicht homöomorph sind.

Wesentlich tiefgründigere Kriterien für Nicht-Homöomorphie basieren auf dem berühmten Jordanschen Kurvensatz, den zu kommentieren wir uns hier begnügen, ohne auf den Beweis einzugehen.

Eine *geschlossene Jordan-Kurve* ist eine zu einem Kreis $\mathbf{S}_1$ homöomorphe Menge.

4.V.5 Lehrsatz (Jordan) Das Komplement einer Jordan-Kurve in bezug auf $\mathbb{R}^2$ enthält zwei Komponenten.

Ist es nicht „offensichtlich",
daß eine Jordan-Kurve die Ebene
in zwei Teile zerlegt?

Man kann diesen Lehrsatz verwenden, um zu beweisen:

4.V.6 Lehrsatz Eine Vollkugel $\mathbf{S}_2$ und ein Torus des euklidischen $\mathbb{R}^3$ sind nicht homöomorph.

In der Tat enthält das Komplement einer auf $\mathbf{S}_2$ gezogenen Jordan-Kurve zwei Komponenten; dieses Ergebnis wird aus (4.V.5) mit Hilfe einer stereographischen Projektion gefolgert. Jedoch ist jeder Meridiankreis (d. h. jeder ihn erzeugende Kreis) des Torus eine Jordan-Kurve, deren Komplement nur eine einzige Komponente enthält.

Wir wollen noch auf einen berühmten Lehrsatz hinweisen, der von Descartes entdeckt, Euler zugeschrieben und von Henri Poincaré verallgemeinert wurde und für den man in [B7] oder [E20] einen heuristischen Beweis findet.

4.V.7 Lehrsatz Bezeichnen wir mit E, K und F die Anzahl der Ecken, Kanten und Flächen eines Polyeders. Die Zahl $E - K + F$ heißt die *Eulersche Charakteristik* des Polyeders. Wenn zwei Polyeder homöomorph sind, so haben sie die gleiche Eulersche Charakteristik.

Zum Beispiel ist für alle konvexen Polyeder, die zu $\mathbf{S}_2$ homöomorph sind, die Eulersche Charakteristik gleich 2. Sie ist gleich 0 für einen tubulären Polyeder, den man erhält, wenn man in einen Würfel ein prismatisches Loch bohrt.

VI Orientierung

Die Möglichkeit, den dreidimensionalen euklidischen Raum zu orientieren, wird den Oberschülern im allgemeinen als eine experimentelle Tatsache vorgestellt. Dieser Einbruch der naiven Physik in Schlußfolgerungen, die unerbittliche Beweisstrenge vorgeben, stiftet im Denken zahlreicher intelligenter Schüler Verwirrung und trägt dazu bei, sie der Mathematik gegenüber voreingenommen zu machen.

Der angehende Lehrer darf das Fundament der Orientierungstheorie nicht ignorieren.

Formel von Euler-Poincaré

Die orthogonale Gruppe

Am Anfang der Orientierungsidee findet man Zusammenhangseigenschaften gewisser Transformationsgruppen. Wir werden diesen Standpunkt am Beispiel der *orthogonalen Gruppe* $O(n)$ darlegen. Das ist die Gruppe der n-reihigen quadratischen Matrizen mit reellen Elementen, welche die euklidische Norm des $\mathbb{R}^n$ invariant lassen. Wir bezeichnen mit M_n den Vektorraum der n-reihigen quadratischen Matrizen mit reellen Elementen und mit $Gl(n)$ die lineare Gruppe der regulären Matrizen. Also

$$O(n) \subset Gl(n) \subset M_n.$$

Da M_n ein Vektorraum der Dimension n^2 ist, versieht man ihn mit seiner natürlichen Topologie, die durch eine Norm definiert ist. (Man weiß, daß auf einem Raum endlicher Dimension alle Normen äquivalent sind.) $Gl(n)$ und $O(n)$ werden dann mit der induzierten Topologie versehen.

4.VI.1 Lehrsatz Die Gruppe $O(n)$ enthält genau zwei Komponenten*, welche die Untergruppe $O(n)^+$ der orthogonalen Matrizen mit der Determinante + 1 und die Menge $O(n)^-$ der orthogonalen Matrizen mit der Determinante -1 sind.

In der Tat ist die Funktion von M_n in $\mathbb{R}$, welche jeder Matrix ihre Determinante zuordnet, stetig. Sie wird durch ein Polynom in den Elementen ausgedrückt. Die Gruppe $Gl(n)$ ist die offene Menge, auf welcher diese stetige Funktion nicht verschwindet und welche in zwei offene disjunkte Teilmengen zerlegt ist, in denen die Determinante streng positive bzw. streng negative Werte annimmt. Das gleiche Arguemnt wird auf $O(n)$ mit $O(n)^+$ und $O(n)^-$ angewandt.

Nun sei J eine orthogonale Matrix, deren Determinante gleich -1 ist. Die Abbildung $M \mapsto M \cdot J$ ist ein Homöomorphismus von M_n, welcher einen Homöomorphismus von $Gl(n)$ und $O(n)$ induziert.

Auf $O(n)$ vertauscht er $O(n)^+$ und $O(n)^-$. Wir werden beweisen, daß $O(n)^+$ wegzusammenhängend ist; daraus folgt dann, daß $O(n)^-$, die zu ihm homöomorph ist, ebenfalls wegzusammenhängend ist. Dann sind also $O(n)^+$ und $O(n)^-$ die Komponenten von $O(n)$.

4.VI.2 Lemma Die Untergruppe $O(n)^+$ ist wegzusammenhängend.

In der Tat seien O und O_n zwei orthogonale Matrizen, deren Determinante gleich 1 ist. Wir werden in $O(n)^+$ einen Weg $OO_1O_2 \ldots O_{n-2}O_{n-1}$ herstellen, der durch Juxtaposition der aufeinanderfolgenden Wege $O_{k-1}O_k$ derart erhalten wird, daß die k ersten Spalten der Matrix O_k mit denen von O_n übereinstimmen. Dazu haben wir folgende Konstruktion auszuführen: U sei eine orthogonale Matrix; ihre Spaltenvektoren $\vec{l_1}, \vec{l_2}, \ldots, \vec{l_n}$ bilden eine Orthonormalbasis, und $\vec{l'_k}$ sei ein Einheitsvektor, der zu den $\vec{l_i}$ für $i < k$ orthogonal und von $\vec{l_k}$ linear unabhängig ist. Diese Hypothese ist nur zu verwirklichen, wenn $k \leqslant n-1$.

Wir werden eine Abbildung Φ: $\mathbb{R} \to O(n)^+$ so konstruieren, daß für gewisse Werte t_{k-1} und t_k $\Phi(t_{k-1}) = U$ gilt und $\Phi(t_k)$ eine Matrix ist, deren k erste Spalten $\vec{l_1}, \vec{l_2}, \ldots, l_{k-1}, \vec{l'_k}$ sind.

Betrachten wir den Unterraum **P**, der von $\vec{l_k}$ und $\vec{l'_k}$ erzeugt wird, und $\mathbf{P}^\perp$, sein orthogonales Komplement im euklidischen $\mathbb{R}^n$. Schließlich sei $R(t)$ eine vom Parameter t abhängige Matrix, welche auf $\mathbf{P}^\perp$ die identische Abbildung und auf **P** eine Drehung um den Winkel t induziert. Dann kann die gesuchte Abbildung Φ durch $t \mapsto R(t - t_k) \cdot U$ definiert werden.

Bei der Ausführung dieser Operationen ändert sich die Determinante der Bild-Matrix stetig. Sie bleibt gleich 1, da sie nicht plötzlich auf -1 umspringen kann. Wir erhalten also tatsächlich einen in $O(n)^+$ liegenden Weg. Am Ende der $(n-1)$-ten Operation erhalten wir eine Matrix O_{n-1}, deren $(n-1)$ Spaltenvektoren diejenigen von O_n sind. Daraus ergibt sich, daß die letzten Spalten von O_{n-1} und O_n gleich oder entgegengesetzt sind. Aber da O_{n-1} und O_n beide eine positive Determinante besitzen, sind O_{n-1} und O_n gleich.

4.VI.3 Übungsaufgabe Einen analogen Lehrsatz für die Gruppe $Gl(n)$ beweisen.

4.VI.4 Übungsaufgabe Eine analoge Beweisführung ist nicht gültig für Matrizen mit komplexen Elementen. Warum?

4.VI.5 Übungsaufgabe Beweisen, daß die Gruppe Isom $(\mathbf{E}_n)$ der Isometrien eines n-dimensionalen affinen euklidischen Raumes zwei Komponenten besitzt. Man zeigt zunächst, daß Isom $(\mathbf{E}_n)$ zu dem Produkt $T \times O(n)$ homöomorph ist, wobei T der einem n-dimensionalen Vektorraum isomorphe Raum der Translationen ist.

4.VI.6 Übungsaufgabe Die Aufgabe (4.VI.5) im Sonderfall $n \leqslant 3$ wieder aufgreifen. Man verkürzt den Beweis, wenn man berücksichtigt, daß jede orientierungserhaltende Isometrie des $\mathbf{E}_3$ entweder eine Translation, eine Drehung oder eine Schraubung ist. Die in Isom $(\mathbf{E}_n)^+$ liegenden Wege, welche die Verbindung von zwei orientierungserhaltenden Isometrien herstellen, können Gleit- oder Schraubbewegungen sein (Translationen oder Schraubungen).

Orientierbarkeit des Raumes

Es ist möglich, im n-dimensionalen euklidischen affinen Raum *Orientierungsindices* genannte Figuren J zu zeichnen, die folgende Eigenschaft besitzen: J kann nicht gleichzeitig das Bild einer Figur durch eine orientierungserhaltende und eine orientierungsumkehrende Isometrie sein. Z. B. kann man für J eine Menge von $n + 1$ Punkten nehmen, die keinerlei Symmetrieelement besitzt, oder auch ein kartesisches Koordinatensystem, dessen Basisvektoren man numeriert hat. Im $\mathbf{E}_3$ benutzt man auch einen Korkenzieher oder einen „Schwimmer von Ampére“: Obwohl letzterer im allgemeinen auf einer Zeichnung symmetrisch erscheint, unterscheidet man bei ihm im Geiste eine linke und eine rechte Hand.

Die Möglichkeit, Orientierungsindices zu finden, ist die Eigenschaft des $\mathbf{E}'_n$, die man mit *Orientierbarkeit* bezeichnet. Man betrachtet die Menge der zu J isometrischen Figuren. Diese zerfallen in zwei Orientierungsklassen, die folgenden Bedingungen genügen:

1. Zwei Figuren der gleichen Klasse (bzw. verschiedener Klassen) sind jede das Bild der anderen durch eine orientierungserhaltende (bzw. orientierungsumkehrende) Isometrie.
2. Man kann (bzw. man kann nicht) von einer Figur zu jeder Figur der gleichen Klasse (bzw. der entgegengesetzten Klasse) stetig übergehen. A priori unterscheidet nichts diese Klassen; den Raum *orientieren*, das ist willkürlich eine dieser beiden Klassen wählen, deren Elemente *positiv orientierte oder direkte Orientierungsindices* genannt werden.

4.VI.7 Übungsaufgabe Beweisen, daß die Kugeloberfläche $\mathbf{S}_n$ orientierbar ist. Man identifiziert $\mathbf{S}_n$ mit der Menge der Punkte des $\mathbb{R}^{n+1}$, deren Summe der Quadrate der Koordinaten gleich 1 ist. Die Gruppe $O(n + 1)$ wirkt auf $\mathbf{S}_n$ und enthält zwei Komponenten.

Das Möbiussche Band

Man kann es praktisch herstellen, indem man bei einem Papier-Rechteck ABB'A' die entgegengesetzten Seiten AB und A'B' zusammenklebt, nachdem man eine Torsion vorgenommen hat. Zwei Punkte der Seiten AB und A'B' werden dann und nur dann identifiziert, wenn sie bezüglich des Rechteckmittelpunktes symmetrisch sind. Umgekehrt erhält man ein Rechteck, von einem Möbiusschen Band ausgehend, wenn man es längs einer passend gewählten Linie durchschneidet und auseinanderbreitet.

4.VI.8 Übungsaufgabe Wenn $l < a$ zwei konstante Längen sind, so stellt die Menge M des $\mathbb{R}^3$, deren Parameterdarstellung

$$x = (a + \rho \cos\varphi) \cos 2\varphi \qquad y = (a + \rho \cos\varphi) \sin 2\varphi \qquad z = \rho \sin\varphi$$

ist, wobei $\rho \in [-l, +l]$ und $\varphi \in \mathbb{R}$, ein Modell für ein Möbiussches Band dar. Um es zu verstehen, interpretiert man getrennt voneinander die Bewegung des Punktes mit den Koordinaten $(a \cos 2\varphi, a \sin 2\varphi, 0)$ und die Variation des Vektors mit den Komponenten $(\rho \cos\varphi \cos 2\varphi, \rho \cos\varphi \sin 2\varphi, \rho \sin\varphi)$.

Das Rechteck ABB′A′ erlaubt es, das Möbiussche Band M in der gleichen Weise zu untersuchen, wie eine Weltkarte dazu dient, den Erdglobus zu studieren. Diese Kartographie verwirklicht keine Bijektion der Kugeloberfläche, denn einerseits wird jeder Pol durch eine ganze Seite des Rechtecks wiedergegeben und außerdem wird ein gewisser Erdmeridian durch zwei entgegengesetzte Seiten der Weltkarte wiedergegeben.

Jedoch verhindert es dieser Bijektionsfehler nicht, eine solche Karte zu benutzen. Es genügt, diesen Singularitäten ebenso wie den anderen geometrischen Besonderheiten des Projektionssystems Rechnung zu tragen. Man weiß, daß es unmöglich ist, eine isometrische Wiedergabe eines Gebiets der Kugeloberfläche mit Hilfe einer ebenen Karte zu erreichen. Jedoch gibt es lokale Darstellungen, welche die Winkel (stereographische Projektion) oder die Flächeninhalte (archimedische Projektion) bewahren (4.XI.5).

So kann man, um M mit einer Metrik zu versehen, den Abstand zwischen zwei Punkten abschätzen, indem man ihn auf einer der zuvor beschriebenen Karten abliest. Aber das Ergebnis hängt von der gewählten Karte ab, denn zwei eng benachbarte Punkte von M können auf der Karte entfernt erscheinen, wenn sie diesseits und jenseits der Schnittlinie liegen. Folgende Figur stellt zwei Karten ABA′B′ und CDC′D′ dar, die einen gemeinsamen Teil haben: das Dreieck XYZ des Möbiusschen Bandes erscheint in zwei Teile getrennt auf CDC′D′ und als Ganzes auf ABA′B′.

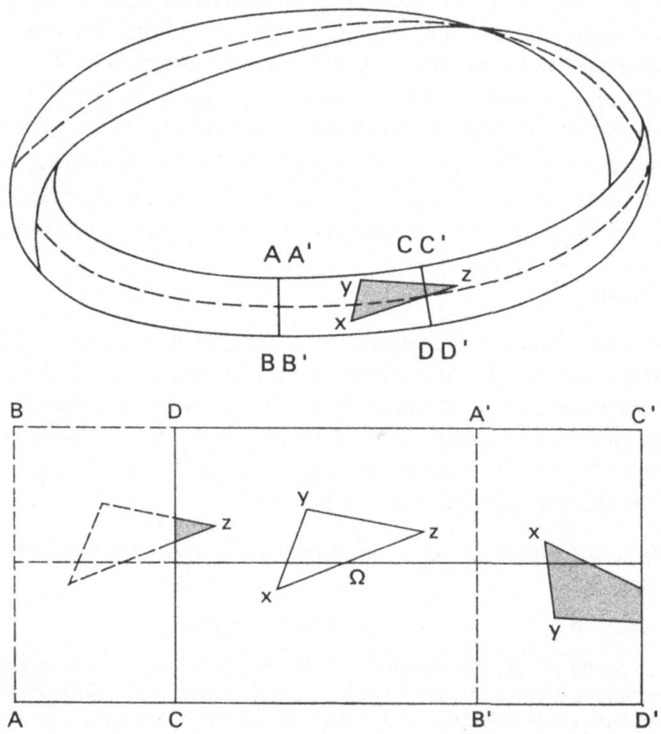

4.VI.9 Übungsaufgabe Es ist zu zeigen, daß es offene zusammenhängende Mengen Ω des Möbiusschen Bandes gibt, die orientierbar sind. Betrachten wir ein Punkte-Tripel (X, Y, Z)

von Ω, dessen Abstände verschieden sind. Die Menge der auf Ω existierenden und zu $\{X, Y, Z\}$ isometrischen Tripel zerfällt in zwei Orientierungsklassen. Zeigen, daß es möglich ist, stetig von einem Tripel aus Ω zu einem isometrischen, aber umgekehrt orientierten Tripel überzugehen, wenn man es zuläßt, als Zwischenglieder Tripel zu verwenden, die nicht in Ω enthalten sind. Das Möbiussche Band ist nicht orientierbar.

Das in (4.VI.8) beschriebene Modell M wieder aufgreifen und zeigen, daß man in jedem Punkt zwei zu dieser Menge orthogonale Einheitsvektoren definieren kann, die umgekehrt orientiert sind.

Beweisen, daß jeder Punkt des Bandes eine Umgebung Ω besitzt, in der diese zur Fläche senkrechten Vektoren in zwei Klassen zerfallen. Man kann stetig von einem Normalenvektor zu einem der gleichen Klasse übergehen, solange der Angriffspunkt innerhalb von Ω bleibt. Dagegen ist es möglich, stetig von einem solchen Normalenvektor zum entgegengesetzten Vektor überzugehen, wenn man sich nicht darauf beschränkt, den Angriffspunkt innerhalb von Ω beizubehalten. Man sagt, daß das Möbiussche Band eine *einseitige Fläche* ist.

4.VI.10 Übungsaufgabe Beweisen, daß in bezug auf M das Komplement der Kurve, die auf der Karte ABA'B' die Mittelpunkte von AB und A'B' verbindet, zusammenhängend ist. Zeigen, daß es möglich ist, wenn man diese Kurve wie einen in M verlaufenden Fluß interpretiert, stetig von einem Ufer zum anderen zu gelangen, ohne das Wasser zu überschreiten.

4.VI.11 Übungsaufgabe Die Menge der Sehnen eines Kreises der euklidischen Ebene ist zu einem Möbiusschen Band homöomorph. (Zunächst genau die Topologie definieren, die den üblichen Begriff von „benachbarten Sehnen" zum Ausdruck bringt.)

94.VI.12 Übungsaufgabe Wenn man sich in einem Spiegel betrachtet, wird die *rechte* Hand eine *linke* Hand. Warum wird das *Oben* nicht in ein *Unten* transformiert? Die spaßige Antwort „Weil der Spiegel nicht horizontal ist!" erschöpft die Frage nicht.

Es liegt hier ein Wortspiel bezüglich des Wortes *rechts* (bzw. *links*) vor. Die Bedeutung dieser Wörter in den Ausdrücken „die erste Straße links ..." und „die Links-Weinsäure" vergleichen.

VII Der reelle projektive Raum

Die Menge $\mathbf{P}_n$ der Geraden (die durch O gehen) des $\mathbb{R}^{n+1}$ (4.III.10) ist vom praktischen Standpunkt aus gesehen sehr wichtig, da sie mit unserem Sichtraum identisch ist.

Beim Sehen mit einem Auge wird jeder durch das Auge gehende Strahl als ein Punkt empfunden. Die Menge der Lichtstrahlen, die in das Auge eindringen, wird also mit $\mathbf{P}_2$ identifiziert. Die graphische Technik der Wiedergabe der visuellen Effekte, welche *Perspektive* genannt wird, gründet sich auf die theoretische Untersuchung des $\mathbf{P}_2$.

Bezüglich $\mathbf{P}_n$ unterscheidet man algebraisch-geometrische (bzw. topologische) Eigenschaften, die von der Vektorraumstruktur (bzw. der Topologie) des $\mathbb{R}^{n+1}$ herrühren.

Homogene Koordinaten

Es gibt eine offensichtliche Bijektion zwischen P_n und dem Quotienten von $\mathbb{R}^{n+1} - \{O\}$ nach der Äquivalenzrealtion R, die zwei Punkte dann und nur dann für äquivalent erklärt, wenn sie mit dem Ursprung auf einer Geraden liegen.

Um die Methoden der analytischen Geometrie der Untersuchung des $\mathbf{P}_n$ anzupassen, bestimmt man ein Element x von $\mathbf{P}_n$ durch jeden beliebigen seiner Repräsentanten im $\mathbb{R}^{n+1} - \{O\}$, d. h. durch ein System von $n + 1$ reellen Zahlen, die nicht sämtlich gleich Null sind. $(x_1, x_2, \ldots, x_{n+1})$ heißen die *homogenen Koordinaten* von x. Zwei solche $(n + 1)$-Tupel stellen den gleichen Punkt dar, wenn sie proportional sind. Diese Unbestimmtheit kompensiert die Tatsache, daß scheinbar eine Koordinate zu viel da ist.

Diejenigen Eigenschaften des $\mathbb{R}^{n+1}$, die mit der Äquivalenzrelation R verträglich sind, erzeugen Eigenschaften des $\mathbf{P}_n$.

$\mathbf{E}_{k+1}$ sei ein $(k + 1)$-dimensionaler Unterraum des Vektorraumes $\mathbb{R}^{n+1}$. Die Menge der von O ausgehenden Geraden, die in $\mathbf{E}_{k+1}$ liegen, der ein projektiver Raum $\mathbf{P}_k$ ist, heißt eine k-dimensionale *projektive Mannigfaltigkeit* des $\mathbf{P}_n$. Z. B. spricht man für $k = 1$ (bzw. $k = 2$) von einer *projektiven Geraden* (bzw. einer *projektiven Ebene*).

Im $\mathbb{R}^{n+1}$ wird der Unterraum $\mathbf{E}_{k+1}$ durch ein lineares homogenes Gleichungssystem vom Rang $n - k$ dargestellt: Wenn $\vec{v} \in \mathbf{E}_{k+1}$, so gilt für jedes $\lambda \neq 0$ $\lambda\vec{v} \in \mathbf{E}_{k+1}$; so wird das Element-Sein von $\mathbf{E}_{k+1}$, das mit der Äquivalenzrelation R verträglich ist, in $\mathbf{P}_n$ durch das Element-Sein von einer projektiven Mannigfaltigkeit ausgedrückt, die durch das gleiche lineare Gleichungssystem vom Rang $n - k$ dargestellt wird.

Im $\mathbb{R}^{n+1}$ ist die Eigenschaft von k Vektoren, linear unabhängig zu sein, mit R verträglich. Wenn in der Tat $\lambda_1, \lambda_2, \ldots, \lambda_k$ von Null verschiedene reelle Zahlen und $\vec{v}_1, \vec{v}_2 \ldots, \vec{v}_k$ linear unabhängige Vektoren sind, so gilt das gleiche für die Vektoren $\lambda_1 \vec{v}_1, \lambda_2 \vec{v}_2, \ldots, \lambda_k \vec{v}_k$, die jeweils modulo R zu den vorangehenden äquivalent sind. Durch das Übergehen zum Quotienten erhält man die Eigenschaft der projektiven Unabhängigkeit: Die Punkte $A_1, A_2, \ldots, A_k$ des $\mathbf{P}_n$ sind projektiv unabhängig, wenn sie nicht gleichzeitig einer $(k - 1)$-dimensionalen projektiven Mannigfaltigkeit angehören. Man drückt diese Unabhängigkeit aus, indem man schreibt, daß der Rang der Matrix der homogenen Koordinaten der Punkte $A_1, A_2, \ldots, A_k$ gleich k ist.

4.VII.1 Die Elemente des $\mathbf{P}_n$ können auf zwei Teilmengen **A** und **B** verteilt werden, je nachdem, ob ihre letzte homogene Koordinate x_{n+1} gleich Null ist oder nicht.

Die Punkte von **A** sind diejenigen, für welche $x_{n+1} \neq 0$; man kann normierte homogene Koordinaten derart finden, daß $x_{n+1} = 1$. Man setzt $X_i = \dfrac{x_i}{x_{n+1}}$ für $i \leqslant n$. Die Menge **A** der Punkte des $\mathbf{P}_n$, die durch homogene Koordinaten $(X_1, X_2, \ldots, X_n, 1)$ definiert sind, steht offensichtlich in einer bijektiven Zuordnung zu $\mathbb{R}^n$; außerdem ist diese Bijektion ein Homöomorphismus. Die Menge der Punkte von **B** ist durch die homogenen Koordinaten (nicht alle gleich Null) $(x_1, x_2, \ldots, x_n, 0)$ definiert, die bis auf einen von Null verschiedenen gemeinsamen Faktor bestimmt sind. Diese Menge **B** ist zu $\mathbf{P}_{n-1}$ homöorph (4.III.10).

So kommt man dazu, $\mathbf{P}_n$ als die disjunkte Summe $\mathbb{R}^n + \mathbf{P}_{n-1}$ anzusehen, die mit einer passenden Topologie versehen ist.

Aus Gründen, die im weiteren ersichtlich werden, heißen die Elemente des $\mathbf{P}_{n-1}$ manchmal die unendlich fernen Punkte des $\mathbf{P}_n$. Im Falle $n = 1$ besteht $\mathbf{P}_{n-1}$ aus einem einzigen Element, das man mit ∞ bezeichnet.

Die lineare Gruppe Gl_{n+1} ist die Menge der linearen Automorphismen des $\mathbb{R}^{n+1}$. Jeder $L \in Gl_{n+1}$ überführt eine durch O gehende Gerade in eine durch O gehende Gerade und definiert eine Bijektion $\widetilde{L}$ von $\mathbf{P}_n$ auf $\mathbf{P}_n$. Man nennt *projektiven Automorphismus* des $\mathbf{P}_n$ jede Bijektion von $\mathbf{P}_n$ auf $\mathbf{P}_n$, die auf diese Art aus einem *linearen Automorphismus* von $\mathbb{R}^{n+1}$ auf $\mathbb{R}^{n+1}$ hervorgeht.

4.VII.2 Übungsaufgabe Beweisen, daß die Menge der projektiven Automorphismen des $\mathbf{P}_n$ mit dem Quotienten von Gl_{n+1} nach der ausgezeichneten Untergruppe* der zentrischen Streckungen mit von Null verschiedenem Verhältnis identisch ist. Ein solcher Automorphismus wird durch eine reguläre Matrix $(n+1) \times (n+1)$ dargestellt, deren Elemente bis auf einen von Null verschiedenen Faktor bestimmt sind.

4.VII.3 Beispiel Ein Automorphismus θ des $\mathbf{P}_1$ wird auch eine *homographische Transformation* genannt. Er wird durch eine Matrix $\begin{pmatrix} a & b \\ c & d \end{pmatrix}$ dargestellt, wobei $ad - bc \neq 0$ und deren Elemente bis auf einen von Null verschiedenen Faktor bestimmt sind. Er ordnet dem Punkt mit den homogenen Koordinaten (x_1, x_2) den Punkt mit den homogenen Koordinaten $y_1 = ax_1 + bx_2, y_2 = cx_1 + dx_2$ zu. Wir verwenden die Zerlegung (4.VII.1), wobei $\mathbf{P}_1 = \mathbb{R} + \{\infty\}$, und lassen den Sonderfall beiseite, bei dem $\theta(\infty) = \infty$. Man findet dann, daß $c = 0$ und daß die Beschränkung von θ auf $\mathbb{R}$ durch $X \mapsto Y = AX + B$ definiert ist, wobei $A \neq 0$.

Im Allgemeinfall stellt man fest, daß der Punkt α mit den homogenen Koordinaten $(-d, +c)$ durch θ auf den unendlich fernen Punkt abgebildet wird ($y_1 = -ad + bc$, $y_2 = 0$). Die Einschränkung von θ auf $\mathbb{R} - \{\alpha\}$, ordnet dem Punkt mit den homogenen Koordinaten $(X, 1)$ den Punkt mit den homogenen Koordinaten $(Y, 1)$ zu, wobei $Y = \frac{aX + b}{cX + d}$. Überdies ist $\theta(\alpha) = \infty$ und $\theta(\infty)$ ist der Punkt mit den homogenen Koordinaten (a, c) oder auch $\left(\frac{a}{c}, 1\right)$.

Topologie des projektiven Raumes

Der Raum $\mathbf{P}_n$ ist, mit dem Winkelabstand (4.III.10) versehen, ein kompakter metrischer Raum (4.III.12).

4.VII.3 Lehrsatz Der topologische Raum $\mathbf{P}_n$ ist eine n-dimensionale topologische Mannigfaltigkeit.

Für den geodätischen Abstand ist die Menge der Geraden des $\mathbf{P}_n$, deren Winkelabstand zu einer gegebenen Geraden kleiner als $\rho < \frac{\pi}{2}$ ist, isometrisch zu einer Teilmenge von $\mathbf{S}_n$, die zu $\mathbb{R}^n$ homöomorph ist.

4.VII.4 Übungsaufgabe Jedem Punkt (x, y, z) der Kugeloberfläche $\mathbf{S}_2$ mit der Gleichung

$$x^2 + y^2 + z^2 = 1$$

ordnet man den Punkt von $\mathbb{R}^4$ mit den Koordinaten (X, Y, Z, T) zu, welche durch $X = x^2 - y^2$, $Y = 2xy$, $Z = zx$, $T = zy$ definiert sind. Ist diese Zuordnung injektiv? Beweisen, daß das Bild von $\mathbf{S}_2$

durch diese Abbildung zu $\mathbf{P}_2$ homöomorph ist, und daß dieses Bild die Teilmenge des $\mathbb{R}^4$ ist, welche durch folgende Gleichungen definiert ist:

$$(X^2 + Y^2 + Z^2 + T^2)^2 = X^2 + Y^2 \qquad (Z^2 + T^2)^2 Y^2 = 4 Z^2 T^2 (X^2 + Y^2).$$

4.VII.5 Übungsaufgabe Zeigen, daß $\mathbf{S}_1$ und $\mathbf{P}_1$ homöomorph sind.

4.VII.6 Übungsaufgabe Zeigen, daß der Jordansche Kurvensatz (4.V.5) nicht auf $\mathbf{P}_2$ anwendbar ist; einen Meridianbogen Γ von $\mathbf{S}_2$ betrachten, der zwei diametrale Punkte verbindet.

Das Komplement von Γ in bezug auf $\mathbf{S}_2$ ist zusammenhängend. Beim Übergang zum Quotienten definiert Γ eine geschlossene Jordankurve von $\mathbf{P}_2$, deren Komplement zusammenhängend ist.

Daraus folgern, daß $\mathbf{P}_2$ und $\mathbf{S}_2$ nicht homöomorph sind.

4.VII.7 Lehrsatz Der projektive Raum $\mathbf{P}_n$ ist orientierbar (bzw. nicht orientierbar), wenn n eine ungerade (bzw. gerade) Zahl ist.

Multipliziert man die Elemente einer $(n + 1) \times (n + 1)$-Matrix mit einem Faktor λ, so wird ihre Determinante mit λ^{n+1} multipliziert.

Daraus ergibt sich, daß die Unterscheidung zwischen Matrizen mit positiver oder negativer Determinante mit R nur dann verträglich ist, wenn n ungerade ist.

Da die Kugeloberfläche $\mathbf{S}_n$ orientierbar ist, kann man auf ihr über Orientierungsindices verfügen, die untereinander isometrisch sind und sich auf genau zwei Orientierungsklassen verteilen. Vergleichen wir zwei solcher Indices, die bezüglich des Kugelmittelpunktes zu einander symmetrisch sind. Wenn n ungerade ist, haben zwei solche Indices die gleiche Orientierung und definieren durch Übergang zum Quotienten einen einzigen Orientierungsindex auf $\mathbf{P}_n$; die Verteilung auf zwei Klassen wird auf $\mathbf{P}_n$ übertragen, der orientierbar ist.

Wenn n gerade ist, hat die Gruppe der Isometrien von $\mathbf{P}_n$, die der Quotient der Gruppe $O(n)$ nach der Untergruppe der Symmetrien bezüglich des Ursprungs ist, nur eine einzige Komponente. $\mathbf{P}_n$ ist nicht orientierbar.

4.VII.8 Übungsaufgabe Der Raum $\mathbf{P}_2$ kann mit dem Quotienten der Halbkugelfläche $\mathbf{H}_2$, die durch $x^2 + y^2 + z^2 = 1$ und $z \geqslant 0$ definiert ist, nach der Äquivalenzrelation R' identifiziert werden, die zwei verschiedene Punkte von $\mathbf{H}_2$ dann und nur dann identifiziert, wenn sie auf dem Äquator $z = 0$ und $x^2 + y^2 = 1$ diametrale Punkte sind.

Zeigen, daß die Teilmenge von $\mathbf{H}_2$, die durch das bogenförmige Rechteck ABA'B' obiger Figur definiert wird, beim Übergang zum Quotienten eine zu einem Möbiusschen Band homöomorphe Teilmenge von $\mathbf{P}_2$ liefert.

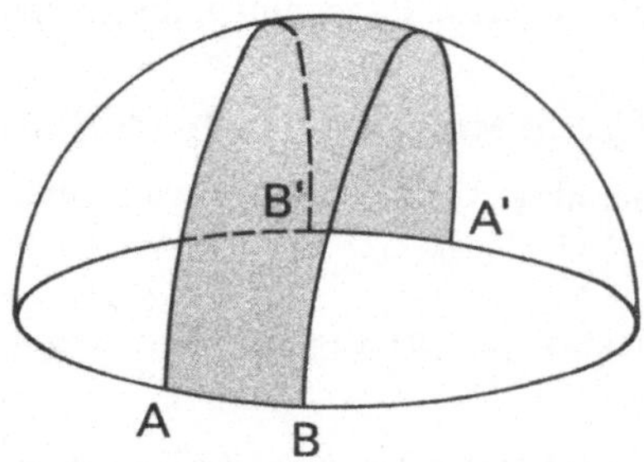

VIII Unendlich ferne Punkte

Problemstellung

$(\widetilde{\mathbf{E}}, \widetilde{d})$ sei ein kompakter metrischer Raum und **E** eine Teilmenge von $\widetilde{\mathbf{E}}$, die mit der durch $\widetilde{d}$ induzierten Metrik versehen ist. Wenn $(\mathbf{E}, d)$ nicht kompakt ist, gibt es Punktfolgen in **E**, die dort keine Häufungspunkte haben; jedoch haben sie notwendigerweise welche in $(\widetilde{\mathbf{E}}, \widetilde{d})$.
Wenn umgekehrt $(\mathbf{E}, d)$ ein nicht kompakter metrischer Raum ist, besteht das Problem der *Kompaktifizierung* darin, einen metrischen Raum $(\widetilde{\mathbf{E}}, \widetilde{d})$ entsprechend dem vorstehenden Schema zu konstruieren. Das Problem läßt sich präzisieren, indem man fordert, daß **E** in $\widetilde{\mathbf{E}}$ dicht sein soll; sonst gäbe es in $\widetilde{\mathbf{E}}$ „unnütze" Punkte, welche nicht dazu beitrügen, gewissen Punktfolgen von **E** einen Grenzwert zu liefern. Um die Situation in bildhafter Sprache auszudrücken, sagt man, daß die Punkte von $\widetilde{\mathbf{E}} - \mathbf{E}$ *unendlich ferne Punkte* sind. Gewisse Folgen, die in **E** nicht konvergieren, konvergieren gegen einen der unendlich fernen Punkte.
Das Problem der Kompaktifizierung erlaubt nicht nur eine Lösung:

Im allgemeinen kann man keinen metrischen Raum $(\widetilde{\mathbf{E}}, \widetilde{d})$ finden, der eine Antwort auf die Frage gibt. Wir beschränken uns darauf, die Spezialfälle zu untersuchen, die laufend im Schulunterricht vorkommen.

Die Zwei-Punkt-Kompaktifizierung der Zahlengeraden

Es handelt sich darum, die Gerade $\mathbb{R}$ zu kompaktifizieren. Man weiß, daß es Homöomorphismen φ von $\mathbb{R}$ auf das Intervall $]-1, +1[$ gibt, welche z.B. durch eine der reellwertigen Funktionen

$$x \mapsto \frac{x}{\sqrt{x^2+1}}, \quad x \mapsto \frac{x}{1+|x|} \quad \text{oder} \quad x \mapsto \frac{2}{\pi} \operatorname{Arc\,tg} x$$

definiert werden.
Betrachten wir dann die disjunkte Summe $\overline{\mathbb{R}}$ von $\mathbb{R}$ und einer Zweier-Menge $\{\alpha, \beta\}$, deren Elemente keine Elemente von $\mathbb{R}$ sind.
Definieren wir eine Bijektion $\overline{\varphi}$ von $\overline{\mathbb{R}}$ auf $[-1, +1]$, indem wir setzen $\overline{\varphi}(x) = \varphi(x)$ wenn $x \in \mathbb{R}$, $\overline{\varphi}(\alpha) = -1$ und $\overline{\varphi}(\beta) = +1$.
Man definiert dann auf $\overline{\mathbb{R}}$ eine Abstandsfunktion $\overline{d}$ durch Übertragen der natürlichen Metrik von $[-1, +1]$: also $\overline{d}(a, b) = |\overline{\varphi}(a) - \overline{\varphi}(b)|$. Der kompakte Raum $\overline{\mathbb{R}}$ wird so durch Adjunktion zweier unendlich ferner Punkte α und β erhalten, die man üblicherweise durch die Zeichen $-\infty$ und $+\infty$ darstellt; er wird auch *Zwei-Punkt-Kompaktifizierung der Zahlengeraden* genannt.
Im topologischen Raum $\overline{\mathbb{R}}$ wird ein Fundamentalsystem von Umgebungen von $+\infty$ durch die Vereinigungsmengen von $\{+\infty\}$ mit den positiven Halbgeraden dargestellt: Eine positive Halbgerade ist die Menge aller rellen Zahlen, die größer als eine gegebene reelle Zahl sind. Die Anordnungsrelation $\leqslant$ von $\mathbb{R}$ wird auf natürliche Weise auf die Zwei-Punkt-Kompaktifizierung der Zahlengeraden erweitert (siehe 3.VIII.12).

Ein-Punkt-Kompaktifizierung des $\mathbb{R}^n$

Der euklidische Raum $\mathbb{R}^n$ ist zu einer Kugeloberfläche $\mathbf{S}_n$ homöomorph, der man einen einzigen Punkt P entnimmt.

Identifizieren wir $\mathbf{S}_n$ mit dem durch $\sum_{i \leqslant n+1} x_i^2 = 1$ definierten Teilraum von $\mathbb{R}^{n+1}$, den Punkt P mit dem Punkt der Koordinaten $x_1 = x_2 = \ldots = x_n = 0, x_{n+1} = 1$ und $\mathbb{R}^n$ mit dem äquatorialen Teilraum, dessen Gleichung $x_{n+1} = 0$ lautet.

Die stereographische Projektion φ stellt einen Homöomorphismus zwischen $\mathbb{R}^n$ und $\mathbf{S}_n - \{P\}$ her. Dem Punkt M von $\mathbb{R}^n$ ordnet man die Spur m der Geraden PM auf $\mathbf{S}_n$ zu.

Betrachten wir die disjunkte Summe des $\mathbb{R}^n$ und eines Elementes ω, das kein Element von $\mathbb{R}^n$ ist. Indem man $\widetilde{\varphi}(\mu) = \varphi(\mu)$ wenn $\mu \in \mathbb{R}^n$ und $\widetilde{\varphi}(\omega) = \mathbf{P}$ setzt, stellt man eine Bijektion zwischen $\mathbb{R}^n + \{\omega\}$ und $\mathbf{S}_n$ her. Indem man dank $\widetilde{\varphi}$ die geodätische Metrik von $\mathbf{S}_n$ auf $\mathbb{R}^n + \{\omega\}$ überträgt, erhält man eine Kompaktifizierung des $\mathbb{R}^n$ durch Adjunktion eines einzigen Punktes ω, den man auch mit ∞ bezeichnet, und man bezeichnet diesen Raum mit $\dot{\mathbb{R}}^n$.

Eine Umgebungsbasis von ∞ besteht aus den Vereinigungsmengen von $\{\infty\}$ mit den Komplementen von kompakten Teilmenten des $\mathbb{R}^n$.

Im Sonderfall $n = 1$ erhält man die Ein-Punkt-Kompaktifizierung der Zahlengeraden, indem man einen einzigen unendlich fernen Punkt ∞ hinzufügt und nicht zwei unendlich ferne Punkte $+\infty$ und $-\infty$ wie bei der Zwei-Punkt-Kompaktifizierung der Zahlengeraden.

4.VIII.1 Übungsaufgabe Beweisen, daß sich die identische Abbildung von $\mathbb{R}$ auf $\mathbb{R}$ stetig in eine Abbildung der Zwei-Punkt-Kompaktifizierung der Zahlengeraden auf die Ein-Punkt-Kompaktifizierung der Zahlengeraden erweitern läßt.

Projektive Kompaktifizierung des $\mathbb{R}^n$

Wenn man jedem Punkt des $\mathbb{R}^n$ mit den Koordinaten $(x_1, x_2, \ldots, x_n)$ den Punkt des $\mathbf{P}_n$ mit den homogenen Koordinaten $(x_1, x_2, \ldots, x_n, 1)$ zuordnet, erhält man einen Homöomorphismus φ des $\mathbb{R}^n$ auf eine dichte Teilmenge des $\mathbf{P}_n$. Das Komplement $\mathbf{P}_n - \varphi(\mathbb{R}^n)$ wird von der Menge aller Punkte des $\mathbf{P}_n$ gebildet, deren letzte homogene Koordinate gleich Null ist: diese Teilmenge ist zu $\mathbf{P}_{n-1}$ homöomorph.

Man erhält die projektive Kompaktifizierung des $\mathbb{R}^n$, indem man ihm eine ganze projektive Mannigfaltigkeit $\mathbf{P}_{n-1}$ von unendlich fernen Punkten adjungiert.

Damit eine Punktfolge A_i des $\mathbb{R}^n$ gegen den unendlich fernen Punkt der Ein-Punkt-Kompaktifizierung konvergiert, ist es notwendig und hinreichend, daß der Abstand $\|OA_i\|_2$ unbegrenzt zunimmt. Damit aber, wenn $n > 1$, die gleiche Punktfolge gegen einen unendlich fernen Punkt der projektiven Kompaktifizierung konvergiert, ist es außerdem notwendig und hinreichend, daß die Gerade OA_i einer Grenzlage bezüglich des Winkelabstandes zustrebt; man sagt dann, daß die Folge A_i *in einer gewissen Richtung nach unendlich strebt*.

In $\mathbb{R}$ sind die Ein-Punkt- und die projektive Kompaktifizierung identisch; man kommt überein, $\mathbf{P}_0$ mit einer Einer-Menge $\{\infty\}$ zu identifizieren.

Über die richtige Handhabung der Kompaktifizierungen

Die unendlich fernen Punkte sind, im Gegensatz zu den Planeten, keine Objekte, die bereits vor ihrer Entdeckung existieren; es handelt sich um speziell konstruierte Elemente, um eine gegebene mathematische Theorie harmonischer zu gestalten.

4.VIII.2 Übungsaufgabe Beweisen, daß die Exponentialfunktion stetig in eine stetige Abbildung der Zwei-Punkt-Kompaktifizierung der Zahlengeraden in die Zwei-Punkt-Kompaktifizierung, oder auch von $\overline{\mathbb{R}}$ in $\dot{\mathbb{R}}$, fortgesetzt wird. Dagegen ist eine stetige Erweiterung auf die Ein-Punkt-Kompaktifizierung unmöglich.

Die Wahl einer sachgerechten Kompaktifizierung ist besonders wichtig bei der Untersuchung der homographischen Funktion $f\colon x \mapsto \dfrac{ax+b}{cx+d}$ (4.VII.3). Das ist keine Abbildung von $\mathbb{R}$, da sie im Punkte $-d/c$ nicht definiert ist. Zahlreiche Schulbücher machen sich implizit die Zwei-Punkt-Kompaktifizierung der Zahlengeraden $\overline{\mathbb{R}}$ als Quelle und Ziel zu eigen. Das macht die Situation nur noch komplizierter. Die Funktion f ist im Punkte $-\frac{d}{c}$, in dessen Umgebung sie von $-\infty$ auf $+\infty$ umspringt, nicht stetig fortsetzbar. Außerdem wird sie an den beiden Punkten $+\infty$ und $-\infty$ stetig durch den gleichen Wert $\frac{a}{c}$ fortgesetzt.

Wenn man sich dagegen die projektive Kompaktifizierung der Geraden zu eigen macht, erhält man durch stetige Fortsetzung einen Homöomorphismus von $\dot{\mathbb{R}}$ auf $\dot{\mathbb{R}}$. Es genügt, $\hat{f}(-\frac{d}{c}) = \infty, \hat{f}(\infty) = \frac{a}{c}$ und $\hat{f}(x) = f(x)$ in allen anderen Fällen zu setzen. Der Gebrauch der projektiven Kompaktifizierung hat hier zur Folge, alle Singularitäten zu beseitigen, welche die Funktion f besaß, solange man sie als eine auf einer Teilmenge von $\mathbb{R}$ definierte reellwertige Funktion interpretierte.

Projektive Geometrie

Eine abgeschlossene Teilmenge der euklidischen Ebene $\mathbb{R}^2$ bleibt nicht abgeschlossen, wenn man sie als Teilmenge der projektiven Kompaktifizierung $\mathbb{R}^2 + \mathbf{P}_1 = \mathbf{P}_2$ betrachtet. Zum Beispiel erhält man die abgeschlossene Hülle einer Geraden, indem man ihr einen unendlich fernen Punkt adjungiert.

So stellt man fest, daß in $\mathbf{P}_2$ zwei verschiedene Geraden immer einen einzigen gemeinsamen Punkt haben. Wenn sie sich in $\mathbb{R}^2$ schneiden, entsprechen ihre unendlich fernen Punkte verschiedenen Richtungen. Wenn sie parallel sind, haben sie in $\mathbf{P}_2$ einen unendlich fernen Punkt gemeinsam. Man gelangt so zu einer Theorie, deren Axiome einfacher sind als diejenigen der euklidischen Geometrie (siehe 2.IV.5), und in welcher die Unterscheidung zwischen parallelen und sich schneidenden Geraden wegfällt. Das ist die projektive Geometrie.

Die projektive Kompaktifizierung präsentiert sich in besonders suggestiver Weise, wenn man die Figuren der Ebene $\mathbb{R}^2$ perspektivisch darstellt. Die Gerade $\mathbf{P}_1$ der unendlich fernen Punkte heißt dann der Horizont; zwei parallele Geraden des $\mathbb{R}^2$ werden perspektivisch durch zwei Geraden dargestellt, die sich im Fluchtpunkt schneiden, der auf dem Horizont liegt.

Die Perspektive liefert die einzige vernünftige Motivation für die Untersuchung von harmonischen Punkten.

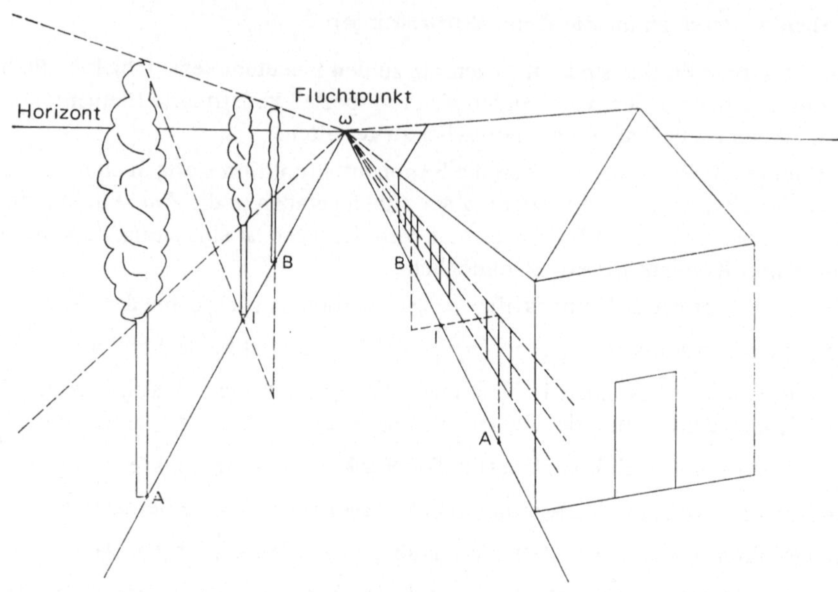

Bertrachten wir zwei Schwarz-Weiß-Fotografien P_1 und P_2, welche das gleiche Monument M darstellen, jedoch unter verschiedenen Blickwinkeln und Beleuchtungen aufgenommen sind. Wie kann man erkennen, daß es sich um das gleiche Gebäude handelt, wo sich doch die Längen, die Längenverhältnisse und die Formen auf beiden Bildern unterscheiden? Man geht von P_1 zu P_2 mittels perspektivischer, also projektiver Abbildung, über; man muß dafür sorgen, daß die Erhaltung der Eigenschaft von Punkten, auf einer Geraden zu liegen, und die Erhaltung des Doppelverhältnisses von vier auf einer Geraden liegenden Punkten und von vier sich in einem Punkt schneidenden Geraden bemerkt wird. Das Doppelverhältnis ist die fundamentale Invariante der projektiven Gruppe.

Die Untersuchung der harmonischen Punkte wird den Oberschülern meistens von dogmatischen Definitionen her eingetrichtert. Man macht sie attraktiv, wenn man von Anfang an (mit oder ohne Beweis) erklärt, daß vier harmonische Punkte das perspektivische Bild von vier Punkten ABIω sind, wobei I der Mittelpunkt von AB und ω der unendlich ferne Punkt der Geraden AB ist. Der Schüler wird sich darüber klar, daß er z. B. erkennen kann, daß der Baum I in Wirklichkeit in der Mitte von A und B steht, weil er instinktiv harmonische Punkte von anderen Konfigurationen unterscheidet.

4.VIII.3 Übungsaufgabe Das Doppelverhältnis von vier verschiedenen reellen Zahlen x_1, x_2, x_3, x_4 ist laut Definition die reelle Zahl $\frac{x_1 - x_3}{x_2 - x_3} : \frac{x_1 - x_4}{x_2 - x_4}$. Mit Hilfe einer stetigen Fortsetzung ist das Doppelverhältnis von vier Elementen von $\mathbf{P}_1$ zu definieren. Jede homographische Transformation von $\mathbf{P}_1$ bildet vier verschiedene Elemente auf vier andere ab, wobei das Doppelverhältnis erhalten bleibt.

Die anallagmatische Geometrie

Sie behandelt die Eigenschaften, die bei aufeinanderfolgenden Inversionen oder Bewegungen invariant bleiben. Der für diese Untersuchung geeignete Rahmen ist die Ein-Punkt-Kompaktifizierung.

Zunächst ist eine Inversion mit dem Pol O nicht in $\mathbb{R}^2$ definiert, da dem Pol O kein Punkt zugeordnet ist. Wenn man dem Punkt O jedoch ∞ zuordnet, wird die Inversion zu einem Homöomorphismus von $\dot{\mathbb{R}}^2$ auf sich selbst. Man hat so eine Singularität beseitigt. Dann führt die Sprache der euklidischen Geometrie dazu, laufend Unterschiede zwischen Geraden und Kreisen zu machen, da die Inversion Kreise durch den Inversionspol O in Geraden überführt.

In der Sprache der anallagmatischen Geometrie ist eine Gerade ein durch ∞ gehender Kreis: so überführt die Inversion in allen Fällen einen Kreis in einen Kreis, ein Kreisbüschel in ein Kreisbüschel usw. Man gelangt so zu einer Theorie, die harmonischer ist.

4.VIII.4 Übungsaufgabe Alle Nachteile aufzählen, die sich ergeben, wenn man eine Frage der anallagmatischen (bzw. projektiven) Geometrie im Rahmen der projektiven (bzw. Ein-Punkt-) Kompaktifizierung behandelt.

IX Verschiedene Konzeptionen des Kurven-Begriffs

Die gängige pädagogische Praxis sucht eine gewisse intuitive Idee des Kurvenbegriffs zu vermitteln, indem sie auf einen nicht gespannten Faden verweist. Wir wollen die Unvollkommenheit dieses intuitiven Bildes aufzeigen. Die Pseudodefinition des Larousse (französisches Lexikon, das etwa dem deutschen Brockhaus entspricht): „Eine Kurve ist der Ort der aufeinanderfolgenden Positionen eines Punktes, der sich nach einem bestimmten Gesetz bewegt", ist den Benutzern der Mathematik lange als klar genug erschienen ... Sie stellten keine Ansprüche!

Die traditionellen Übungsaufgaben im Schulunterricht machen einen glauben, daß ein „geometrischer Ort" in der ebenen Geometrie immer eine „Kurve" ist. Folgende Aufgabe dementiert diese irrige Meinung:

4.IX.1 Übungsaufgabe $\mathbf{F}_1$ und $\mathbf{F}_2$ seien zwei Halbgeraden der euklidischen Ebene, welche von einem gemeinsamen Punkt ausgehen. Zu finden ist die Menge der Punkte M der Ebene, für welche $d_2(\mathrm{M}, \mathbf{F}_1) = \mathrm{d}_2(\mathrm{M}, \mathbf{F}_2)$ gilt.

Das Wort „Kurve" wird in Dutzenden von Bedeutungen verwendet, die mehr oder weniger vernünftig sind. Es ist wichtig, sie zu unterscheiden:

Erster Definitions-Typ

4.IX.2 *Eine Parameter-Darstellung* (f, I) *einer Kurve,* die im euklidischen Raum $\mathbb{R}^n$ verläuft, wird durch eine stetige Abbildung f eines Intervalls I von $\mathbb{R}$ in $\mathbb{R}^n$ definiert.

Zum Beispiel sei $\{e_1, e_2\}$ die kanonische Basis des $\mathbb{R}^2$. Die Abbildung $t \mapsto \cos t\, e_1 + \sin t\, e_2$ definiert drei verschiedene Parameterdarstellungen einer Kurve, wenn sie auf jedes der folgenden Intervalle eingeschränkt wird:

$$\mathrm{I}_1 = [0, 2\pi] \quad \mathrm{I}_2 = [2\pi, 4\pi] \quad \mathrm{I}_3 = [0, 4\pi].$$

Die Bildmenge jeder dieser Funktionen f ist die gleiche Menge (der Einheitskreis).

Wenn f eine konstante Funktion ist, sagt man, sie definiere einen „Punkt in Parameterdarstellung".

4.IX.3 Lehrsatz Eine stetige Abbildung Φ eines Intervalls I_1 auf ein Intervall I_2 ist dann und nur dann ein Homöomorphismus, wenn Φ streng monoton ist.

Führen wir einen Absurditätsbeweis. Wenn Φ nicht monoton ist, kann man drei Punkte a, b und c so finden, daß c zwischen a und b liegt und daß $\Phi(c)$ nicht zwischen $\Phi(a)$ und $\Phi(b)$ liegt. Jeder Wert des Durchschnitts der Intervalle $[\Phi(a), \Phi(c)]$ und $[\Phi(b), \Phi(c)]$ wird auf $[a, b]$ wenigstens zweimal angenommen (einmal auf $[a, c]$ und einmal auf $[c, b]$ aufgrund des Zwischenwertsatzes von Bolzano*; Φ ist also nicht injektiv.

Andererseits ist es wohlbekannt, daß jede stetige streng monotone Funktion eine stetige Umkehrfunktion besitzt.

4.IX.4 Zwei Parameterdarstellungen (f_1, I_1) und (f_2, I_2) einer Kurve heißen *äquivalent* (bis auf eine Parametertransformation), wenn es einen Homöomorphismus Φ von I_1 auf I_2 derart gibt, daß $f_1 = f_2 \circ \Phi$ gilt.

Verschiedene Konzeptionen des Kurven-Begriffs

Im genannten Beispiel ist die durch I_1 definierte Kurve zu der durch I_2 definierten Kurve äquivalent (indem man $\Phi(t) = t + 2\pi$ setzt), jedoch nicht zu der durch I_3 definierten Kurve (diese „durchläuft zweimal die Kreislinie").

Zwei „Punkte in Parameterdarstellung" sind immer äquivalent.

4.IX.5 Zwei Parameter-Darstellungen (f_1, I_1) und (f_2, I_2) einer Kurve heißen *äquivalent unter Erhaltung des Durchlaufsinnes*, wenn die Abbildung Φ der Definition (4.IX.4) monoton wachsend ist.

Bei allen vorausgegangenen Definitionen wird keineswegs gefordert, daß f eine bijektive Funktion sein soll: Man kann ohne weiteres zulassen, daß eine Kurve Doppelpunkte oder Tripelpunkte usw. haben könnte. Aber unter diesen Umständen wird man die berühmten Kurven von Peano gelten lassen müssen, deren Bildmenge ein ganzes Quadrat ausfüllt (4.X).

Zweiter Definitions-Typ

Es ist üblich, die Bildmenge der Parameterdarstellung einer Kurve als Kurve zu bezeichnen (das ist eine Bahnkurve, bei der man davon absieht, in welcher Weise ein beweglicher Punkt sie durchläuft). Hier sind die Schwierigkeiten noch größer als bei den Parameterdarstellungen von Kurven; man könnte denken, daß ein Punkt oder eine Kreisscheibe „Kurven" sind. Eine Hyperbel (die unzusammenhängend ist) wäre keine Kurve; ein Hyperbelast wäre eine.

Um diesen Schwierigkeiten abzuhelfen, kann man erwägen, endliche Vereinigungsmengen von Bildern von Parameterdarstellungen von Kurven zuzulassen; aber dann wäre die abgeschlossene Hülle des Graphen der Funktion $t \mapsto \sin\frac{1}{t}$, welche eine Strecke der Länge 2 enthält, eine Kurve! Sie ist jedoch weder lokal zusammenhängend noch wegzusammenhängend.

Eine *Jordankurve* ist eine zu einem kompakten Intervall von $\mathbb{R}$ homöomorphe Menge – (wenn der Homöomorphismus explizit gegeben ist, kann man von einer Jordankurve in Parameterdarstellung reden). Jede Bildmenge eines kompakten Intervalls von $\mathbb{R}$ durch eine stetige injektive Abbildung ist eine Jordankurve. Eine Jordankurve ist zusammenhängend, lokal zusammenhängend und kompakt. Sie hört auf, zusammenhängend zu sein, sobald man ihr einen von den Endpunkten verschiedenen Punkt entnimmt.

Eine geschlossene Jordankurve ist eine zu einem Kreis homöomorphe Menge (4.V.4).

Jedoch findet man auch noch in der Klasse der Jordankurven recht seltsame Figuren, von denen wir im folgenden einige vorstellen wollen.

X Einige singuläre Kurven

Wir wollen zunächst eine kompakte Menge von $\mathbb{R}$ darlegen, welche mit den Konstruktionen im Zusammenhang steht, die folgen werden: das ist die *triadische Cantorsche Menge*. Im Intervall $[0, 1] \subset \mathbb{R}$ ist sie die Menge $\mathbb{K}$ der Zahlen, die Summe einer Reihe $\sum\limits_{n \in \mathbb{N}^*} \frac{c_n}{3^n}$ sind, wobei $\{c_n\}$ eine Folge ist, die nur die Werte 0 und 2 annimmt. Anders ausgedrückt ist sie die Menge der zwischen 0 und 1 liegenden reellen Zahlen, die man im triadischen Zahlensystem, d. h. mit der Basis 3, schreiben kann, wenn man nach dem Komma nur die Ziffern 0 und 2 verwendet. Z. B. gehört die Zahl $\frac{1}{3}$ zu $\mathbb{K}$, da sie auch

$$\sum_{n=2}^{\infty} \frac{2}{3^n}$$

geschrieben werden kann.

Man bemerkt, daß das offene Intervall $\left]\frac{1}{3}, \frac{2}{3}\right[$, das wir das erste schwarze Intervall nennen wollen, in $\mathbb{K}$ nicht enthalten ist. Teilen wir jedes der verbleibenden weißen Intervalle $\left[0, \frac{1}{3}\right]$ und $\left[\frac{2}{3}, 1\right]$ in drei gleiche Teile, dann ist jedes der beiden mittleren schwarzen Intervalle: also $\left]\frac{1}{3^2}, \frac{2}{3^2}\right[$ und $\left]\frac{2}{3} + \frac{1}{3^2}, 1 - \frac{1}{3^2}\right[$ nicht in $\mathbb{K}$ enthalten.

Man erhält so durch aufeinanderfolgende Entnahmen bei der n-ten Etappe 2^n gleiche weiße und abgeschlossene Intervalle, welche alle die Länge $\frac{1}{3^n}$ haben. Man teilt jedes in drei gleiche Teile und entnimmt jedesmal das offene schwarze Intervall in der Mitte.
Die Menge $\mathbb{K}$ ist als Durchschnitt einer Familie von in $\mathbb{R}$ abgeschlossenen Mengen abgeschlossen. Da $\mathbb{K}$ in der kompakten Menge $[0, 1]$ enthalten ist, ist $\mathbb{K}$ kompakt.

4.X.1 Übungsaufgabe Zeigen, daß $\mathbb{K}$ *perfekt* (d. h. keiner ihrer Punkte ist isoliert) und nicht *dicht* ist (sie hat keine inneren Punkte; anders gesagt, $\mathbb{K}$ enthält kein Intervall); das Komplement von $\mathbb{K}$ ist in $[0, 1]$ dicht. $\mathbb{K}$ ist mit $\mathbb{R}$ gleichmächtig. $\mathbb{K}$ ist eine *Lebesguesche Nullmenge**.

Die singuläre Lebesguesche Funktion

4.X.2 Lehrsatz Es gibt eine Abbildung Φ von $\mathbb{K}$ auf $[0,1]$, welche für die durch $\mathbb{R}$ induzierte Topologie und Ordnung stetig und monoton wachsend ist.

Ordnen wir jeder Reihendarstellung $x = \sum_{n \in \mathbb{N}^*} \frac{c_n}{3^n}$, wobei c_n nur die Werte 0 und 2 annimmt, die Reihendarstellung $\Phi(x) = \sum_{n \in \mathbb{N}^*} \frac{b_n}{2^n}$ zu, wobei $b_n = c_n/2$ nur die Werte 0 oder 1 annimmt.

Da jede reelle Zahl eine dyadische Darstellung zuläßt, d. h. im Zahlensystem mit der Basis 2 geschrieben werden kann, ergibt sich, daß die Abbildung Φ surjektiv ist. Gewisse rationale Zahlen lassen zwei dyadische Darstellungen zu, wobei die Ziffern b_n von einer bestimmten Stelle an alle gleich 0 oder alle gleich 1 sind; z. B. ist $1/2 = 1/2^2 + 1/2^3 + 1/2^4 + \ldots$ Es ergibt sich daraus, daß die Funktion Φ in den Randpunkten jedes schwarzen Intervalls gleiche Werte annimmt.

Schließlich ist Φ monoton wachsend, jedoch nicht streng monoton wachsend. Man weist nach, daß die auf $\mathbb{K}$ durch $\mathbb{R}$ induzierte Ordnung auf die lexikographische Ordnung der Folge der Koeffizienten $\{c_n\}$ zurückgeführt wird, und die Abbildung $\{c_n\} \mapsto \{b_n\}$, mit $b_n = c_n/2$, ist offensichtlich eine monoton wachsende Abbildung von $\{0, 2\}^{\mathbb{N}^*}$ auf $\{0, 1\}^{\mathbb{N}^*}$, die beide mit der lexikographischen Ordnung versehen sind. Folglich ist Φ monoton wachsend.

Wir werden nun zeigen, daß Φ gleichmäßig stetig ist: zu zwei gegebenen Punkten x_1 und x_2 von $\mathbb{K}$ gibt es immer eine natürliche Zahl n, so daß:

$$2/3^n < |x_1 - x_2| \leqslant 2/3^{n-1};$$

das bedeutet, daß bei den Darstellungen von x_1 und x_2 die $n-1$ ersten Ziffern nach dem Komma die gleichen sind. Daraus folgt:

$$|\Phi(x_1) - \Phi(x_2)| \leqslant 2/2^n.$$

Wenn man $\alpha = \log 2/\log 3$ setzt, woraus sich $3^\alpha = 2$ ergibt, erhält man

$$2^\alpha/2^{n-1} \leqslant |x_1 - x_2|^\alpha \text{ und } |\Phi(x_1) - \Phi(x_2)| \leqslant 2^{-\alpha}|x_1 - x_2|^\alpha.$$

Man sagt, Φ genügt einer *Hölder-Bedingung* mit dem Exponenten α: Das ist eine stärkere Bedingung als die gleichmäßige Stetigkeit.

Die auf der Cantorschen Menge IK definierte monoton wachsende Funktion Φ läßt eine einzige Fortsetzung $\widetilde{\Phi}$ zu, welche auf [0, 1] definiert und monoton wachsend ist. Es genügt, der Funktion $\widetilde{\Phi}$ auf jedem schwarzen Intervall den gemeinsamen Funktionswert von Φ in den Randpunkten zu geben.

Die Konstruktion der graphischen Darstellung der Funktion $\widetilde{\Phi}$ von Lebesgue kann leicht gleichzeitig mit derKonstruktion von IK durchgeführt werden. Dazu reicht es aus, $\widetilde{\Phi}$ auf einem in der n-ten Etappe konstruierten schwarzen Intervall das arithmetische Mittel der Werte zuzuschreiben, welche $\widetilde{\Phi}$ auf den beiden schwarzen Intervallen annimmt, die es einrahmen und die bei der $(n-1)$-ten Etappe erhalten wurden.

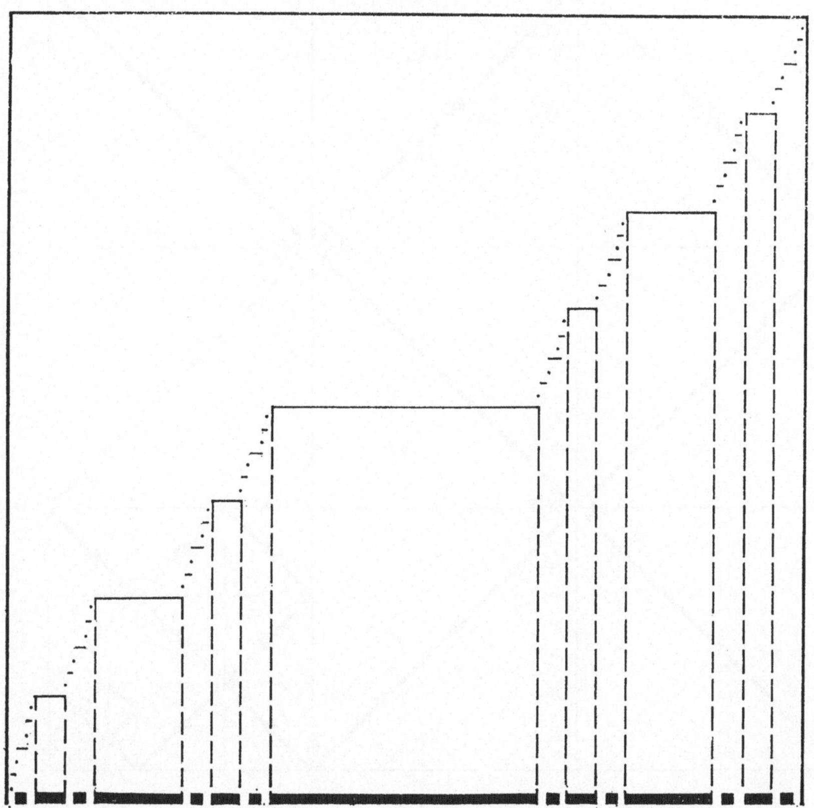

Die Funktion $\widetilde{\Phi}$, welche die singuläre Funktion von Lebesgue genannt wird, ist monoton wachsend. Sie läßt eine Ableitung zu, die auf [0, 1] gleich Null ist, außer auf einer Nullmenge. Und dennoch ist sie nicht konstant; man beweist aber, daß eine stetige Funktion konstant ist, wenn sie eine Ableitung hat, die gleich Null ist, außer eventuell auf einer abzählbaren Menge.

Peanosche Kurve

Eine analoge Technik ermöglicht es, eine stetige Abbildung von $\mathbb{R}$ auf $\mathbb{R}^2$ zu konstruieren, deren Bildmenge eine offene Menge von $\mathbb{R}^2$ enthält.

Betrachten wir auf einem kompakten Intervall I eine dichte abzählbare Menge J. Wir werden eine gleichmäßig stetige Abbildung Φ von J auf eine dichte Teilmenge eines Quadrates konstruieren.

Nach (4.IV.10) kann man dann Φ in eine stetige Abbildung $\widetilde{\Phi}$ von I in das Quadrat fortsetzen. Da I kompakt ist, ist $\widetilde{\Phi}$(I) eine kompakte Menge, also abgeschlossen, die Φ (J) enthält. Also ist $\widetilde{\Phi}$(I) die abgeschlossene Hülle von $\widetilde{\Phi}$ (J): Die Werte von $\widetilde{\Phi}$(I) füllen tatsächlich das Qua-

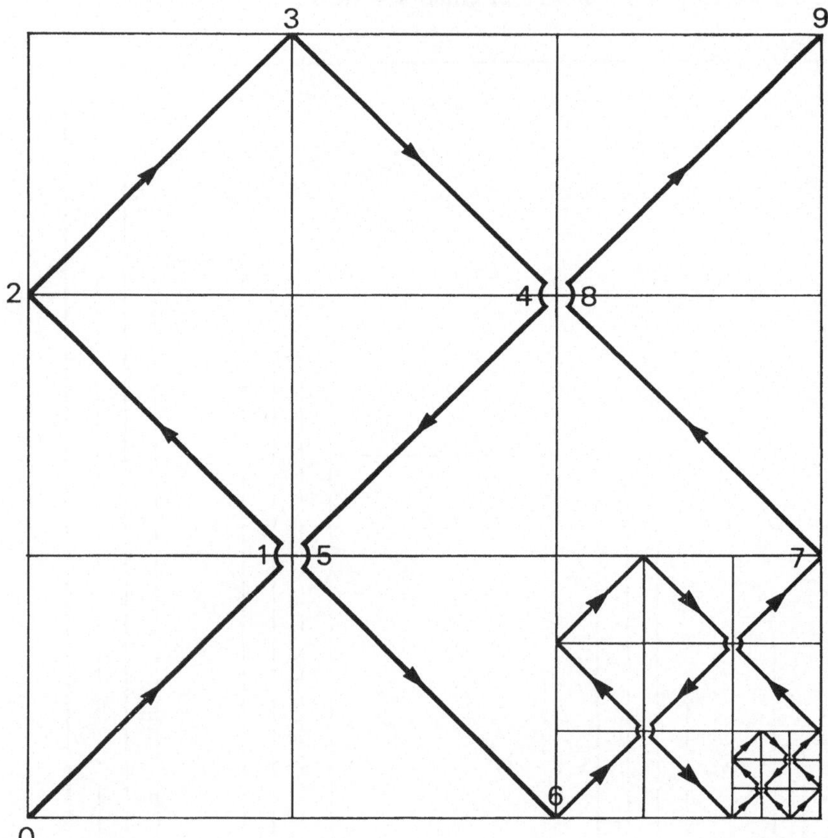

drat aus. Es ist möglich, sehr verschiedene Konstruktionen von $\widetilde{\Phi}$ zu befürworten. Im folgenden sei die Version angegeben, die wir Hilbert verdanken: Man kann als Menge J die Menge aller rationalen Zahlen wählen, die die Form $\frac{N}{9^n}$ (N und n natürliche Zahlen) haben und in I = [0, 1] enthalten sind.

Bei einem gegebenen Intervall I und einem gegebenen Quadrat Q, auf dem man einen Anfangspunkt (0) und einen Endpunkt (9) markiert hat, die einander diagonal gegenüber liegen, nennt man Operation T (I, Q) folgende Konstruktion: Man teilt I in neun gleiche Teile und Q in neun gleiche Quadrate; schließlich ordnet man den zehn Teilpunkten von I Knotenpunkte des quadratischen Rasters von Q zu, indem man z. B. den Anweisungen vorstehender Figur folgt.

Man wiederholt dann auf jedem Intervall I′ der Unterteilung von I die Operation T (I′, Q′), dem Quadrat Q′ entsprechend, dessen Anfangs- und Endpunkt die diagonal gegenüberliegenden Punkte sind, die die vorangehende Operation den Randpunkten von I′ zugeordnet hat.

Indem man die Konstruktion unbegrenzt wiederholt, definiert man eine Abbildung Φ von J auf eine dichte Teilmenge des zentralen Quadrates. Jedesmal, wenn man ein Intervall (bzw. ein Quadrat) in neun gleiche Intervalle (bzw. Quadrate) unterteilt, erhält man Teilmengen, deren Durchmesser 9mal (bzw. 3mal) kleiner ist).

Mittels einer Beweisführung, die derjenigen analog ist, die für die singuläre Lebesguesche Funktion verwendet wurde, zeigt man, daß es eine Konstante K gibt, so daß man für jedes Punktepaar t_1 und t_2 von I findet

$$d_2(\Phi(t_1), \Phi(t_2)) \leqslant K\,|t_1 - t_2|^{\frac{1}{2}}.$$

Die von Kochsche Kurve

Eine analoge Methode erlaubt es, eine Jordankurve zu konstruieren, die in keinem ihrer Punkte eine Tangente besitzt.

Hier geht man von einem gleichschenkligen Dreieck ABC aus, dessen Basiswinkel (im Bogenmaß gemessen) $\frac{\pi}{6}$ betragen. Wenn man die Basis in drei gleiche Teile AD = DE = EC unterteilt, stellt man fest, daß das Dreieck DEB gleichseitig ist und daß die beiden Dreiecke ADB und BEC dem ursprünglichen Dreieck ähnlich sind. Man verfährt nun mit diesen beiden Dreiecken wie mit dem ursprünglichen Dreieck und wiederholt das Verfahren unbegrenzt.

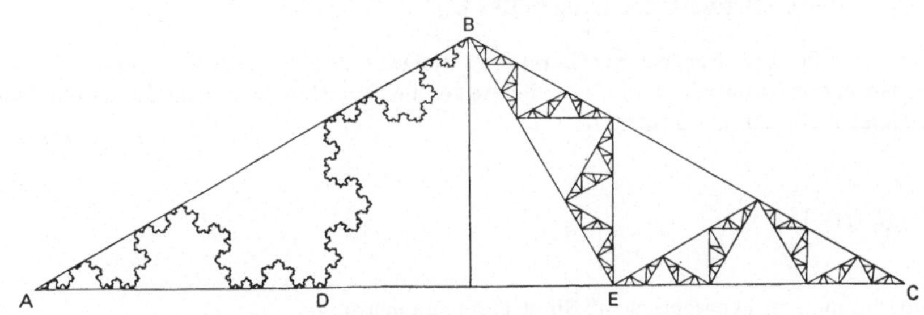

Die abgeschlossene Hülle der Menge der so konstruierten Teilpunkte (wie A, B, C, D, E, usw.) ist die von Kochsche Kurve.

Die Beweisführung, die soeben für die Peanosche Kurve und die Lebesguesche Funktion verwendet wurde, ermöglicht es, eine stetige injektive Abbildung des Intervalls [0, 1] in $\mathbb{R}^2$ zu konstruieren, welche einen Hölderexponenten α hat, der gleich log 4/log 3 ist.

4.X.3 Übungsaufgabe (1) Zeigen, daß das Kontingent der von Kochschen Kurve in jedem ihrer von A und C verschiedenen Punkte aus der Menge der Geraden besteht, welche innerhalb von zwei 30°-Winkeln liegen.

Die von Kochsche Kurve besitzt in keinem ihrer Punkte eine Tangente.

(2) Die Länge der Polygonzüge, die wir der von Kochschen Kurve einbeschrieben haben, strebt nach unendlich. Diese Kurve ist nicht rektifizierbar (4.XI).

XI Längen und Flächeninhalte

Bei einer durch eine Parameterdarstellung gegebenen Jordankurve Γ sagen wir, daß ein Polygonzug $A_0, A_1, A_2, \ldots, A_n$ Γ *wohl-eingeschrieben* ist, wenn seine aufeinanderfolgenden Ecken auf Γ liegen und dort in der Reihenfolge der Parameterdarstellung aufeinander folgen.

Man sagt, daß Γ rektifizierbar ist, wenn die obere Grenze der Längen aller Γ wohl eingeschriebenen Polygonzüge endlich ist; diese obere Grenze heißt dann die Länge der Kurve Γ.

Der Gebrauch des Begriffs Länge erfordert einige Vorsichtsmaßregeln.

4.XI.1 Übungsaufgabe Man unterteilt I in n gleiche Teile, und man konstruiert über jedem Teilintervall als Basis ein gleichseitiges Dreieck. Man erhält so einen Polygonzug Γ_n, in „Zick-Zack-Form", dessen Länge man zu untersuchen verlangt.

Durch einen unzulässigen Übergang zum Grenzwert einen „Beweis" für die Gleichheit 1 = 2 ableiten.

Bemerken wir, daß die Linien Γ_n Graphen von Funktionen sind, welche einer Lipschitz-Bedingung genügen und gegen 0 konvergieren, doch ist ihre Lipschitzkonstante für jedes n gleich $\sqrt{3}$ und konvergiert folglich nicht gegen 0.

Wir betrachten eine Folge von Polygonzügen C_n, von denen ein jeder der Graph einer Funktion f_n ist, die einer Lipschitz-Bedingung genügt. Wenn die f_n gleichmäßig nach 0 konvergieren und wenn die Lipschitzkonstanten der f_n nach 0 konvergieren, dann ist die Länge der Grenzkurve der Grenzwert der Längen der C_n.

4.XI.2 Übungsaufgabe Beweisen, daß der Graph einer stetigen monotonen Funktion eine rektifizierbare Kurve ist. Insbesondere ist dies der Fall für die Lebesguesche Funktion. Man bemerkt, daß in diesem Beispiel die Länge nicht durch das Integral

$$\int_a^b [1 + (f'(t))^2]^{\frac{1}{2}}\, dt$$

geliefert wird, das man im Lebesgueschen* Sinne auffassen müßte.

Der Begriff *Inhalt* einer Fläche F wirft noch größere Schwierigkeiten auf als der Längenbegriff; insbesondere ist es heikel, einen solchen Inhalt zu definieren, und die Substitution einer Folge von Polyederoberflächen, die S einbeschrieben sind, führt nicht zum Ergebnis, wenn man nicht einige Vorsichtsmaßregeln ergreift.

4.XI.3 Übungsaufgabe *Der Schwarzsche Tannenzapfen*. Betrachten wir den Mantel eines geraden Kreiszylinders mit dem Radius R und der Höhe H. Man zerlegt den Zylinder in Schreiben von der Höhe $\frac{H}{m}$, und man schreibt in jeden Kreis, der die Basis einer der m Scheiben ist, ein regelmäßiges n-Eck ein: Diese Polygone werden von einem zum nächsten Niveau um den Winkel $\frac{\pi}{n}$ gedreht.

Der „Tannenzapfen", den man konstruiert, ist das Polyeder, dessen Ecken die $n(m+1)$ Ecken der konstruierten n-Ecke sind. Die Schuppen dieses Tannenzapfens sind kleine Dreiecke, die gegenüber der Richtung der Mantellinie eine starke Neigung haben.

Es ist zu zeigen, daß die Oberfläche des Tannenzapfens, wenn m sehr viel schneller wächst als n, nach unendlich strebt und folglich nicht gegen die Zylinderoberfläche konvergiert.

4.XI.4 Übungsaufgabe Man zeichnet auf dem Mantel eines geraden Kreiszylinders vom Radius R und der Höhe H eine Schraubenlinie mit der Ganghöhe h, die kleiner als 1 ist. Entlang dieser Schraubenlinie wickelt man ein Band mit der Breite h^2 um den Zylinder. Der Flächeninhalt dieses Bandes konvergiert gegen 0 für h gegen 0. Und dennoch konvergiert die Fläche des Bandes (als Punktmenge des Zylindermantels betrachtet) in einem gewissen Sinn, der zu präzisieren ist, gegen den Zylindermantel. Wenn man erreichen will, daß der Inhalt einer Fläche F gleich dem Grenzwert der Flächen einer Polyederfamilie ist, welche gegen F konvergieren, so muß die Art der Konvergenz der Polyeder gegen F sehr stark eingeschränkt werden, um Phänomene auszuschalten, die denen durch die vorangehenden Aufgaben illustrierten analog sind.

4.XI.5 Übungsaufgabe S und Γ seien die Kugeloberfläche und der Zylindermantel des euklidischen Raumes mit den Gleichungen $x^2+y^2+z^2=1$ und $\{x^2+y^2=1 \text{ und } |z| \leqslant 1\}$. θ sei die Radialprojektion von S in Γ, welche in jedem Punkt von S, außer den beiden Polen, durch

$$(x, y, z) \mapsto \left(X = \frac{x}{\sqrt{x^2+y^2}}, Y = \frac{y}{\sqrt{x^2+y^2}}, Z = z\right)$$

definiert ist. Beweisen, daß diese Abbildung ein Gebiet von S in ein Gebiet von Γ überführt, wobei der Flächeninhalt erhalten bleibt. Diese bemerkenswerte Eigenschaft ist von Archimedes entdeckt worden!

XII Einige didaktische Geometrien

Die Anfänger stehen dem Bemühen ihres Lehrers um unerbittliche Strenge in der Beweisführung oft fassungslos gegenüber. Wenn man versucht, ihnen zu beweisen, daß eine durch den Mittelpunkt eines Kreises gehende Gerade diesen in zwei Punkten schneidet, daß ein Kreis nur einen einzigen Mittelpunkt hat oder daß jeder Winkel eine innere Winkelhalbie-

Die archimedische Projektion

rende besitzt, sind sie geneigt, diese Versuche nutzlos zu finden. Solange sie es gewohnt sind, nur ein einziges geometrisches Modell zu handhaben, haben sie keinerlei Grund, an ihrer Intuition zu zweifeln.

Um die Notwendigkeit gewisser Beweise zu motivieren, ist es gut, unsere Schüle in das Studium einiger nicht kategorischen Theorien einzuführen. Es gibt sehr elementare Beispiele von ungewöhnlichen Geometrien, deren pädagogischer Zweck es ist, zu zeigen, wie relativ die Begriffe „man sieht, daß ..." und „es ist selbstverständlich, daß ..." doch sind.

Geometrie des $\mathbb{Q}^2$

Die durch die euklidische Geometrie des $\mathbb{R}^2$ im Raum der Punkte mit rationalen Koordinaten induzierten Begriffe geben Anlaß zu Gegenbeispielen dieser Art. Man kann versucht sein, eine Gerade von $\mathbb{Q}^2$ als Spur in $\mathbb{Q}^2$ einer affinen Geraden des $\mathbb{R}^2$ zu definieren. Diese Definition ist mangelhaft, denn die leere Menge sowie jede Einer-Menge wäre dann eine Gerade. Um zu einem interessanteren Begriff zu kommen, muß man fordern, daß jede Gerade mindestens zwei verschiedene Punkte enthält. Wenn man die Sprache der analytischen Geometrie verwendet, kann man eine Gerade auch durch eine Gleichung $ux + vy + w = 0$ definieren, wobei u, v und w rational sind und $u^2 + v^2 \neq 0$.

Die Schnitteigenschaften, die in der klassischen euklidischen Geometrie so selbstverständlich erscheinen, sind in $\mathbb{Q}^2$ oft falsch. Zwei Kreise, deren Mittelpunkte einen zwischen der Summe und der Differenz der Radien liegenden Abstand haben, schneiden sich im allgemeinen nicht in Punkten mit rationalen Koordinaten.

4.XII.1 Beispiel Der erste Lehrsatz des ersten Buches der „Elemente" von Euklid sagt aus, daß es gleichseitige Dreiecke gibt. Der berühmte Geometrielehrer, der ansonsten so gewissenhaft ist, hat nicht das Bedürfnis, die Existenz der Schnittpunkte der beiden Kreise zu postulieren, die er dann zieht, um diese Dreiecke zu konstruieren.

Tatsächlich treten hierbei die Zusammenhangseigenschaften von $\mathbb{R}$ auf. Der Lehrsatz von Bolzano: „Jede stetige reellwertige Funktion einer reellen Veränderlichen, welche in zwei Punkten entgegengesetzte Vorzeichen hat, hat notwendigerweise eine Nullstelle" ist nur in einer zusammenhängenden Menge gültig und ist auf $\mathbb{Q}^2$ nicht anwendbar. Es gibt in $\mathbb{Q}^2$ keine gleichseitigen Dreiecke.

Die Existenz einer Halbgeraden, die einen Winkel in zwei gleiche Winkel teilt, wird in zahlreichen Darstellungen implizit angenommen. Jedoch sind die Winkelhalbierenden der durch die Gleichungen $y = 0$ und $y = x$ bestimmten Geraden die Geraden mit den Gleichungen $y = (\sqrt{2} - 1)\,x$ und $y = -(\sqrt{2} + 1)\,x$, die in $\mathbb{Q}^2$ keine Geraden definieren. Jeder Lehrsatz der euklidischen Geometrie des $\mathbb{R}^2$, der sich nicht auf die Geometrie von $\mathbb{Q}^2$ erstreckt, kann nur von geeigneten Axiomen ausgehend bewiesen werden, die Eigenschaften von $\mathbb{R}$ benutzen, die $\mathbb{Q}$ nicht besitzt.

Sphärische Geometrie

Die Benutzung der durch die Geographie motivierten Analogien, welche die Geometrie auf der Kugeloberfläche verwendet, ist ein sehr wirksames pädagogisches Mittel, um die Oberschüler von der Notwendigkeit gewisser Beweise zu überzeugen. Einer Geraden entspricht dann ein Großkreis.

4.XII.2 Beispiel Wir wollen an den üblichen Beweis der Existenz und der Eindeutigkeit des Lotes von einem Punkte A auf eine Gerade G, wobei $A \notin G$, in der elementaren Geometrie erinnern. Man verbindet A mit einem beliebigen Punkt I von G, und durch eine Winkel- und Längenübertragung konstruiert man einen Punkt A', der in Wirklichkeit zu A bezüglich G symmetrisch ist. Dann zeigt man, daß die Gerade AA' zu G senkrecht ist und daß jede Senkrechte zu G durch A notwendigerweise durch A' geht.

Stellen wir uns nun einen Ungebildeten vor, der nicht weiß, daß die Erde rund ist, der den Äquator mit einer Geraden gleichsetzt und die vorhergehende Konstruktion auf der Kugeloberfläche wiederholt. Wenn er einen zum Äquator senkrechten Großkreis durch einen von den Polen verschiedenen Punkt ziehen will, bleibt der Beweis gültig. Wenn aber A der Nordpol ist, ist A' der Südpol. Da man durch zwei diametrale Punkte mehrere Großkreise ziehen kann, geht uns die Eindeutigkeit verloren, und wir begreifen dadurch die Bedeutung des Axioms: Durch zwei verschiedene Punkte gibt es höchstens eine Gerade.

4.XII.3 Beispiel Der Lehrsatz über die Summe der Winkel eines Dreiecks ist nicht ohne Abänderung auf die sphärische Geometrie übertragbar; es gibt offensichtlich sphärische Dreiecke mit drei rechten Winkeln.

Im folgenden ein sehr elementarer Beweis des Lehrsatzes von Albert Girard, einem französischen Mathematiker der ausgehenden Renaissance.

4.XII.4 Lehrsatz Auf einer Kugeloberfläche mit dem Radius 1 ist der Überschuß über π der Winkelsumme eines sphärischen Dreiecks (der sphärische Exzeß) gleich dem Maß des Flächeninhalts des sphärischen Dreiecks.

Der Beweis ist leicht verständlich, wenn man einen Apfel durch drei Großkreisebenen zerschneidet.

Man erhält auf einer Halbkugel vier sphärische Dreiecke I, II, III und IV. Wenn man die Dreiecke I und II (bzw. I und III, bzw. I und IV) zusammensetzt, erhält man drei Kugel-

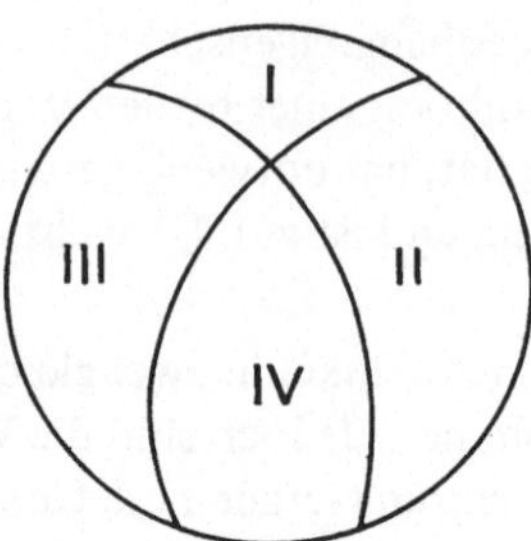

zweiecke mit den Winkeln $\hat{A}$, bzw. $\hat{B}$, bzw. $\hat{C}$. (Für I und IV erleichtert der Apfel die räumliche Vorstellung.)

Wenn man die elementare Formel benutzt, die das Verhältnis des Flächeninhalts eines Kugelzweiecks zum Flächeninhalt der Vollkugel angibt, erhält man (wenn man den Flächeninhalt von I mit (I) bezeichnet):

$$(I) + (II) = 2\hat{A}$$
$$(I) + (III) = 2\hat{B}$$
$$(I) + (IV) = 2\hat{C}$$
$$(I) + (II) + (III) + (IV) = 2\pi.$$

Wenn man gliedweise addiert und dabei die Tatsache berücksichtigt, daß die vier Dreiecke die Oberfläche einer Halbkugel bedecken, findet man: $(\hat{A} + \hat{B} + \hat{C}) - \pi = (I)$, was die Aussage des Lehrsatzes ist.

Korollar. Zwei sphärische Dreiecke mit gleichen Winkeln sind gleich. Der Begriff ähnliche Dreiecke erstreckt sich nicht auf die sphärische Geometrie.

Es ist möglich, mit goniometrischen Versuchen hoher Präzision die Winkelsumme eines Dreiecks zu messen. Kann man daraus eine Schlußfolgerung bezüglich des euklidischen Charakters unseres Raumes ziehen?

Vorausgehender Lehrsatz legt nahe, daß man seine Zuflucht wahrscheinlich zu Dreiecken nehmen muß, die einen beträchtlichen Flächeninhalt haben, wenn die gemessene Winkelsumme in signifikativer Weise (d. h. die Meßfehler übersteigend) größer als π sein soll.

Es ist also illusorisch zu denken, daß innerhalb der Grenzen eines Laborraums ausgeführte Messungen beweisen könnten, daß ein Dreieck, dessen Ecken sich in den Zentren dreier verschiedener Galaxien befinden, eine Winkelsumme besitzt, die gleich π (Radianten) ist.

Ultrametrische Räume

Ein metrischer Raum (**E**, *d*) heißt *ultrametrisch,* wenn die Abstandsfunktion *d* folgender Bedingung genügt, die stärker ist als die Dreiecksungleichung: $\forall\,(A, B, C) \in \mathbf{E}^3$ $d(A, C) \leqslant \mathrm{Max}\,(d(A, B), d(B, C))$. Die diskrete Metrik (welche die diskrete Topologie bestimmt) genügt zum Beispiel dieser Bedingung.

Ein solcher Raum hat unerwartete und amüsante Eigenschaften. Trotzdem besitzt er sehr wichtige Anwendungen, besonders in der Arithmetik.

4.XII.5 Lehrsatz In einem ultrametrischen Raum ist jedes Dreieck gleichschenklig, und seine Basis ist kleiner oder gleich den gleichen Seiten.

Nehmen wir bei drei gegebenen Punkten A, B und C an, daß d (A, B) < d (B, C) (bzw. d (A, B) > d (B, C)).

Dann implizieren d (A, C) ⩽ Max (d (A, B), d (B, C))
und d (B, C) ⩽ Max (d (A, C), d (A, B))
(bzw. d (A, B) ⩽ Max (d (A, C), d (B, C))
daß d (A, C) = d (B, C) (bzw. d (A, C) = d (A, B)).

4.XII.6 Lehrsatz Jeder Punkt einer offenen (bzw. abgeschlossenen) Kugel mit dem Radius r eines ultrametrischen Raumes ist Mittelpunkt dieser Kugel.

X und Y seien zwei Punkte von **E**, so daß d (X, Y) < r. Für jeden Punkt M ∈ K_r (X) gilt d (Y, M) ⩽ Max (d (X, Y), d (X, M)) < r, was beweist, daß K_r (X) ⊂ K_r (Y).

Die umgekehrte Inklusion wird genauso bewiesen. Also K_r (X) = K_r (Y), und das ist richtig für jedes Y ∈ K_r (X).

Der Beweis ist der gleiche für eine abgeschlossene Kugel, indem man überall < durch ⩽ und K durch K′ ersetzt.

Korollar. Der Durchmesser einer ultrametrischen Kugel mit dem Radius r ist kleiner oder gleich r.

Korollar. Wenn zwei Kugeln eines ultrametrischen Raumes einen gemeinsamen Punkt M besitzen, so ist eine von ihnen in der anderen enthalten.

Es genügt, M als gemeinsames Zentrum anzusehen und die Radien zu vergleichen.

4.XII.7 Lehrsatz Jede offene (bzw. abgeschlossene) Kugel eines ultrametrischen Raumes ist abgeschlossen (bzw. offen).

ρ sei der Durchmesser der Kugel K. Wenn A ∈ K (bzw. A ∈ $\bar{K}$), ist jede Kugel um den Mittelpunkt A und mit einem Radius, der kleiner als ρ ist, aufgrund der beiden vorangehenden Korollare in K enthalten.

Gewiß dachte François Rabelais nicht an die ultrametrischen Räume, als er, vor Pascal, auf „jene geistige Sphäre, bei der an jedem Ort der Mittelpunkt ist und die an keinem Ort einen Kreis hat" anspielte.

4.XII.8 Übungsaufgabe 𝕂 sei die triadische Cantorsche Menge: Für zwei Punkte x und y von 𝕂 bezeichnet man mit $\Delta(x, y)$ die Länge des größten schwarzen Intervalls, das in $[x, y]$ liegt. Zeigen, daß Δ ein ultrametrischer Abstand ist. Beweisen, daß $\Delta(x, y) \leqslant |x - y| \leqslant 3\,\Delta(x, y)$.

Welches sind die verschiedenen offenen und abgeschlossenen Kugeln des Raumes (𝕂, Δ)?

Betrachten wir ein von Flüssen durchzogenes Land, das von schwer zu überquerenden Sümpfen bedeckt ist. Man kann bei jedem Verbindungsweg zweier Punkte den leichten Teil vernachlässigen, der auf fester Erde zurückgelegt wird, und die Schwierigkeit, von A nach B zu gelangen, durch die Länge der größten Furt messen, die man unbedingt durchqueren muß: Man erhält so eine bildhafte Version des vorhergehenden Abstandes Δ.

4.XII.9 Übungsaufgabe **E** sei eine nicht leere Menge und $\mathbf{E}^{\mathbb{N}^*}$ sei die Menge der Folgen, deren Glieder Elemente von **E** sind. Bei zwei gegebenen Folgen $\{x_n\}$ und $\{y_n\}$ sei N die größte natürliche Zahl (wenn sie existiert), so daß $x_n = y_n$ für jedes $n <$ N. Für eine gegebene reelle Zahl $a > 1$ setzt man: $\Delta(\{x_n\}, \{y_n\}) = a^{-N}$ und $\Delta(\{x_n\}, \{x_n\}) = 0$. Beweisen, daß man so einen ultrametrischen Abstand auf $\mathbf{E}^{\mathbb{N}^*}$ erhält.

Literaturverzeichnis

Mathematische Grundlagenwerke

A 1 Wiener, N., The Human Use of Human Being. Cybernetics and Society. Anchorbooks, Doubleday, 1954.

A 2 Dieudonné, J., Que font les mathématiciens? L'âge de la science, Nr. 2, Paris 1968.

A 3 Le Lionnais, F., Les grands courants de la pensée mathématique. Cahiers du sud.

A 4 Freudenthal, H., Mathematik in Wissenschaft und Alltag, München 1967.

A 5 Kuntzmann, J., Où vont les mathématiques? Paris 1967.

A 6 Félix, L., L'aspect moderne des mathématiques. Librairie scientifique, Paris 1957.

A 7 Choquet, G., J. Piaget und J. Dieudonné, L'enseignement des mathématiques. Delachaux et Niestlé, 1955.

A 8 Revuz, A., Mathématique moderne, mathématique vivante. Paris 1965.

A 9 Dupont, E., Apprentissage mathématique. Sudel, 1965.

A 10 Warusfel, A., Les mathématiques modernes. Edition du Seuil, Paris 1969.

A 11 Structures algébriques et structures topologiques; 16 Konferenzen von H. Cartan, G. Choquet, etc. Hrsg. vom Enseignement Mathématique und der APM, Genf 1958.

Verschiedene mathematische Bereiche

B 1 Polya, G., Vom Lösen mathematischer Aufgaben, Bd. 1,2. Basel 1966.

B 2 Polya, G., Mathematik und plausibles Schließen, Bd. 1,2. Basel 1963.

B 3 Poincaré, H., Wissenschaft und Methode, Neuauflage Stuttgart 1973.

B 4 Hadamard, J., An essay on the psychology of invention in the mathematical field, New York 1954.

B 5 Mordell, Reflexions of a mathematician, Montréal 1959.

B 6 Littlewood, E., A mathematician miscellany. London 1953.

B 7 Hilbert, D. und Cohn-Vossen, Anschauliche Geometrie. Neuauflage Darmstadt 1973

B 8 Köhler, W., Die Aufgabe der Gestaltpsychologie, New York 1971.

B 9 Guillaume, P., La psychologie de la forme, Paris 1937.

B 10 Yaglom, Challenging mathematical problems with elementary solutions, Bd. 1,2. San Francisco 1967.

B 11 Schklarsky, Chentzow und Yaglom, The USSR Olympiad problems book, San Francisco 1962.

B 12 Kendall und Thomas, Mathematical puzzle for the connaisseur. London 1962.

B 13 Rademacher und Toeplitz, Von Zahlen und Figuren, Neuauflage 1968.

B 14 Tietze, H., Gelöste und ungelöste mathematische Probleme, München 1964.

B 15 Fouché, A., La pédagogie mathématique, Paris.

B 16 Mialaret, G., L'enseignement mathématique, Paris 1964.

B 17 Marou, H., L'histoire de l'éducation dans l'antiquité, Paris 1964.

B 18 Greco, P. und J. Piaget, La formation des raisonnements récurrentiels, Paris 1963.

B 19 Dienes, Comprendre la mathématique, Paris 1965.

B 20 Fletcher, L'apprentissage de la mathématique aujourd'hui, Paris 1966.

B 21 Dienes, Moderne Mathematik in der Grundschule, Freiburg 1965.

B 22 Papy, G., Mathématique moderne (6 Bde.)., Brüssel 1963.

B 23 Glaeser, G., Bulletin A.P.M. Nr. 138, 1951.

B 24 Glaeser, G., L'entraînement méthodique au calcul algébrique, Paris 1950.

B 25 Glaeser, G., L'usage heuristique des ordinateurs en mathématiques pures; in: Computers in mathematical research, 1968.

B 26 Glaeser, G., Les premiers pas dans la recherche mathématique, Revue Sciences, Nr. 25, Paris 1965.

B 27 Petersen, J., Constructions géométriques, Paris 1916.

B 28 Bessière, G., Le calcul différentiel et intégral facile et attrayant, Paris 1963.

B 29 de Montmollin, M., L'enseignement programmé. Coll. „Que sais-je" Nr. 1171. Paris.

B 30 Lacombe, D., Sur les mots et les symboles; Bulletin A.P.M., Nr. 239, 1964.

B 31 Etiemble, Le jargon des sciences, Paris 1966.

B 32 Chaundy, Barrett und Batey, The printing of mathematics. London 1957.

B 33 Birkhoff und MacLane, A survey of modern algebra, New York 1961.

B 34 Hyslop, J. M., Infinite series, New York 1959.

B 35 Northrop, E., Rätselvolle Mathematik, Frankfurt 1954.

B 36 Vogel, T., Physique mathématique classique, Paris 1956.

B 37 Bouasse, H., Cours de physique: Interférences (s. Vorwort „Discours sur le style"), Paris.

B 38 Pieron, Examens et docimologie, Paris 1963.

B 39 Platon, Sämtliche Werke, Wien 1925.

B 40 Rosenthal, E., Parents et enfants, comprenez les mathématiques modernes, Paris 1968.

Geschichte der Mathematik

C 1 Taton, R. (Hrsg.), Histoire générale des Sciences, Paris.

C 2 Bourbaki, N., Elemente der Mathematikgeschichte, Göttingen 1971.

C 3 Bell, E., Die großen Mathematiker, Düsseldorf 1967.

C 4 Dedron und Itard, Mathématiques et mathématiciens, Paris 1959.

C 5 Boyer, History of Mathematics, London 1968.

C 6 Euklid, Extraits des éléments, Paris 1967.

C 7 Euklid, Die Elemente, Nachdruck Darmstadt 1962.

C 8 Itard, J., Les livres arithmétiques d'Euclid, Paris 1961.

C 9 Archimedes' Werke, Nachdruck Darmstadt 1967.

C 10 Borel, E., L'évolution de la mécanique, Paris 1943.

C 11 Mach, E., Die Mechanik, Neuauflage Darmstadt 1963.

C 12 Taton, R., Le calcul mécanique; Coll. „Que sais-je"? Nr. 367. Paris.

C 13 Cavaillès, J., Philosophie mathématique, Paris 1962.
Dieses Werk enthält die kritische Edition des Briefwechsels zwischen Cantor und Dedekind aus der Zeit der Grundlegung der Mengenlehre.

C 14 Van Heijenhoort, From Frege to Gödel: A source book in mathematical logic (1871–1931), Cambridge 1967.

C 15 Hilbert, D., Gesammelte Abhandlungen.

C 16 Galois, E., Ecrits et mémoires mathématiques. Kritische Gesamtausgabe seiner Manuskripte und Veröffentlichungen von R. Bourgne und J. P. Arza, Paris 1962.

Logik und Mengenlehre

D 1 Hilbert und Ackermann, Grundzüge der Theoretischen Logik, Berlin 1959.

D 2 Novikov, P. S., Grundzüge der mathematischen Logik, Braunschweig 1973.

D 3 Rosser, J. B., Logic for mathematicians, New York 1953.

D 4 Ponasse, D., Logique mathématique, Paris 1967.

D 5 Chauvineau, La logique moderne; Reihe „Que sais-je?" Nr. 745.

D 6 Krivine, J. L., Introduction to Axiomatic Set Theory, Dordrecht 1971.

D 7 Halmos, Naive Mengenlehre, Göttingen 1968.

D 8 Bourbaki, N., Elements of Mathematics, Paris 1966.

D 9 Godement, Cours d'Algèbre, Paris 1963.

D 10 Lacombe, D., Sur les mots et les symboles; Bulletin A.P.M., Nr. 239, 1964.

D 11 Schwartz, L., Le modèle d'une théorie des ensembles; Bulletin A.P.M., Nr. 261, 1968.

D 12 Cohen, P. J. und R. Hersch, Non Cantorian Set Theory; Scientific American, 1967.

D 13 Carroll, L., Symbolic Logic, New York 1958.

D 14 Gelbaum und Olmsted, Counter-examples in Analysis, New York 1964.

D 15 Itard, J., Arithmétique et théorie des nombres; Reihe „Que sais-je?", Paris 1963.

D 16 Sominskii, I. S., Die Methode der vollständigen Induktion, Berlin 1969.

D 17 Dienes, L'apprentissage de la logique, Paris 1966.

D 18 Dienes und Golding, Erlernen der Logik im Spiel, Freiburg 1966.

Topologie und Geometrie

E 0 Bourbaki, N., Elements of Mathematics (Topology), Paris 1966.

E 1 Dieudonné, J., Grundzüge der modernen Analysis, Braunschweig 1971.

E 2 Choquet, G., Cours d'analyse (Bd. 2, Topologie), Paris 1964.

E 3 Schwartz, L., Cours d'analyse, Paris 1967.

E 4 Young and Hocking, Topology, New York 1961.

E 5 Patterson, Topology, Edinburgh 1959.

E 6 Newmann, M. H., Topology of Plane Sets of Points, Cambridge, 1961.

E 7 Fréchet, M. und Ky-Fan, Introduction à la topologie combinatoire, 1. Initiation, Paris 1946.

E 8 Seifert und Threlfall, Lehrbuch der Topologie, New York.

E 9 Hilbert, D., Grundlagen der Geometrie, Nachdruck Stuttgart 1962.

E 10 Choquet, G., Neue Elementargeometrie, Braunschweig 1970.

E 11 Dieudonné, J., Linear Algebra and Geometry, Paris 1969.

E 12 Artin, D., Algèbre géométrique, Paris 1962.

E 13 Brissac, R., Exposé élémentaire des principes de la géométrie euclidienne, Paris 1955.

E 14 Meschkowski, H., Nichteuklidische Geometrie, Braunschweig 1965.

E 15 Bouligand, G., L'accès aux principes de la géométrie euclidienne, Paris 1951.

E 16 Halstedt, G., Géométrie rationelle, Paris 1911.

E 17 Borel, E., L'espace et le temps, Paris 1922.

E 18 Blumenthal, L., Distance geometry, Oxford 1953.

E 19 Hobson, Squaring the Circle; und Singh, The Theory and Construction of Non-differential Functions. In einem Band veröffentlicht, New York 1953.

E 20 Hadamard, J., Leçons de géometrie élémentaires, Paris 1925.

E 21 Dienes-Golding, Euklidische Geometrie, Freiburg 1969.

E 22 Dienes-Golding, Topologie und Schattengeometrie, Freiburg, 1969.

Zeitschriften

F 1 Bulletin de l'association des professeurs de Mathématiques et de l'enseignment publik (A.P.M.), Paris.

E 2 L'enseignement mathématique, Revue internationale, Genf.

F 3 American Mathematical Monthly, Buffalo, N. Y.

F 4 International Studies in Mathematics, Dordrecht.

F 5 Sciences, Paris.